国家出版基金项目
NATIONAL PUBLICATION FOUNDATION

"十三五"国家重点出版物出版规划项目

光电技术及其军事应用丛书

稀疏和低秩表示目标检测与跟踪及其军事应用

Object Detection and Tracking with Sparse and Low Rank Representation and Military Applications

袁广林 徐国明 秦晓燕 朱 虹◇著

国防工業出版社
·北京·

内 容 简 介

本书是作者在目标检测与跟踪领域多年研究成果的积累。全书共分为6章：第1、2章概述了稀疏与低秩表示理论及其在解决计算机视觉问题中的基本模型；第3～5章分别阐述了超分辨重建、目标检测和目标跟踪等三个计算机视觉问题的研究现状，重点是在稀疏与低秩表示理论框架下，本书作者在这三个领域的研究成果；第6章是典型军事应用，描述了稀疏与低秩表示理论在军事目标检测和跟踪中的应用实例。

本书可供计算机视觉、信号与处理相关领域的研究人员、工程技术人员和研究生阅读参考。

图书在版编目（CIP）数据

稀疏和低秩表示目标检测与跟踪及其军事应用/袁广林等著．—北京：国防工业出版社，2021.5
（光电技术及其军事应用丛书）
ISBN 978－7－118－12304－3

Ⅰ.①稀…　Ⅱ.①袁…　Ⅲ.①运动目标检测　Ⅳ.①TP72

中国版本图书馆CIP数据核字（2021）第050170号

※

国防工業出版社出版发行
（北京市海淀区紫竹院南路23号　邮政编码100048）
雅迪云印（天津）科技有限公司印刷
新华书店经售
*

开本 710×1000　1/16　**印张** 15¾　**字数** 289千字
2021年5月第1版第1次印刷　**印数** 1—2000册　**定价** 116.00元

国防书店：（010）88540777　　书店传真：（010）88540776
发行业务：（010）88540717　　发行传真：（010）88540762

光电技术及其军事应用丛书
编委会

序

新时代陆军正从区域防卫型向全域作战型转型发展，加速形成适应“机动作战、立体攻防”战略要求的作战能力，对体系对抗日益复杂下的部队防御能力建设提出了更高的要求。陆军炮兵防空兵学院长期从事目标防御的理论、技术与装备研究，为进一步推动目标防御研究发展，对前期研究成果进行了归纳总结，形成了本套丛书。

丛书以目标防御研究为主线，以光电技术及应用为支点，由 7 分册构成，各分册的设置和内容如下：

《光电制导技术》介绍了精确制导原理和主要技术。精确制导武器作为目标防御的主要对象，了解其制导原理是实现有效干扰对抗的关键，也是防御技术研究与验证的必要条件。

《稀疏和低秩表示目标检测与跟踪及其军事应用》《光电图像处理技术及其应用》是防御系统目标侦察预警方面研究成果的总结。防御作战要具备全空域警戒能力，尽早发现和确定威胁目标可有效提高防御作战效能。

《偏振光成像探测技术及军事应用》针对不良天候、伪装隐身干扰等特殊环境下的目标探测难题，开展偏振光成像机理与探测技术研究，将偏振信息用于目标检测与跟踪，可有效提升复杂战场环境下防御系统侦察预警能力。

《光电防御系统与技术》系统介绍了目标防御的理论体系、技术体系和装备体系，是对目标防御技术的概括总结。

《末端综合光电防御技术与应用》《军用光电系统及其应用》研究了特定应用场景下的防御装备发展问题，给出了作战需求分析、方案论证、关键技术解决途径、系统研制及试验验证的装备研发流程。

丛书聚焦目标防御问题，立足光电技术领域，分别介绍了威胁对象分析、目标探测跟踪、防御理论、防御技术、防御装备等内容，各分册虽独立成书，但也有密切的关联。期望本套丛书能帮助读者加深对目标防御技术的了解，促进我国光电防御事业向更高的目标迈进。

2020 年 10 月

前　言

随着人工智能技术的持续创新发展，智能作战武器平台和力量体系将迎来大发展，智能化作战力量在未来作战体系中将逐步由辅助转化为支撑，最终成为主导。近年来，以稀疏与低秩表示方法为基础的目标检测与跟踪技术发展迅速并取得了丰硕成果。目标检测与跟踪是计算机视觉领域的典型任务，不仅在智能视频监控、机器人视觉导航、虚拟现实以及医学诊断等民用领域具有广阔应用前景，而且在光电成像侦察、视觉制导和毁伤效果评估等军用领域具有重要应用价值，对武器平台的智能化发展具有重要意义。

稀疏与低秩表示在计算机视觉、图像处理、模式识别以及机器学习领域得到成功应用，其应用范围基本为自然信号形成的图像、音频以及文本等，对于非自然信号或数据的应用涉及较少。在应用方面，可大体划分为重构和分类两类。在重构应用中主要包括图像去噪、压缩与超分辨、合成孔径雷达（SAR）成像、缺失图像重构以及音频修复等。这些应用主要将目标的特征用若干参数来表示，这些特征构成稀疏向量，利用稀疏表示方法得到稀疏向量，根据数学模型进行数据或图像重构。在分类应用中，其本质是模式识别，将表征对象主要或本质的特征构造稀疏向量，这些特征具有类间的强区分性。利用稀疏表示方法得到这些特征的值，并根据稀疏向量与某类标准值的距离，或稀疏向量间的距离判别完成模式识别或分类过程，如信号盲源分离、声音表示与分类、目标检测、目标识别以及目标跟踪等。

传统的信号表示理论大多基于非冗余的正交基函数，如傅里叶变换、离散余弦变换以及小波变换等，而信号稀疏表示是近 20 年来继传统信号表示理论之后迅速发展起来的一个研究领域。一方面，神经科学理论研究指出，超完备表示更符合哺乳动物视觉系统的生物学背景；另一方面，非线性逼近理论也给出稀疏表示具有唯一解的边界条件，并提出了字典的互不相干性的概念，证明了超完备系统的逼近优于已知的正交基。稀疏表示单独地考虑每个样本的最稀疏表示，实质上是向量即一阶的稀疏性。在某些情况下，比如由视频的帧排列而成的矩阵或者从属于同一人的人脸图像构成的矩阵，这种矩阵往往呈现低秩的特性。秩被认为是二阶稀疏性的度量，得益于稀疏表示理论的发展和推动作用，基于低秩约束的机器学习模型逐渐发展成为处理高维数据的有力工具。

本书是在作者多年从事计算机视觉和光电成像目标探测技术教学、科研工作的基础上，针对基于稀疏与低秩表示的目标检测和跟踪的主要技术与方法以及典型军事应用需求，整理、精选课题组取得的科研学术成果，同时参考近年来国内外相关领域的最新研究成果，撰写而成的。

全书由袁广林、徐国明、秦晓燕和朱虹共同撰写，在本书的构思和撰写过程中，薛模根、韩裕生和李从利等进行了指导和审核并提出了许多宝贵意见。本书内容的研究得到了国家自然科学基金（61175035，61379105）、中国博士后科学基金（2014M562535，2016M592961）、安徽省自然科学基金（1508085QF114，1608085MF140）、原总装备部装备技术预研和军内科研（JNKY2012006）、安徽高校自然科学研究重点项目（KJ2018A0587，KJ2019A0906）等课题的资助，在此表示衷心的感谢。借此机会还要感谢中国科学院安徽光学精密机械研究所、偏振光成像探测技术安徽省重点实验室等单位提供的部分实验数据。在本书的撰写过程中，参考和引用了一些文献的观点和素材，在此向这些文献的作者表示衷心的感谢。研究生许蒙恩、曹宇剑和刘文琢等在相关材料整理等方面提供了帮助，在此一并表示感谢。

作者在书中阐述的某些学术观点，仅为一家之言，欢迎广大读者争鸣。此外，由于作者水平有限，难免会出现不妥之处，恳请读者和同行专家不吝指正，提出宝贵意见，并欢迎与作者沟通交流。

作者

2020 年 7 月

目 录

第 1 章 概述

第 2 章 稀疏与低秩表示模型和算法

第4章　基于稀疏和低秩表示的目标检测

第5章　基于稀疏与低秩表示的目标跟踪

第6章 军事侦察与制导典型应用

第1章 概　述

1.1 信号表示——从稀疏到低秩

1.1.1 信号稀疏表示

稀疏表示的概念最早起源于信号处理领域的压缩感知（compressed sensing，CS）理论。在传统信号处理领域中，如果无失真地恢复原信号，那么采样频率要高于原信号带宽的2倍，这也是著名的奈奎斯特采样定理。但是，由于信号通常有较大的冗余性，因此可以使用远低于2倍带宽的频率进行采样，并能保证无失真地恢复原信号，这就是由Candes和Donoho提出的压缩感知理论[1]。压缩感知理论的基本数学模型如下：

$$\begin{aligned}&\min_{x}\ \|\boldsymbol{x}\|_0\\&\text{s. t.}\ \boldsymbol{Ax}=\boldsymbol{y}\end{aligned}\tag{1-1}$$

式中：$\boldsymbol{y}\in\mathbb{R}^m$ 为观测信号；$\boldsymbol{x}\in\mathbb{R}^n$ 为原始信号，$\boldsymbol{A}$ 为 $m\times n$ 的矩阵且 $m\ll n$；$\|\boldsymbol{x}\|_0$ 为 l_0 范数，也就是向量 $\boldsymbol{x}$ 中非零元素的个数，代表了 $\boldsymbol{x}$ 的稀疏性。该模型可以用图1-1来形象说明。

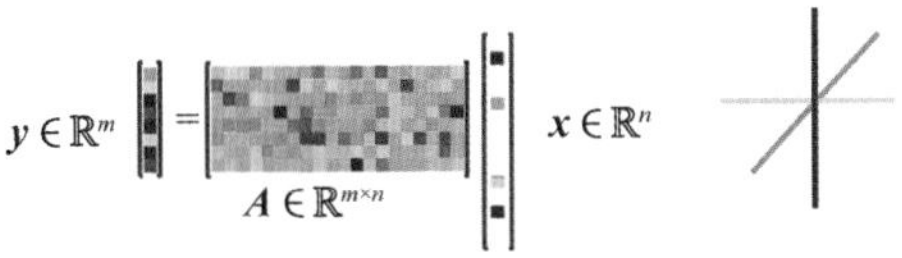

图1-1　信号稀疏表示模型

模型（1-1）的目的是用低维的信号 $\boldsymbol{y}$ 去恢复原始的信号 $\boldsymbol{x}$。如果将 $\boldsymbol{y}$ 当作压缩的信号来传输，那么这意味着信号 $\boldsymbol{y}$ 是对 $\boldsymbol{x}$ 的极大压缩。由于 l_0 范数是非凸且不连续的，只能通过组合的方法求最优解，所以求解式（1-1）是一个困难的问题。如何有效求解稀疏表示是关键，其目标函数是非确定性多项式（non-deterministic polynomial，NP），也就是 NP-hard 问题，只能采用次优的逼近算法求解。比较成熟的逼近算法主要有贪婪法和凸松弛法两大类，贪婪法主要包括匹配追踪和正交匹配追踪[2]等，凸松弛算法主要包括基追踪（basis pursuit，BP)[3]和 l_1 范数正则化等。

稀疏表示在图像处理与计算机视觉中有较为广泛的应用，在图像处理方面主要有图像去噪、图像修复和图像超分辨率（super resolution，SR）重建等，在计算机视觉方面主要有人脸识别、图像分类、目标检测和目标跟踪等。

利用稀疏表示实现图像去噪较早得到了重视[4]，其基本思想是通过图像稀疏表示来保留图像中有用信息并去除产生干扰的无用噪声，因为图像中的有用信息通常具有可以稀疏表示的结构特征，而噪声是无序随机的，因此能将噪声和有用信号分离。随着稀疏表示的发展，研究者通过构建更符合图像特征的字典来获得图像的稀疏表示，使得到的去噪图像更能接近原图像的特征结构。

图像修复是指对图像中已知部位缺失像素的填充，这种缺失的原因可能是意外的刮擦和遮挡等。利用稀疏表示实现图像修复也得到了众多学者的关注，他们提出了一些方法。基于稀疏表示的图像修复将该问题建模为稀疏表示问题，通过求解稀疏表示恢复被破坏的图像，其建模的基本思路与基于稀疏表示的图像去噪有很多相似之处。

Wright 等[5-6]提出的基于稀疏表示的人脸识别是稀疏表示在计算机视觉领域应用的较早工作。如图 1-2 所示，该方法直接利用训练样本图像构建冗余字典（也称为过完备字典），然后将测试样本在冗余字典进行稀疏表示，最后利用重建误差判定图像类别的归属。由于字典的过完备性，保证了表示系数的

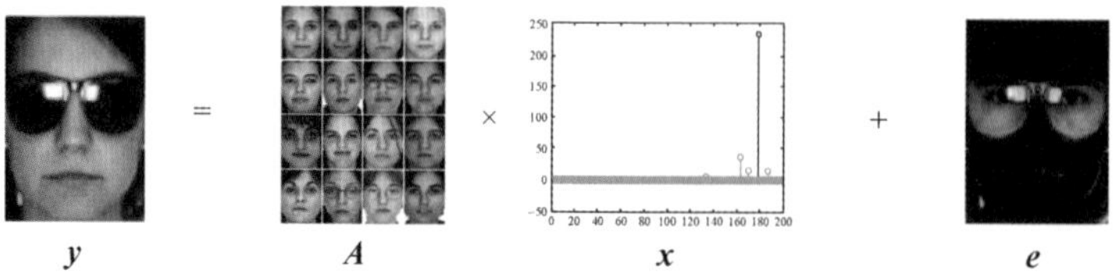

图 1-2 鲁棒性信号复原（遮挡人脸识别）

稀疏性，并且非零系数通常在同一人的不同人脸图像上被激活。该方法最大的优点是对图像噪声和目标遮挡具有较强的鲁棒性，其内在的原因是稀疏表示。

Yang 等[7]将稀疏表示应用于图像超分辨率重建，取得了较好效果，其基本思想是：由于低分辨率图像是从高分辨率（high resolution，HR）图像采样得到，因此两者之间存在着一一对应的关系，如果在低分辨率（low resolution，LR）图像上进行稀疏表示，那么获取的表示系数应该能直接应用在对应的高分辨图像上，然后可以利用这些系数来完成在高分辨图像上的重建。另外，由于模型中加入了噪声项，该方法具有一定的抗噪能力。

Yang 等[8]还将稀疏表示用于图像分类中，该工作是基于稀疏表示的图像分类的代表性工作之一，具有较强的影响力。在这项工作中，他们采用与词袋（bag-of-words，BoW）法相似的流程，将局部尺度不变特征变换（scale-invariant feature transform，SIFT）在一个冗余字典上的稀疏表示系数作为一种新的特征，然后经过 max-pooling 以及空间金字塔匹配（spatial pyramid matching，SPM）处理，将一幅图表示为一个固定维度的向量。最后，采用局部化的概念对稀疏表示进行改进，表示仅在局部进行，使表示变得更紧致，稀疏表示的求解速度也变得更快。该方法取得了较高的分类性能。Mei 等[27]受到稀疏表示在人脸识别中应用的启发，首次提出了基于稀疏表示的视觉目标跟踪方法。该方法利用目标样本图像和单位阵建立过完备字典表示目标，利用稀疏优化求解候选目标的稀疏表示系数，以重建误差建立观测似然，以具有最小误差的候选目标作为跟踪目标。该方法由于利用了候选样本在单位阵上的稀疏表示系数，对目标遮挡具有较强的鲁棒性。

基于稀疏表示的 l_1 图也到了众多学者的关注。图通过 K 最近邻或 ε 球的方式建立，这是一种传统方法。l_1 图通过稀疏表示构建有向图或无向图，它将每一个样本在其余样本上进行稀疏表示，得到的系数作为图上边的权值。这种做法比设定阈值的方式更具有弹性，更贴合数据。通过这种方法构建的图与用传统方法构建的图一样，可以应用于谱聚类、子空间学习、半监督学习等。

1.1.2 信号低秩表示

在压缩感知和稀疏表示理论的推动下，低秩表示逐渐发展成新的研究热点，并成功应用于计算机视觉领域中的诸多方面。在信号与信息处理领域，如何度量数据的稀疏性是一个重要的课题。向量的 l_1 范数是向量稀疏性的有效度量，而矩阵的秩则是矩阵稀疏性度量的常用标准。矩阵的低秩可以看作向量稀疏的扩展，两者背后都隐含了数据的冗余性。与向量的稀疏表示相对应的是矩阵的低秩表示，矩阵低秩表示的基本模型如下：

$$\min_{\boldsymbol{A}} \operatorname{rank}(\boldsymbol{A})$$
$$\text{s.t. } \mathcal{F}(\boldsymbol{A}) = \boldsymbol{y} \tag{1-2}$$

式中：$\mathcal{F}(\cdot)$ 为一个线性映射 $\mathbb{R}^{m\times n}\rightarrow\mathbb{R}^{p}$，它将自变量矩阵 $\boldsymbol{A}\in\mathbb{R}^{m\times n}$ 映射到观测变量 $\boldsymbol{y}\in\mathbb{R}^{p}$，其中 $\boldsymbol{A}$ 是一个低秩矩阵，所以目标函数中约束 $\boldsymbol{A}$ 为低秩。其形象化描述如图 1-3 所示。

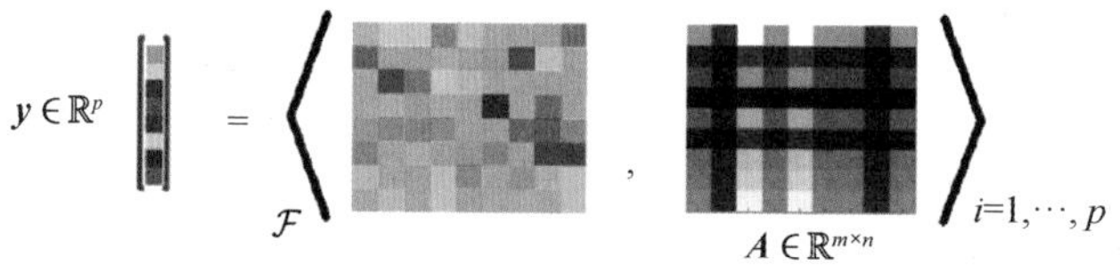

图 1-3　信号低秩表示

低秩约束是矩阵奇异值的稀疏性，自然可以用 l_0 范数定义。与稀疏表示相似，由于 l_0 范数是非凸且不连续的，因此该问题也是一个 NP-hard 问题，需要找一个比较好解的替代问题。Candès 等[9]给出了一个比较好的答案，他们证明了在某种条件下矩阵奇异值的稀疏性可以用核范数（nuclear norm）定义。核范数也就是矩阵的所有奇异值之和，是一个凸函数。这样就将原问题放松为一个凸问题，也将低秩问题的应用变得切实可行。对于这个新的凸问题，可以将它重新转化为一个半正定问题（semidefinite programing，SDP），然后用传统的内点法求解，算法收敛快；但是，需要计算并且保存二阶信息，复杂度比较高，只适合于解决小规模问题。

为了克服这个问题，研究者们提出了一系列的方法，比如：奇异值阈值法（singular value thresholding，SVT），每次迭代使用一个收缩算子去除较小的奇异值；加速近似梯度（accelerated proximal gradient，APG）法，使用 Nesterov 技巧的一阶算法提高收敛速度；不动点连续近似法（fixed point continuation with approximate SVD，FPCA），对迭代部分使用不动点迭代的方法并且对核范数部分使用 Bregman 迭代的算法；交替方向法（alternating direction method，ADM）；非精确增广拉格朗日乘子（inexact augmented Lagrange multipler，IALM）法，是增广拉格朗日乘子法的推广。

对于低秩问题的应用，都可以概述为将一个有噪矩阵分解为一个低秩矩阵和一个稀疏矩阵。当然不同的实际情况，这些矩阵的实际物理意义各不相同，并且对噪声的约束也稍有区别。低秩在图像修复、图像对齐、低秩纹理、目标检测、目标识别和目标跟踪等计算机视觉领域诸多方面有着广泛的应用。Peng 等[10]将低秩应用于解决批量图像对齐问题，在出现较大遮挡和损坏的情况下，能鲁棒对齐线性相关的图像；Zhang 等[11]将低秩用于处理纹理图像的匹配，解决了不同视角纹理呈现状态不同的问题；Wu 等[12]将低秩用于三维表面重建的光度立体视觉，解决了由阴影和镜面反射导致感兴趣目标非朗伯模型的问题；Zhang 等[13]将低秩思想用于摄像机标定，能够达到简单、精确矫正存在畸变的摄像机内部参数；Candès 等[14]将鲁棒主成分分析（robust principal component analysis，RPCA）用于分离静态背景视频帧构成的相关图像序列中的活动目标和静态背景；Chen 和 Zheng 等[15-16]将低秩用于人脸识别，分别将结构不相干性和判别性引入低秩分解过程；胡正平等[17]将低秩与联合稀疏表示结合起来进行人脸识别；江明阳等[18]将低秩用于人脸子空间的重构。

在上述应用中，其基础研究问题主要有低秩矩阵修复（low rank matrix completion，LRMC）、鲁棒主成分分析以及低秩表示（low rank representation，LRR）三个方面。矩阵修复是秩最小化最重要应用之一，目的是从不完全的样本中恢复出低秩矩阵，在潜在语义分析、目标定位和识别中此模型应用较多。鲁棒主成分分析即从受到较大量加性稀疏噪声污染的矩阵中恢复出潜在的低秩矩阵。由于加性噪声的未知性，RPCA 问题比 LRMC 问题更加复杂。RPCA 模型假设潜在的数据是单个的低秩子空间，然而，计算机视觉和图像处理产生的真实数据往往具有多重线性混合结构或仿射子空间混合结构。最新的 RPCA 扩展问题即低秩表示，其目标是将多重子空间恢复问题中的数据分割和噪声修正集成到统一的框架。矩阵修复、鲁棒主成分分析和低秩表示统称为低秩矩阵恢复问题。

1.2 基本概念和术语

1.2.1 稀疏表示

稀疏表示的目的是将信号用冗余字典中少量原子有效地表示。假设给定

冗余字典 $\boldsymbol{D}=[\boldsymbol{d}_1, \boldsymbol{d}_2, \cdots, \boldsymbol{d}_n] \in \mathbb{R}^{m\times n}$，其中 n 为字典中原子的数目，每一列 $\boldsymbol{d}_i \in \mathbb{R}^m$，$m$ 为原子的维数，且 $m \ll n$，则信号 $\boldsymbol{y}$ 可表示为这些原子的稀疏线性组合：

$$\boldsymbol{y} = x_1\boldsymbol{d}_1 + x_2\boldsymbol{d}_2 + \cdots x_n\boldsymbol{d}_n = \boldsymbol{D}\boldsymbol{x} \tag{1-3}$$

式中：系数向量 $\boldsymbol{x}=[x_1, x_2, \cdots, x_n]^{\mathrm{T}}$ 为信号 $\boldsymbol{y}$ 在字典 $\boldsymbol{D}$ 上的表示系数。

因为 $m \ll n$，所以在 $\boldsymbol{y}$ 和 $\boldsymbol{D}$ 已知的情况下求解 $\boldsymbol{x}$ 时，式（1-3）是欠定的方程，有无数多组解，那么从 $\boldsymbol{y}$ 中不可能恢复出 $\boldsymbol{x}$。信号的稀疏表示问题就是在这无数个解中找到最稀疏的解，即系数向量 $\boldsymbol{x}$ 中非零元素的个数要尽可能少。所以可以将该问题定义为

$$\begin{aligned} &\min \|\boldsymbol{x}\|_0 \\ &\text{s.t. } \boldsymbol{y} = \boldsymbol{D}\boldsymbol{x} \end{aligned} \tag{1-4}$$

式中：$\|\boldsymbol{x}\|_0$ 为 $\boldsymbol{x}$ 的 l_0 范数，用来度量 $\boldsymbol{x}$ 的稀疏性，等于 $\boldsymbol{x}$ 中非零元素的个数。

由于 l_0 范数是非凸的，求解 l_0 范数是一个 NP-hard 问题，因此 Donoho 提出了用 l_1 范数的解来逼近 l_0 范数问题解[19]，将其凸松弛为 l_1 范数，则下式的解可作为式（1-4）的解：

$$\begin{aligned} &\min \|\boldsymbol{x}\|_1 \\ &\text{s.t. } \boldsymbol{y} = \boldsymbol{D}\boldsymbol{x} \end{aligned} \tag{1-5}$$

式（1-5）是一个凸优化问题，因此具有唯一解。在实际应用中，考虑到信号 $\boldsymbol{y}$ 很可能被噪声污染，所以在求解式（1-5）的过程中加入一个误差向量 $\boldsymbol{\varepsilon} \in \mathbb{R}^m$，以保证得到的系数向量 $\boldsymbol{x}$ 是稀疏的同时重构误差最小，因此能用下式代替式（1-5）：

$$\begin{aligned} &\min \|\boldsymbol{x}\|_1 \\ &\text{s.t. } \|\boldsymbol{y} - \boldsymbol{D}\boldsymbol{x}\|_2^2 \leqslant \boldsymbol{\varepsilon} \end{aligned} \tag{1-6}$$

式（1-6）的优化问题经过 Tikhonov 正则化之后变成求极值的问题，如下式所示：

$$\min \|\boldsymbol{y} - \boldsymbol{D}\boldsymbol{x}\|_2^2 + \lambda \|\boldsymbol{x}\|_1 \tag{1-7}$$

式中：λ 为标量，用来权衡系数向量的稀疏性和重构误差。

求解式（1-5）和式（1-7）的主要方法有三类。

（1）松弛方法：基于范数寻优，包括 l_1 范数最小法、基追踪、梯度投影法、内点法、全变分最小法、LASSO、LARS、软/硬迭代阈值。

（2）贪婪方法：基本思想是每次进行一个局部最优化求解系数向量中的

非零元素，包括匹配追踪算法、子空间追踪算法、正交匹配追踪算法、正则正交匹配追踪算法、压缩采样匹配追踪、分段匹配追踪算法、稀疏性自适用匹配追踪。

（3）非凸方法：在优化求解时观测值的个数、信号重构精度、算法复杂度介于松弛方法和贪婪方法之间，代表性算法包括迭代重新加权最小二乘算法、基于 $l_p(0<p\leqslant 1)$ 范数的 Focuss 算法、多层 Bayesian CS 稀疏重建算法。

1.2.2 低秩表示

秩是矩阵的属性，一个矩阵 $\boldsymbol{X}\in\mathbb{R}^{m\times n}$ 的秩是它的线性无关列的极大数目，表示为 $\mathrm{rank}(\boldsymbol{X})$。如果 $\mathrm{rank}(\boldsymbol{X})$ 远小于 m 和 n，则称 $\boldsymbol{X}$ 是低秩矩阵。在低秩矩阵中，矩阵列向量是冗余的，矩阵的每列都可被其他列线性表示。Liu 等[20-21]从基于子空间聚类问题出发，提出一种新的低秩表示。这种方法能有效地找出采样数据各自所在的子空间，并且具有良好的抗大尺度非均匀噪声的能力。

已知数据矩阵 $\boldsymbol{Y}=[\boldsymbol{y}_1, \boldsymbol{y}_2, \cdots, \boldsymbol{y}_n]\in\mathbb{R}^{m\times n}$ 中存在 n 个数据样本，其中每个数据样本都能被字典 $\boldsymbol{D}=[\boldsymbol{d}_1, \boldsymbol{d}_2, \cdots, \boldsymbol{d}_n]$ 中的原子线性组合表示：

$$\boldsymbol{Y}=\boldsymbol{D}\boldsymbol{X} \tag{1-8}$$

式中：$\boldsymbol{X}=[\boldsymbol{x}_1, \boldsymbol{x}_2, \cdots, \boldsymbol{x}_n]$ 为系数矩阵，$\boldsymbol{x}_i$ 为 $\boldsymbol{y}_i$ 由 $\boldsymbol{D}$ 线性表示的系数向量。

由于 $\boldsymbol{D}$ 是过完备字典，所以式（1-8）有无数个解。Liu 等[20-21]给系数矩阵 $\boldsymbol{X}$ 加上低秩约束，由于矩阵的低秩性考虑了子空间的整体结构和列向量之间的相关联程度，因此对噪声更加鲁棒。于是，提出如下低秩表示模型来求解系数矩阵 $\boldsymbol{X}$：

$$\begin{gathered}\min\ \mathrm{rank}(\boldsymbol{X})\\ \mathrm{s.t.}\ \boldsymbol{Y}=\boldsymbol{D}\boldsymbol{X}\end{gathered} \tag{1-9}$$

由于 $\mathrm{rank}(\boldsymbol{X})$ 和 l_0 范数一样，都是非凸、非光滑的函数，所以式（1-9）的优化过程也是一个 NP-hard 问题。文献［22］提出使用核范数替换秩的优化问题：

$$\begin{gathered}\min_{\boldsymbol{X}}\ \|\boldsymbol{X}\|_*\\ \mathrm{s.t.}\ \boldsymbol{Y}=\boldsymbol{D}\boldsymbol{X}\end{gathered} \tag{1-10}$$

式中：$\|\cdot\|_*$ 表示核范数；$\|\boldsymbol{X}\|_*=\sum_{i=1}^{\min\{m,n\}}\sigma_i$，$\sigma_i$ 是矩阵的奇异值，即矩阵

的核范数就是本身奇异值之和。

由于实际的观测数据经常受到大尺度非均匀噪声污染，因此在式（1-10）中增加一个误差项 $\boldsymbol{E}$ 能得到一个更加合理的鲁棒的低秩表示模型：

$$\min_{\boldsymbol{X},\boldsymbol{E}} \|\boldsymbol{X}\|_* + \lambda \|\boldsymbol{E}\|_{1,1}$$
$$\text{s.t.}\ \boldsymbol{Y} = \boldsymbol{DX} + \boldsymbol{E} \tag{1-11}$$

式中：$\|\cdot\|_{1,1}$表示矩阵的 $l_{1,1}$ 范数，它能保证矩阵的稀疏性，$\|\boldsymbol{E}\|_{1,1} = \sum_i \sum_j |E_{i,j}|$，$E_{i,j}$表示矩阵$\boldsymbol{E}$ 的第 i 行第 j 列元素，即矩阵的 $l_{1,1}$ 范数就是矩阵中所有元素的绝对值之和。在获得最优解（$\boldsymbol{X}^*$，$\boldsymbol{E}^*$）后，通过 $\boldsymbol{Y}-\boldsymbol{E}^*$ 或者 $\boldsymbol{DE}^*$ 能够得到干净的观测数据。

目前，求解式（1-11）有很多种方法，比较经典的有迭代阈值算法，该算法的迭代式形式简单且收敛，但它的收敛速度比较慢，且难以选取合适的步长。为了克服这一问题，Toh 等[23]提出了加速近似梯度算法，Lin 等[24]提出了增广拉格朗日乘子（augmented lagrange multipliers，ALM）算法，Yuan 等[25]提出了非精确拉格朗日乘子（IALM）算法（也称为交替方向法）。

1.3 稀疏与低秩表示在图像处理和计算机视觉中的应用

1.3.1 图像超分辨率

获取高分辨率图像一直是图像处理领域的一个重要研究课题。图像表示模型是图像处理领域的基本问题，图像建模或有效表示是图像超分辨率的前提和基础，人们一直希望能够找到合适的模型从数学上描述和分析图像，而这种表示应该是简洁且稀疏的。稀疏表示一方面能够描述图像的本质信息，提高压缩效率，另一方面能降低图像处理成本，提高应用系统处理效率。作为一种强有力的信号表示模型，稀疏表示理论为图像处理和分析提供了一个全新的研究视角，也为图像超分辨率重建带来了新的机遇和挑战，引起了国内外研究人员的广泛关注。一方面信号稀疏性描述了图像本质属性和内在结构，另一方面它在高分辨率图像及其对应的低分辨率图像之间保持同构，这可以为图像空间分辨率的退化过程估计提供模型，从而使得超分辨率重建反问题的求解成为可能。

文献［7］首先提出了基于稀疏表示的图像超分辨率重构方案，在超分辨率重构问题上取得了很好的重建效果，即将稀疏性作为先验信息正则化超分辨率重构问题，并通过构建过完备字典对图像块进行稀疏表示。该问题的求解首先建立图像退化模型，在实际应用中受成像系统或成像设备以及成像条件的限制和影响，通常获取的是质量较差、低分辨率的图像或视频序列，许多时候难以满足实际需求。在实际成像系统中，图像退化因素主要包括欠采样、运动、模糊和噪声等。图1-4是一个典型的数字图像获取过程模型。

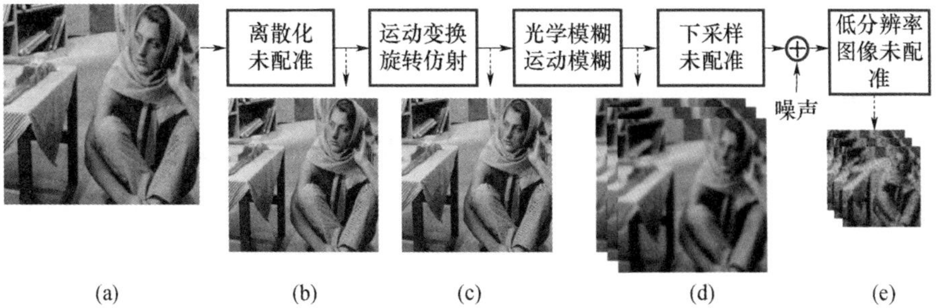

图1-4 数字图像获取过程模型

(a) 原始图像；(b) 采样图像；(c) 变换旋转图像；(d) 模糊图像；(e) 观测图像。

该图像获取过程模型同时也描述了图像质量退化过程，而该过程可以用一个线性系统来表示，在下采样矩阵 $\boldsymbol{B}$ 的作用下，低分辨率的观测图像 $\boldsymbol{y}\in\mathbb{R}^n$ 的维度小于高分辨率的理想图像 $\boldsymbol{x}\in\mathbb{R}^m$ 的维度，即 $n<m$，模型表示为

$$\boldsymbol{y}=\boldsymbol{BHx}=\boldsymbol{Lx} \tag{1-12}$$

式中：$\boldsymbol{H}$ 为高通线性滤波器，表示某种模糊退化；$\boldsymbol{L}$ 为低秩矩阵。

显然，与上述图像处理任务不同的是，超分辨率重建所需的图像编码和字典的重建需要在不同的维度空间进行。记高分辨率字典为 $\boldsymbol{D}_{\mathrm{h}}$，可以由高质量的样本图像学习获得，那么理想图像可以由其稀疏表示系数来线性表示，$\boldsymbol{x}=\boldsymbol{D}_{\mathrm{h}}\alpha$，超分辨率重建问题就变成从低分辨率观测图像中求解其稀疏表示系数 α：

$$\boldsymbol{y}=\boldsymbol{Lx}=\boldsymbol{LD}_{\mathrm{h}}\alpha \tag{1-13}$$

低分辨率字典可以由高分辨率字典进行样本下采样获得，$\boldsymbol{D}_{\mathrm{l}}=\boldsymbol{LD}_{\mathrm{h}}$。此时，通过求解

$$\begin{aligned}&\min_{\alpha}\ \|\alpha\|_0\\ &\text{s.t.}\ \|\boldsymbol{D}_{\mathrm{l}}\alpha-\boldsymbol{y}\|_2^2\leqslant\varepsilon\end{aligned} \tag{1-14}$$

理想的高分辨率图像可由 $\boldsymbol{x}=\boldsymbol{D}_{\mathrm{h}}\alpha$ 重建获得。

稀疏表示下基于样本学习的超分辨率重建得到了快速发展，取得了比基于重建方法更好的细节信息重建效果。需要说明的是，在基于稀疏表示的图像处理中，基于编码效率考虑，通常不是对整幅图像进行处理，而是将图像分割成部分重叠的小的图像块进行稀疏编码，称为基于图像块的（patch-based）图像处理。

1.3.2 目标检测

稀疏表示理论指出，信号可以在很大概率上通过少量的测量值来恢复。在一帧图像中，大部分像素属于背景，目标占较少像素，由此假设背景差分后的前景是稀疏的，稀疏表示在目标检测领域表现了很好的适用性。Huang 等[26]提出组稀疏理论，根据前景的组稀疏和背景的字典稀疏表示，实现基于背景差分的目标检测。

在目标检测中，一般通过训练样本初始化过完备的背景字典，并计算测量图像在该过完备字典下的稀疏系数，通过稀疏编码信号重构出背景模型，实现鲁棒的目标检测，同时更新背景字典。具体检测过程如图 1-5 所示。

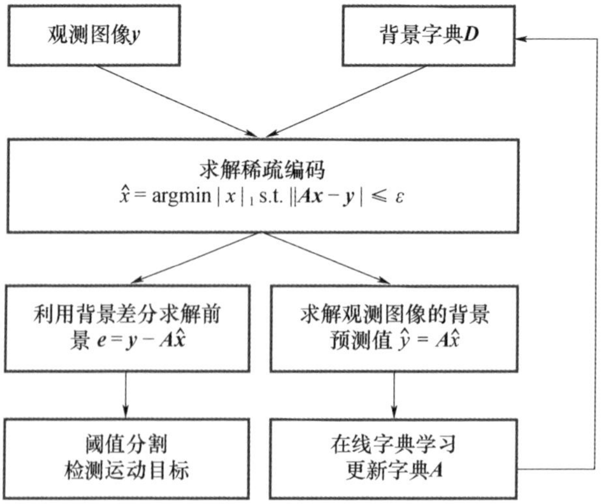

图 1-5　基于稀疏表示的运动目标检测过程

视频中的背景具有较强的相关性，近似位于同一低秩的子空间，而前景目标呈现与背景不同的运动样式以及纹理特征，可视为偏离该低秩空间的显著误差或异常点，同时运动目标通常只占整个场景中的一小部分，符合误差稀疏性的约束。应用 RPCA 模型进行背景与前景分离是非常合适的，RPCA 模型是一个子空间学习模型，其发展可追溯到主成分分析（PCA）。PCA 是早期的子空间学习模型，并且同样用于前景检测，然而 PCA 对含有异常点和大噪声的观测数据非常敏感，不适用于含有稀疏噪声的数据。RPCA 模型通过引入稀疏表示而对含有异常点和稀疏噪声的观测数据更加鲁棒。RPCA 模型认为观测视频属于高维度的数据，而这些高维度的数据是存在于低维线性子空间中的，并且在这些高维数据中的部分数据含有异常点和幅值相当大的稀疏噪声。

基于低秩分解的目标检测的基本假设是，一系列视频帧组成的观测矩阵 $\boldsymbol{Y}$ 可以分解为代表背景的低秩矩阵 $\boldsymbol{L}$ 和前景运动目标的稀疏矩阵 $\boldsymbol{S}$，即 $\boldsymbol{Y}=\boldsymbol{L}+\boldsymbol{S}$，其中，$\boldsymbol{Y}\in \mathbb{R}^{m\times n}$ 是观测图像序列（m 为图像的维度，n 为图像序列数），$\boldsymbol{L}$ 和 $\boldsymbol{S}$ 分别代表背景和前景运动目标，这就是著名的 RPCA 模型的基本思路。由于每一帧的背景图像相互之间是线性相关的，因此由背景图像所组成的矩阵 $\boldsymbol{L}$ 是低秩的，可以用主成分追踪（PCP）来得到低秩背景矩阵和前景稀疏矩阵，可以直接对前景稀疏矩阵进行阈值分割得到每一帧中运动目标。具体的检测过程如图 1-6 所示。

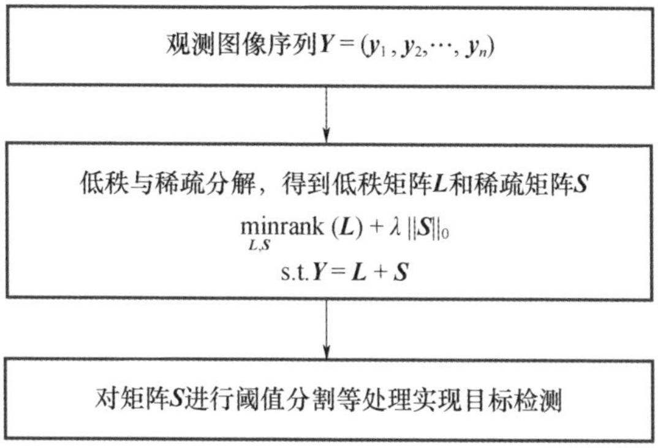

图 1-6　基于低秩矩阵分解的运动目标检测基本过程

1.3.3 目标跟踪

1.3.3.1 粒子滤波

粒子滤波（particle filter，PF）是一种贝叶斯序列重要性采样方法，有效地解决了非线性和非高斯性问题，成为目标跟踪的基本框架。其核心思想是通过蒙特卡罗仿真方法随机采样粒子，将所有粒子赋予权值，利用粒子集分布逼近目标状态的后验概率分布，使用贝叶斯准则更新粒子权值，从而估计出目标的状态。

基于粒子滤波的目标跟踪是将目标跟踪问题转换为在贝叶斯理论框架下已知目标状态的先验概率，在获得新的观测值后求解目标状态的最大后验概率估计（maximum a posteriori，MAP）的过程。基于粒子滤波的目标跟踪，主要包括预测和更新两个步骤。假设$\boldsymbol{x}_t$为t时刻目标的状态变量，已知1到$t-1$时刻所有图像观测$\boldsymbol{y}_{1:t-1}=\{\boldsymbol{y}_1, \cdots, \boldsymbol{y}_{t-1}\}$，则预测过程为

$$p(\boldsymbol{x}_t \mid \boldsymbol{y}_{1:t-1}) = \int p(\boldsymbol{x}_t \mid \boldsymbol{x}_{t-1}) p(\boldsymbol{x}_{t-1} \mid \boldsymbol{y}_{1:t-1}) \mathrm{d}\,\boldsymbol{x}_{t-1} \tag{1-15}$$

式中：$p(\boldsymbol{x}_t \mid \boldsymbol{y}_{1:t-1})$为目标状态$\boldsymbol{x}_t$的先验概率；$p(\boldsymbol{x}_t \mid \boldsymbol{x}_{t-1})$为状态转移模型。

t时刻，当图像观测$\boldsymbol{y}_t$可用时，则进行更新过程为

$$p(\boldsymbol{x}_t \mid \boldsymbol{y}_{1:t}) = \frac{p(\boldsymbol{y}_t \mid \boldsymbol{x}_t) p(\boldsymbol{x}_t \mid \boldsymbol{y}_{1:t-1})}{p(\boldsymbol{y}_t \mid \boldsymbol{y}_{1:t-1})} \tag{1-16}$$

式中：$p(\boldsymbol{x}_t \mid \boldsymbol{y}_{1:t})$为目标状态$\boldsymbol{x}_t$的后验概率；$p(\boldsymbol{y}_t \mid \boldsymbol{x}_t)$为观测似然。

在目标跟踪中，目标状态是随机变化的，很难使用一个积分函数描述目标状态的变化关系。根据蒙特卡罗方法，当目标状态的采样样本数（粒子个数）足够大时，能够使用这些离散粒子样本的累加无限逼近目标状态的后验概率。据此，在粒子滤波中，使用N个由序列重要性采样所得的粒子$\{\boldsymbol{x}_t^i\}_{i=1,\cdots,N}$及相应重要性权值$\{\omega_t^i\}_{i=1,\cdots,N}$近似拟合后验概率$p(\boldsymbol{x}_t \mid \boldsymbol{y}_{1:t})$，如下式：

$$p(\boldsymbol{x}_t \mid \boldsymbol{y}_{1:t}) \approx \sum_{i=1}^{N} \omega_t^i \delta(\boldsymbol{x}_t - \boldsymbol{x}_t^i) \tag{1-17}$$

式中：重要性权值满足归一化原则，$\sum_{i=1}^{N} \omega_t^i = 1$。

在实际应用中，后验概率分布是不能够预先获知的。通常情况下，粒子会从一个建议分布$q(\boldsymbol{x}_t \mid \boldsymbol{x}_{1:t-1}, \boldsymbol{y}_{1:t})$（又称为重要性分布）中随机采样得到，并且粒子的权值可以如下式所示更新：

$$\omega_t^i = \omega_{t-1}^i \frac{p(\boldsymbol{y}_t^i \mid \boldsymbol{x}_t^i) p(\boldsymbol{x}_t^i \mid \boldsymbol{x}_{t-1}^i)}{q(\boldsymbol{x}_t \mid \boldsymbol{x}_{1:t-1}, \boldsymbol{y}_{1:t})} \tag{1-18}$$

若选择贝叶斯自主滤波，则$q(\boldsymbol{x}_t \mid \boldsymbol{x}_{1:t-1}, \boldsymbol{y}_{1:t}) = p(\boldsymbol{x}_t \mid \boldsymbol{x}_{t-1})$，式（1-18）将转化为

$$\omega_t^i = \omega_{t-1}^i p(\boldsymbol{y}_t^i \mid \boldsymbol{x}_t^i) \tag{1-19}$$

在得到所有图像观测$\boldsymbol{y}_{1:t}=\{\boldsymbol{y}_1, \boldsymbol{y}_2, \cdots, \boldsymbol{y}_t\}$后，找出使后验概率分布最大的最优目标状态估计$\hat{\boldsymbol{x}}_t$，如下式：

$$\hat{\boldsymbol{x}}_t = \arg\max_{\boldsymbol{x}_t^i} p(\boldsymbol{x}_t^i \mid \boldsymbol{y}_{1:t}) \tag{1-20}$$

1.3.3.2 基于稀疏表示的表观模型

建立目标的表观模型首先需要获得能够充分表示目标表观的特征信息，但到目前为止大多数目标表观特征的提取过程往往比较复杂且存在一些弊端，如对目标的空间结构特性和全局内在特性无法进行准确描述等。在基于稀疏表示的视觉跟踪（L_1跟踪）中，表观模型的建立非常简单，直接采用由目标区域的像素点集经过拉伸处理后的特征向量所张成的低维子空间来表示目标的全局表观信息，如此便省略了特征提取的步骤，减小了计算复杂度，且对目标进行了最直观、最全面的描述。

假设目标模板$\boldsymbol{T}=[\boldsymbol{t}_1, \boldsymbol{t}_2, \cdots, \boldsymbol{t}_n]\in\mathbb{R}^{d\times n}$（$d\gg n$）包含$n$个目标模板向量$\boldsymbol{t}_i\in\mathbb{R}^d$（$i=1, 2, \cdots, n$）（经目标图像块拉伸为一维向量），跟踪目标$\boldsymbol{y}\in\mathbb{R}^d$可以由目标模板$\boldsymbol{T}$近似线性张成，表示如下：

$$\boldsymbol{y} \approx \boldsymbol{Ta} = a_1\boldsymbol{t}_1 + a_2\boldsymbol{t}_2 + \cdots + a_n\boldsymbol{t}_n \tag{1-21}$$

式中：$\boldsymbol{a}=(a_1, a_2, \cdots, a_n)^{\mathrm{T}}\in\mathbb{R}^n$为$\boldsymbol{y}$在目标模板$T$上的编码系数，称为目标系数向量。

在目标跟踪中，目标通常会受到噪声和遮挡的污染，并且以任意大小出现在目标的任意位置上。考虑噪声和遮挡的影响，将式（1-21）转化为

$$\boldsymbol{y} = \boldsymbol{Ta} + \boldsymbol{\varepsilon} \tag{1-22}$$

式中：$\boldsymbol{\varepsilon}$为误差向量，其部分非零元素指示出目标被噪声和遮挡污染的部分。

受稀疏表示在人脸识别中的应用研究启发，假设误差向量$\boldsymbol{\varepsilon}$符合拉普拉斯分布，L_1跟踪采用小模板表示误差向量$\boldsymbol{\varepsilon}$以捕捉噪声和遮挡（图1-7，$\boldsymbol{I}$中黑色表示零元素，白色表示元素1），如下式所示：

$$\boldsymbol{y} = \boldsymbol{Ta} + \boldsymbol{Ie} = [\boldsymbol{T}, \boldsymbol{I}]\begin{bmatrix}\boldsymbol{a}\\ \boldsymbol{e}\end{bmatrix} = \boldsymbol{Bc} \tag{1-23}$$

式中，$\boldsymbol{I}=[\boldsymbol{i}_1, \boldsymbol{i}_2, \cdots, \boldsymbol{i}_d]\in\mathbb{R}^{d\times d}$为单位阵，称为小模板；$\boldsymbol{e}=(e_1, e_2, \cdots, e_d)^{\mathrm{T}}\in\mathbb{R}^d$为$\boldsymbol{y}$在小模板$I$上的编码系数，称为小模板系数向量；$\boldsymbol{c}=[\boldsymbol{a}, \boldsymbol{e}]^{\mathrm{T}}\in\mathbb{R}^{n+d}$为$\boldsymbol{y}$在模板$\boldsymbol{B}=[\boldsymbol{T}, \boldsymbol{I}]\in\mathbb{R}^{d\times(n+d)}$上的编码系数。

式（1-23）所示的是欠定系统，即模板B是过完备的，因此，式（1-23）没有唯一的解$\boldsymbol{c}$。在目标跟踪中，当目标仅仅受到少量噪声污染和部分遮挡

时，由它们引起的误差也仅仅含有少量非零元素，因此，小模板系数向量 $\boldsymbol{e}$ 含有的非零元素是少量的。

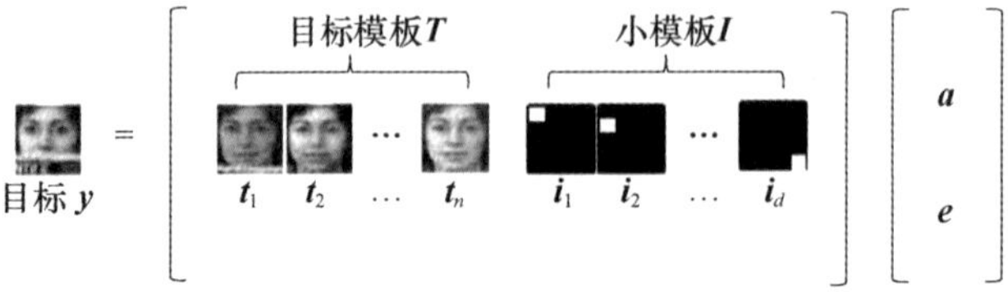

图 1-7　目标表示

综合以上两个方面，L_1 跟踪在系数向量 $\boldsymbol{c}$ 上添加稀疏约束，可以保证式（1-23）存在唯一的稀疏解。系数向量 $\boldsymbol{c}$ 利用式（1-24）L_1 正则化最小二乘模型求解：

$$\min_{c} \|\boldsymbol{y}-\boldsymbol{Bc}\|_2^2+\lambda\|\boldsymbol{c}\|_1 \tag{1-24}$$

式中：λ 为正则化系数。

1.3.3.3　跟踪方法

基于稀疏表示的目标跟踪是以粒子滤波为框架，结合状态转移模型、观测似然和模板更新方法建立目标跟踪方法。对于视频图像序列的每一帧，首先需要对粒子的状态进行估计，预测出候选目标范围；然后求解候选目标在目标模板和小模板上的稀疏表示系数，结合观测似然找出与表观模型最为相似的候选目标作为跟踪结果；为了动态适应目标的表观变化，最后适时地更新目标模板，实现鲁棒跟踪。下面对 L_1 跟踪中初始化、状态转移模型和观测似然模型三个方面进行详细介绍。

1. 初始化

在目标跟踪过程中，跟踪目标会发生尺度变化、姿态变化等表观变化。为了克服目标区域大小、形状等变化对运算的不利影响，L_1 跟踪利用仿射变换将任意四边形区域转化为统一固定大小的四边形区域。假设固定四边形区域为 $m\times n$ 的矩形，将该矩形拉伸为 $mn\times 1$ 的高维列向量，即此列向量等价于一个任意图像块。以上仿射变换和拉伸处理统称为图像标准化，在 L_1 跟踪中，所有图像块在运算处理之前都要进行标准化。L_1 跟踪的初始化是在视频图像序列的第一帧完成的，首先通过目标检测或手工标定确定出目标对象，将目标对象区域进行微弱移动得到 9 个图像块，这 10 个图像块经过标准化后组成初始目标模板。

2. 状态转移模型

状态转移模型也称为运动模型，是目标状态在连续两帧图像之间的传送模型。L_1 跟踪是利用仿射变换对目标的运动建模。t 时刻，目标状态变量 $\boldsymbol{x}_t$ 由 6 个仿射变换参数组成，记作 $\boldsymbol{x}_t=(\boldsymbol{a}_t^1, \boldsymbol{a}_t^2, \boldsymbol{a}_t^3, \boldsymbol{a}_t^4, \boldsymbol{x}_t^1, \boldsymbol{y}_t^1)$，其中前 4 个参数表示目标的形变变化，后 2 个参数表示目标的位置变化。假设状态变量 $\boldsymbol{x}_t$ 中参数分量是相互独立的，采用高斯分布建立状态转移模型，如下式所示：

$$p(\boldsymbol{x}_t \mid \boldsymbol{x}_{t-1}) = N(\boldsymbol{x}_t; \boldsymbol{x}_{t-1}, \boldsymbol{\Psi}) \tag{1-25}$$

式中：$\boldsymbol{\Psi}$ 为对角矩阵，其对角元素是相应状态的方差。

3. 观测似然模型

建立观测似然模型分为两个步骤：首先，对于任意粒子的图像观测 $\boldsymbol{y}_t^i$，利用稀疏表示模型求解其 L_1 正则化编码系数 $\boldsymbol{a}_t^i$；其次，定义观测似然，即

$$p(\boldsymbol{y}_t^i \mid \boldsymbol{x}_t^i) = \frac{1}{\Gamma}\exp(-\alpha \parallel \boldsymbol{T}_t \boldsymbol{a}_t^i - \boldsymbol{y}_t^i \parallel_2^2) \tag{1-26}$$

式中：Γ 为归一化常量；α 为高斯核尺度参数。

综合以上三个方面，基于稀疏表示的目标跟踪方法的具体流程如表 1-1 所列。

表 1-1 基于稀疏表示的目标跟踪方法的具体流程

算法
1. 初始化：$t=1$ 时刻，手工标定目标 $\boldsymbol{x}_1$，初始目标模板 $\boldsymbol{T}_1$，初始粒子权值 $1/N$；
2. for $t=2$ to T do；
3. 采样粒子：利用式（1-25）预测粒子状态 $\boldsymbol{x}_t^i$，采样图像观测 $\boldsymbol{y}_t^i$，$i=1, 2, \cdots, N$；
4. 稀疏编码：对于所有 $\boldsymbol{y}_t^i$，求解编码系数 $\boldsymbol{c}_t^i$，$i=1, 2, \cdots, N$；
5：权值更新：先用式（1-26）计算观测似然 $p(\boldsymbol{y}_t^i \mid \boldsymbol{x}_t^i)$，再用 $w_t^i=w_{t-1}^i p(\boldsymbol{y}_t^i \mid \boldsymbol{x}_t^i)$ 更新权值，$i=1, 2, \cdots, N$；
6. 权值归一化：$w_t^i = w_t^i / \sum_{i=1}^{N} w_t^i, i = 1,2,\cdots,N$；
7. 目标状态估计：$\hat{\boldsymbol{x}}_t=\boldsymbol{x}_t^{\hat{i}}$，其中 $\hat{i}=\max\limits_{i}(w_t^i)$；
8. 粒子重采样；
9. 如果达到模板更新条件，则更新目标模板；
10. 输出：跟踪结果 $\hat{\boldsymbol{x}}_t$；
11. end for。

1.3.4 其他应用

稀疏与低秩表示除了在上述图像超分辨率重建、目标检测和目标跟踪方面有较好应用外，还在图像去噪、图像修复、图像配准以及目标识别等方面取得广泛应用并获得成功。下面对这些内容进行概括介绍。

1.3.4.1 图像去噪

近年来，由于信号稀疏表示技术的发展，与图像稀疏表示相关的思想和算法也逐渐应用于图像去噪问题上，其中包括基于稀疏表示的学习字典去噪方法和矩阵低秩恢复理论等，在处理稀疏噪声时取得了较理想的效果。十几年来，很多基于稀疏性先验的去噪方法被陆续提出，这些方法的基本步骤是首先在给定字典下对噪声信号进行稀疏分解，然后对分解系数进行阈值操作重建去噪图像。典型代表是基于 K-SVD 的去噪算法[4]，如图 1-8 所示。

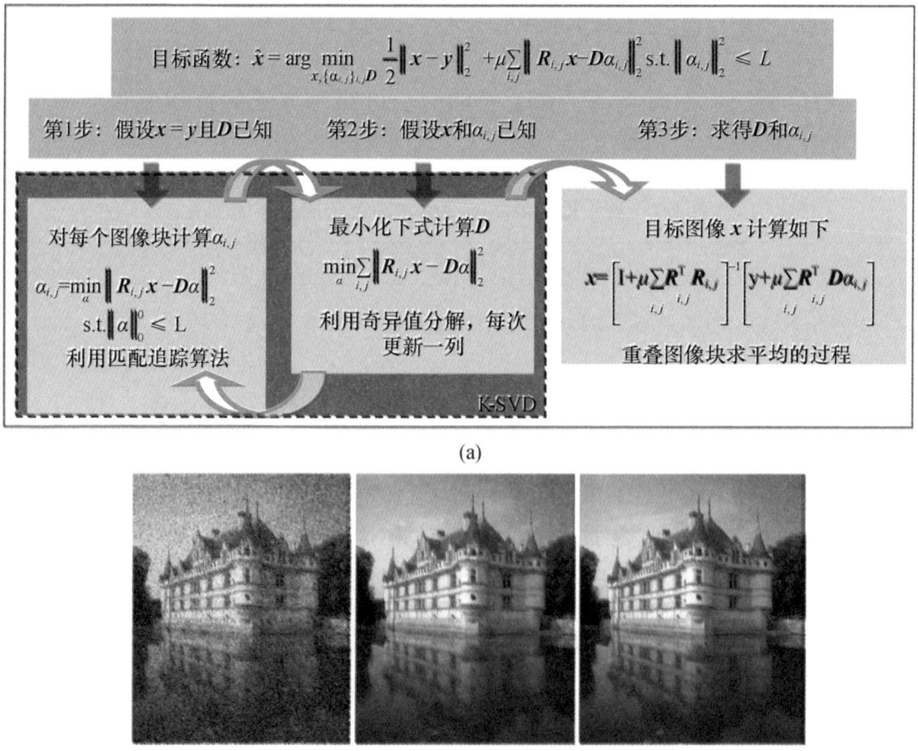

图 1-8 K-SVD 图像去噪

（a）K-SVD 去噪原理；（b）去噪结果。

1.3.4.2 图像修复

对于观测图像 $\boldsymbol{y}$，图像修复模型一般可总结为

$$\boldsymbol{y}=\boldsymbol{H}\boldsymbol{x}+\boldsymbol{n} \tag{1-27}$$

式中：$\boldsymbol{H}$ 为退化矩阵；$\boldsymbol{x}$ 为与 $\boldsymbol{y}$ 相对应的清晰图像；$\boldsymbol{n}$ 为添加的噪声，在具体实验中一般添加高斯白噪声。

不同的退化矩阵 $\boldsymbol{H}$ 对应着不同的图像修复问题。当 $\boldsymbol{H}$ 为单位矩阵时，式（1-27）是图像去噪模型；当 $\boldsymbol{H}$ 为模糊核算子时，式（1-27）是图像去模糊模型；当 $\boldsymbol{H}$ 为复合的模糊核算子和降采样矩阵时，式（1-27）是图像超分辨率模型。

为了适应迅速发展的计算机视觉领域的研究，正则化的图像修复方法逐渐成为研究重点。在正则化的图像修复方法的基础上，文献［27］提出了低秩稀疏矩阵分解的算法，此方法包括低秩矩阵填充和低秩矩阵恢复（图 1-9），主要是运用数学领域的凸优化[28]算法进行分解实现的。

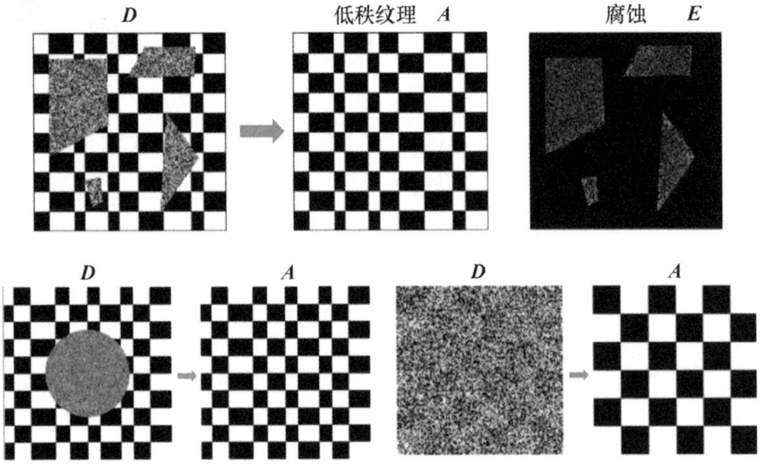

图 1-9 低秩图像修复

求解低秩矩阵填充最基本的方法是奇异值阈值方法和加速近似梯度方法。奇异值阈值方法就是近似地对原始问题的目标函数进行最小化处理。加速近端梯度方法就是在奇异值阈值算法的基础上继续进行变形，把存在约束条件的目标函数近似地转化为无约束条件的最优化问题。低秩矩阵恢复（low-rank matrix recovery）的基本思想是从具有稀疏性的较大误差中恢复出本质上具有低秩性的数据矩阵。若一个数据矩阵中既包含了图像内部结构信息（本质上具有低秩性），又包含一定程度的噪声信号（噪声具有稀疏性），该数

据矩阵就可以分解为一个低秩矩阵加上一个稀疏矩阵的组合。

1.3.4.3 图像配准

图像配准算法一般包括特征提取、特征匹配、变换矩阵计算三个步骤。基于稀疏表示的图像配准[29]是在基于稀疏表示的图像特征提取算法的基础上给出的，使用的是特征点稀疏域特征，特征匹配算法由特征点稀疏域系数分布得到，利用系数分布的稀疏性与集中特征的唯一性进行特征点匹配，匹配过程实际上是对满足条件的特征点进行遴选，剩余特征点按照稀疏域系数极值位置进行匹配。稀疏性与唯一性数学描述阈值设定过于放松会出现误匹配的情况，为了提高匹配精度，加入误匹配残差项；在得到匹配点后，计算变换矩阵过程便转换为简单的求解模型参数过程，如图 1-10 所示。

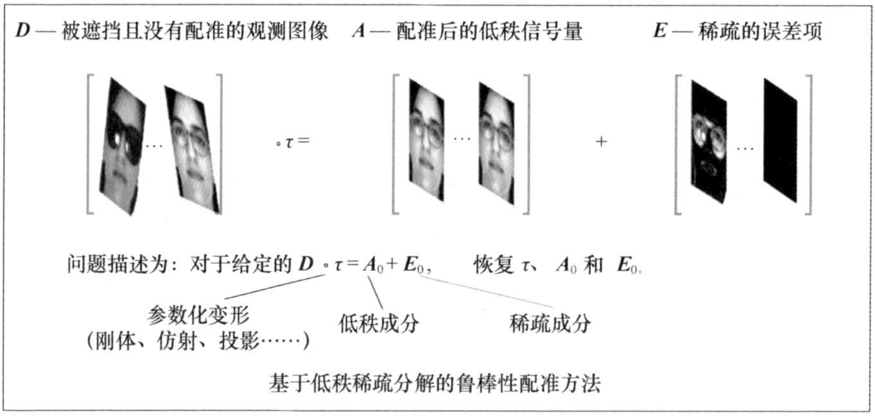

图 1-10 低秩与稀疏分解图像配准

对于基于特征点的经典配准算法而言，基于稀疏表示的图像配准算法打破了原有的利用特征直接进行相关匹配的束缚，用投影的方式将待配准图与参考图特征以分布的形式表示出来，直接利用投影系数分布特性即可做出判断。虽然在形式上基于稀疏表示的图像配准与滤波器类似，但从整个过程来看，也可以理解为特征的匹配，不是在两个特征点间进行匹配，而是进行正确数据与错误数据的匹配。

唯一性匹配是从系数分布的集中特性上分析得来的，根据稀疏特征的意义，当出现同名点完全匹配的情况时，其系数能量应该只集中在一条谱线上。但是，由于各类干扰与内部相关，系数分布不会理想化地集中。在进行稀疏性判定后，保留的特征点投影系数分布是比较集中的，关键是根据几条集中的谱线如何判断该特征点是否有正确、高精度的匹配点。

1.3.4.4 目标识别

图像目标识别在稀疏表示下其本质是一个分类问题，一直受广大研究者的关注，是经典的模式识别问题，目标识别对象包罗万象，其中的典型应用是人脸识别。受压缩感知理论的启发，基于稀疏表示的人脸识别技术得到了广泛研究。基于稀疏表示的人脸识别是先利用训练图片构造字典，再通过求解一个欠定方程求得测试图片的最稀疏线性组合系数，然后根据这些系数来对图像进行识别分类。近年来，智能交通及自动驾驶领域的街道标识识别也是其中的典型应用[30]，如图 1-11 所示。

A_1 | A_2 | A_3 | A_4

$$\min \sum_{i=1}^{4} \| A_i \|_* + \lambda \| E_i \|_1$$

$$\text{s.t.} \quad D \circ \tau = [A_1 \ A_2 \ A_3 \ A_4] + [E_1 \ E_2 \ E_3 \ E_4]$$

图 1-11　街道标识识别

1.4 本书的主要内容与组织安排

本书主要围绕稀疏和低秩理论及其应用进行论述，主要内容包括三个部分：首先论述了稀疏和低秩的基本概念、基本理论和相关方法；其次重点对两种理论方法在图像超分辨率重建、目标检测和目标跟踪三个方面的研究工作做了详细论述，针对不同应用分别提出相应的模型和算法，并进行实验验证分析；最后阐述了上述三个方面在成像侦察与制导中的典型应用。本书围绕上述三个方面展开，共分 6 章，整体结构如图 1-12 所示。

本书具体内容安排如下：

第 1 章对稀疏和低秩进行了概述，包括基本理论与应用，以及在图像超分辨率重建、目标检测和目标跟踪中的应用相关内容的概述；

第 2 章具体介绍稀疏与低秩表示的模型和算法，包括稀疏表示模型和算法、低秩表示模型和算法以及字典学习模型和算法；

第 3 章重点介绍基于稀疏表示的图像超分辨率重建，包括稀疏域单幅图像超分辨率模型与算法、基于图像块稀疏结构相似度邻域约束的超分辨率重建以及局部样本匹配和多级滤波的快速超分辨率重建；

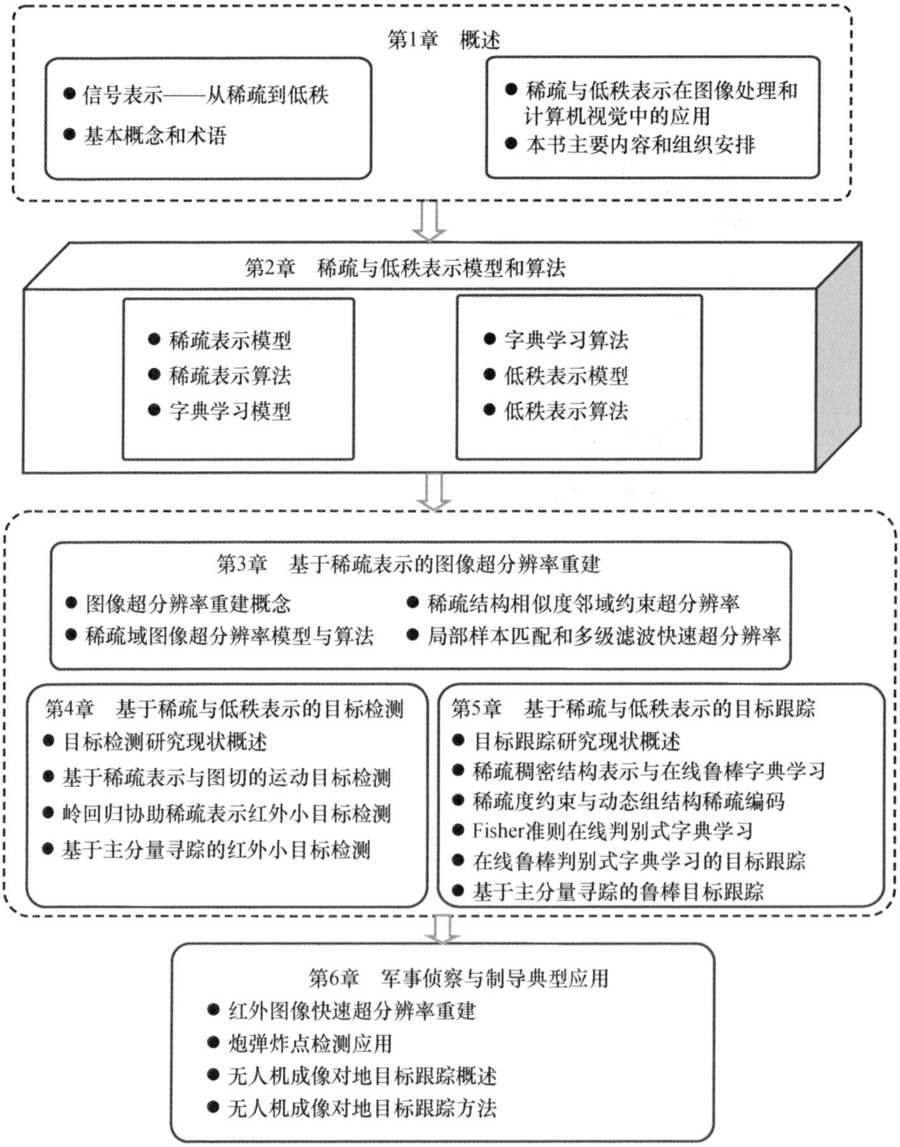

图 1-12　本书整体结构

第 4 章对基于稀疏与低秩表示的目标检测中具体的模型和算法进行论述，包括基于稀疏表示与图切的运动目标检测、岭回归协助稀疏表示红外小目标检测以及基于主分量寻踪的红外小目标检测；

第 5 章论述基于稀疏与低秩表示的目标跟踪方法，包括基于稀疏稠密结构表示与在线鲁棒字典学习的目标跟踪、基于稀疏度约束与动态组结构稀疏编码的鲁棒目标跟踪、基于 Fisher 准则的在线判别式字典学习的目标跟踪、在线鲁棒判别式字典学习的目标跟踪以及基于主分量寻踪的鲁棒目标跟踪等内容；

第 6 章对相关方法在成像侦察与制导应用中进行试验验证，主要内容包括红外图像快速超分辨率重建、炮弹炸点检测、无人机成像对地目标跟踪特点与系统组成以及无人机成像对地目标跟踪方法等。

参考文献

[1] DONOHO D. Compressed sensing [J]. IEEE Transactions Information Theory, 2006, 52 (4): 1289-1306.

[2] NEEDELL D, VERSHYNIN R. Signal recovery from incomplete and inaccurate measurements via regularized orthogonal matching pursuit [J]. IEEE Journal of Selected Topics in Signal Processing, 2010, 4 (2): 310-316.

[3] SHTOK J, ELAD M. Analysis of the basis pursuit via the capacity sets [J]. Journal of Fourier Analysis and Applications, 2008, 14 (5-6): 688-711.

[4] ELAD M, AHARON M. Image denoising via sparse and redundant representation over learned dictionaries [J]. IEEE Trans on Image Processing, 2006, 15 (12): 3736-3745.

[5] WRIGHT J, YANG A Y, GANESH A, et al. Robust face recognition via sparse representation [J]. IEEE Transactions on Pattern Analysis and Machine Intelligence, 2009, 31 (2): 210-227.

[6] WAGNER A, WRIGHT J, GANESH A, et al. Towards a practical face recognition system: Robust alignment and illumination by sparse representation [J]. IEEE Transactions on Pattern Analysis and Machine Intelligence, 2012, 34 (2): 372-386.

[7] YANG J, WRIGHT J, HUANG T S, et al. Image super-resolution via sparse representation [J]. IEEE Transaction on Image Processing, 2010, 19 (11): 2861-2873.

[8] YANG J, YU K, GONG Y, et al. Linear spatial pyramid matching using sparse coding for image classification [C] //IEEE Conference on Computer Vision and Pattern Recog-

nition (CVPR). Miami, FL: IEEE Press, 2009: 1794-1801.

[9] CANDÈS E J, RECHT B. Exact matrix completion via convex optimization [J]. Foundations of Computational Mathematics, 2009, 9 (6): 717-772.

[10] PENG Y G, GANESH A, WRIGHT J, et al. Robust alignment by sparse and low-rank decomposition for linearly correlated images [J]. IEEE Transactions on Pattern Analysis and Machine Intelligence, 2012, 34 (11): 2233-2246.

[11] ZHANG Z D, GANESH A, LIANG X, et al. Transform invariant low-rank textures [J]. International Journal of Computer Vision, 2012, 22 (1): 1-24.

[12] WU L, GANESH A, SHI B X, et al. Robust photometric stereo via low-rank matrix completion and recovery [C] //10th Asian Conference on Computer Vision, Queenstown. Berlin: Springer, 2011: 703-717.

[13] ZHANG Z D, MATSUSHITA Y, MA Y. Camera calibration with lens distortion from low-rank textures [C] //IEEE Conference on Computer Vision and Pattern Recognition. Washington: IEEE Computer Society, 2011: 2321-2328.

[14] CANDÈS E J, LI X, MA Y, et al. Robust principal component analysis [J]. Journal of ACM, 2011, 58 (3): 1-37.

[15] CHEN C F, WEI C P, WANG Y C F. Low-rank matrix recovery with structural incoherence for robust face recognition [C] //IEEE Conference on Computer Vision and Pattern Recognition. Washington: IEEE Computer Society, 2012: 2618-2625.

[16] ZHENG Z L, ZHANG H X, JIA J. Low-rank matrix recovery with discriminant regularization [C] //17th Pacific Asia Conference. Berlin: Springer, 2013: 437-448.

[17] 胡正平，李静．基于低秩子空间恢复的联合稀疏表示人脸识别算法 [J]．电子学报，2013，41 (5): 987-991.

[18] 江明阳，封举富．基于鲁棒主成分分析的人脸子空间重构方法 [J]．计算机辅助设计与图形学学报，2012，24 (6): 762-765.

[19] DONOHO D L. For most large underdetermined systems of linear equations the minimal L1-norm solution is also the sparsest solution [C]. Comm. Pure Appl. Math, 2006: 797-829.

[20] LIU G, LIN Z, YU Y. Robust subspace segmentation by low-rank representation [C/OL]. 27th International Conference on Machine Learning, 2010: 663-670.

[21] LIU G, LIN Z, YAN S, et al. Robust recovery of subspace structures by low-rank representation [J]. IEEE Transactions on Pattern Analysis & Machine Intelligence, 2013, 35 (1): 171.

[22] CANDES E J, TAO T. The power of convex relaxation: near-optimal matrix completion [J]. IEEE Transactions on Information Theory, 2010, 56 (5): 2053-2080.

[23] TOH, Kim-Chuan, YUN, et al. An accelerated proximal gradient algorithm for nuclear norm regularized least squares problems [J] . Pacific Journal of Optimization, 2010, 6 (3): 615-640.

[24] LIN Z, CHEN M, MA Y. The augmented lagrange multiplier method for exact recovery of corrupted low-rank matrices [J] . Eprint arXiv: 1009. 5055v3 [math. oc], 2013 (10): 1-23.

[25] YUAN X. Alternating direction method for covariance selection models [J] . Journal of Scientific Computing, 2012, 51 (2): 261-273.

[26] HUANG JUNZHOU, HUANG XIAOLEI, METAXAS D. Learning with dynamic group sparsity [C] //Proceedings of IEEE Conference on Computer Vision. Kyoto: IEEE Computer Society Press, 2009: 64-71.

[27] LIANG X, REN X, ZHANG Z GD, et al. Repairing sparse low-rank textures [C] // European Conference on Computer Vision (ECCV), 2012.

[28] BOYD S P, VANDENBERGHE L. Convex optimization [M] . London: Cambridge University Press, 2004.

[29] PENG Y G, GANESH A, WRIGHT J, et al. RASL: Robust alignment by sparse and low-rank decomposition for linearly correlated images [C] //Proceedings of the 2010 IEEE International Conference on Computer Vision and Pattern Recognition (CVPR) . San Francisco, CA: IEEE, 2010: 763-770.

[30] ZHANG X, LIN Z, SUN F, et al. Rectification of Optical Characters as Transform Invariant Low-Rank Textures [C] //2013 12th International Conference on Document Analysis and Recognition, Washington, DC, 2013: 393-397.

第2章 稀疏与低秩表示模型和算法

2.1 稀疏表示模型

“稀疏”在信号处理应用中一直是热门词汇之一，图像稀疏表示在计算机视觉、信号压缩等领域中备受关注。1993 年，Mallat 等[1]在小波分析理论基础上提出了基于过完备字典的信号分解思想，该思想可以简单理解为根据要表示的信号特征，从过完备的基空间中挑选出少量合适的基线性表示信号（称为过完备稀疏表示），其中，基空间是指字典，基是字典元素。过完备稀疏表示不同于传统的傅里叶变换和小波变换等信号表示方法，其对基元素本身没有限制条件，仅仅要求基空间是过完备的，基元素越多，基空间越完备，信号表示越灵活。将一个图像信号投影到由时域或频域特征所构建的过完备特征空间上，当图像信号在某一方向或频率上具有显著特征时，相对应的特征基元素分量会比其他分量产生更强烈的响应；并且当图像信号发生变化时，响应的特征基元素分量也会随之发生变化，但仍然只有少数分量具有强烈响应，由此产生对图像的稀疏表示。

图像稀疏表示是从过完备的特征基空间中选取少量合适的基元素重构图像。图像稀疏表示能够通过获得的稀疏解捕捉到图像的主要结构特性，忽略图像中的冗余数据，减小计算复杂度，提高对图像分析与理解的效率。

假设 $\boldsymbol{y}\in\mathbb{R}^m$ 为一幅图像经过拉伸得到的列向量，将给定图像 $\boldsymbol{y}$ 在过完备字典 $\boldsymbol{D}=[\boldsymbol{d}_1, \boldsymbol{d}_2, \cdots, \boldsymbol{d}_k]\in\mathbb{R}^{m\times k}$ 上的稀疏表示描述为字典原子的线性组

合，如下式：

$$\boldsymbol{y}=\sum_{i=1}^{k}x_i\boldsymbol{d}_i+\boldsymbol{n}=\boldsymbol{Dx}+\boldsymbol{n} \tag{2-1}$$

式中：$\boldsymbol{x}=[x_1, x_2, \cdots, x_k]^{\mathrm{T}}\in\mathbb{R}^k$ 为编码系数向量；$\boldsymbol{n}\in\mathbb{R}^m$ 为噪声。

当字典 $\boldsymbol{D}$ 是过完备，即 $m<k$ 时，式（2-1）存在无穷解。为了能够得到稀疏解，在系数向量 $\boldsymbol{x}$ 上赋予稀疏约束，通过 l_0 范数最小化求解得到 $\boldsymbol{x}$：

$$\begin{gathered}\boldsymbol{x}=\arg\min_{\boldsymbol{x}}\|\boldsymbol{x}\|_0\\ \text{s. t. } \|\boldsymbol{y}-\boldsymbol{Dx}\|_2^2\leqslant\varepsilon\end{gathered} \tag{2-2}$$

式中：$\|\cdot\|_0$ 为 l_0 范数，表示向量中非零元素的个数；$\|\cdot\|_2$ 为 l_2 范数；ε 为噪声级。

l_0 范数最小化是一个 NP-hard 问题，不易求解，因此，通常使用最接近 l_0 范数的 l_1 范数最小化替代它，将式（2-2）转化为一个凸优化问题，如下式：

$$\begin{gathered}\boldsymbol{x}=\arg\min_{\boldsymbol{x}}\|\boldsymbol{x}\|_1\\ \text{s. t. } \|\boldsymbol{y}-\boldsymbol{Dx}\|_2^2\leqslant\varepsilon\end{gathered} \tag{2-3}$$

将 l_1 范数最小化转化为如下式所示的无约束优化问题：

$$\boldsymbol{x}=\arg\min_{\boldsymbol{x}}\frac{1}{2}\|\boldsymbol{y}-\boldsymbol{Dx}\|_2^2+\lambda\|\boldsymbol{x}\|_1 \tag{2-4}$$

式中：λ 为正则化系数，用于平衡重构误差和稀疏度。

综上所述，定义为式（2-1）的线性系统与其解式（2-4）构成稀疏表示，如图 2-1 所示，图中，$\boldsymbol{x}$ 中黑色表示非零元素，白色表示零元素。

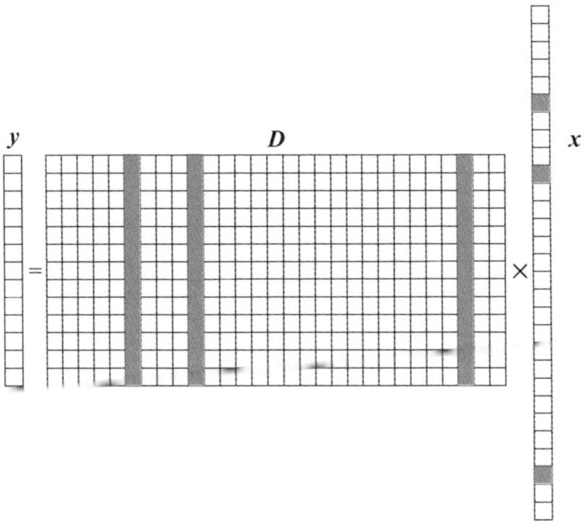

图 2-1　稀疏表示原理

2.2 稀疏表示算法

2.2.1 贪婪算法

2.2.1.1 匹配追踪算法

Mallat 和 Zhang 在 1993 年提出匹配追踪（matching pursuit，MP）算法[1]，该算法又称为纯贪婪算法，原理简单，便于实现。MP 算法采用过完备 Gabor 字典，通过逐步逼近方式求得信号的稀疏分解，在每一步迭代过程中，从字典中选择一个与当前分解残差相关性最大的原子，其相关性准则使用内积来度量。MP 算法对稀疏表示影响较大，后来出现了许多在其基础上的改进算法。表 2-1 给出匹配追踪算法[2]。

表 2-1　匹配追踪算法

输入：字典 $\boldsymbol{D}$，输入信号 $\boldsymbol{y}$，稀疏度 T 或稀疏表示残差 ε； 输出：稀疏表示系数 α；
初始化：$\Omega_0=\varnothing$，$r=\boldsymbol{y}$，$\alpha=0$，迭代次数 $k=1$。 while（未满足停止条件）do （1）匹配选择：根据 $\boldsymbol{d}_k=\arg\max\limits_{\boldsymbol{d}\in\boldsymbol{D}}\lvert\langle\boldsymbol{d},\ r_{k-1}\rangle\rvert$，从字典 $\boldsymbol{D}$ 中搜索与当前分解残差最相关的原子； （2）系数更新：在已选择的原子张成的空间内，由式 $\boldsymbol{y}_k=\boldsymbol{y}_{k-1}+\langle r_{k-1},\ \boldsymbol{d}_k\rangle\boldsymbol{d}_k$ 计算最优的稀疏表示系数； （3）残差更新：$r_k=r_{k-1}-\langle r_{k-1},\ \alpha_k\rangle\alpha_k$，$k=k+1$。 end while

匹配追踪每次迭代均能够保证信号分解残差与当前选择的原子正交，并不能保证分解残差与之前选择的 $n-1$ 个原子所张成的子空间 $\boldsymbol{V}_k=\mathrm{span}\{\boldsymbol{d}_1,\ \boldsymbol{d}_2,\ \cdots,\ \boldsymbol{d}_k\}$ 相互正交，因而信号的可扩展性不是最优的，并且降低了收敛速度。

2.2.1.2 正交匹配追踪算法

正交匹配追踪（orthogonal matching pursuit，OMP）算法[3]对 MP 算法中的残差更新过程进行了改进，将分解残差向已被选择的原子集合进行正交投影，从而保证更新后的残差与选择的原子空间正交。OMP 算法的收敛速度比 MP 算法快，并且稀疏表示系数的精度也得到了提高。该算法也是两步字典学习中第一步经常用的算法，可以用如表 2-2 所列描述。

表 2-2 正交匹配追踪算法

输入：字典 $\boldsymbol{D}$，输入信号 $\boldsymbol{y}$，稀疏度参数 T 或稀疏表示残差参数 ε；
输出：稀疏表示系数 α。
初始化：$\Omega_0=\varnothing$，$r=\boldsymbol{y}$，$\alpha=0$，迭代次数 $k=1$。
While（未满足停止条件）do
（1）匹配选择：根据 $n_k=\arg\max\limits_n\|\langle \boldsymbol{d}_n, r_{k-1}\rangle\|$，从字典 $\boldsymbol{D}$ 中搜索与当前分解残差最相关的第 n_k 列原子，并且 $\Omega_k=\Omega_{k-1}\cup\{n_k\}$；
（2）系数估计：在已选择的原子张成的空间内，由式 $\alpha_k=\arg\min\limits_{\alpha_k}\\|\boldsymbol{y}-\boldsymbol{D}_{\Omega_k}\alpha_k\\|_2^2$ 计算最优的稀疏表示系数；
（3）残差更新：$r_k=\boldsymbol{y}-\boldsymbol{D}_{\Omega_k}\alpha_k$，$k=k+1$。
end while

MP 算法和 OMP 算法是贪婪追踪算法的基准算法，随后，稀疏表示理论和算法有了快速发展，其他贪婪算法一般是在此基础上，为了提高稀疏分解精度，主要从原子匹配选择和分解残差更新两个方面进行改进的，从而产生了许多变形或改进的算法。该类算法以稀疏性作为约束条件，贪婪地追踪最匹配的原子以实现图像稀疏表示，与松弛算法相比，复杂度较低，能快速进行稀疏分解。显然，原子匹配追踪选择准则、稀疏性先验依赖程度以及字典结构等对提高稀疏表示的精度和收敛速度有重要影响，而这些也是深入研究贪婪算法的重要方向。

2.2.2 快速优化算法

2.2.2.1 梯度投影算法

解决优化问题的常用方法之一是交替投影算法[5]，它是一种简单且实用的迭代类型的方法，利用分别往闭凸集上做正交投影得出下一个迭代点，从而找出闭凸集交集的逼近点或闭凸集间的最小距离。而梯度投影算法则是沿着某一个梯度方向求解稀疏表示系数 $\boldsymbol{x}$，该算法将 ℓ_1 最优化作为二次规划问题进行求解，具有较快的收敛速度。求解式（2-4）的二次规划问题主要有梯度投影稀疏表示（gradient projection sparse representation，GPSR）算法[4]和截断牛顿内点法（truncated Newton interior-point method，TNIPM）[4]两种。

为了阐述 GPSR 算法，将系数 $\boldsymbol{x}$ 分解为正系数$\boldsymbol{x}_+$和负系数$\boldsymbol{x}_-$两部分，这样式（2-4）可以表示为

$$\min_{x} Q(\boldsymbol{x}) = \frac{1}{2} \| \boldsymbol{y} - [\boldsymbol{D}, -\boldsymbol{D}][\boldsymbol{x}_+ ; \boldsymbol{x}_-] \|_2^2 + \lambda(\boldsymbol{x}_+ + \boldsymbol{x}_-)$$
$$\text{s. t. } \boldsymbol{x}_+ \geqslant 0, \boldsymbol{x}_- \leqslant 0 \tag{2-5}$$

式（2-5）可以重写为如下标准的二次规划形式：

$$\min Q(\boldsymbol{z}) = \boldsymbol{c}^{\mathrm{T}} \boldsymbol{z} + \frac{1}{2} \boldsymbol{z}^{\mathrm{T}} \boldsymbol{B} \boldsymbol{z}$$
$$\text{s. t. } \boldsymbol{z} \geqslant 0 \tag{2-6}$$

式中

$$\boldsymbol{z} = [\boldsymbol{x}_+ ; \boldsymbol{x}_-]; \boldsymbol{c} = \lambda_1 + |-\boldsymbol{A}^{\mathrm{T}} \boldsymbol{b}, \boldsymbol{A}^{\mathrm{T}} \boldsymbol{b}|; \boldsymbol{B} = \begin{bmatrix} \boldsymbol{A}^{\mathrm{T}}\boldsymbol{A} & -\boldsymbol{A}^{\mathrm{T}}\boldsymbol{A} \\ -\boldsymbol{A}^{\mathrm{T}}\boldsymbol{A} & \boldsymbol{A}^{\mathrm{T}}\boldsymbol{A} \end{bmatrix}$$

由式（2-6）可知，$Q(\boldsymbol{z})$ 的梯度为$\nabla_z Q(\boldsymbol{z}) = \boldsymbol{c} + \boldsymbol{B}\boldsymbol{z}$，因此求解$\boldsymbol{z}^{(k)}$最陡下降法如下：

$$\boldsymbol{z}^{(k+1)} = \boldsymbol{z}^{(k)} - \alpha^{(k)} \nabla Q(\boldsymbol{z}^{(k)}) \tag{2-7}$$

式中：$\alpha^{(k)}$为步长，可以利用标准的线搜索求解。

GPSR 算法的问题之一是时间复杂度估计困难，另一个问题是式（2-2）中的方程求解参数。因此，涉及 $\boldsymbol{B}$ 的矩阵运算必须考虑它的特殊结构。

TNIPM 首先将式（2-4）转换为具有不等式约束二次规划：

$$\min \frac{1}{2} \| \boldsymbol{D}\boldsymbol{x} - \boldsymbol{y} \|_2^2 + \lambda \sum_{i=1}^{u} u_i$$
$$\text{s. t. } -u_i \leqslant x_i \leqslant u_i, i = 1, \cdots, n \tag{2-8}$$

然后构造约束的对数障碍函数：

$$\Phi(\boldsymbol{x}, \boldsymbol{u}) = -\sum_i \log(u_i + x_i) - \sum_i \log(u_i - x_i) \tag{2-9}$$

在（$\boldsymbol{x}$，$\boldsymbol{u}$）域上，中心路径包括有唯一的最小值$[\boldsymbol{x}^*(t), \boldsymbol{u}^*(t)]$的凸函数：

$$F_t(\boldsymbol{x}, \boldsymbol{u}) = -t(\| \boldsymbol{D}\boldsymbol{x} - \boldsymbol{y} \| + \lambda \sum_{i=1}^{u} u_i) + \Phi(\boldsymbol{x}, \boldsymbol{u}), \quad t \in [0, \infty] \tag{2-10}$$

采用牛顿法计算最佳搜索方向，计算公式如下：

$$\nabla^2 F_t(x, u) \cdot \begin{bmatrix} \Delta x \\ \Delta u \end{bmatrix} = -\nabla F_t(x, u) \in \mathbb{R}^{2n} \tag{2-11}$$

对于大规模问题，直接求解式（2-11）计算量大，成本昂贵。搜索步长的求解可以用预处理的共轭梯度（preconditioned conjugate gradients，PCG）

算法加速，其中可以用高效的预处理程序来近似$\frac{1}{2}\|\boldsymbol{Dx}-\boldsymbol{y}\|$的海森（Hessian）矩阵。

2.2.2.2 同伦算法

原始对偶内点法（primal-dual interior-point methods，PDIPA）的缺点之一是，它要求解序列 $\boldsymbol{x}(\mu)$ 在 $\mu\to 0$ 时接近“中心路径”，这在实际应用中有时很难满足，而且计算成本很高。在本节中，介绍一种可以缓解这些问题的改进方法，即同伦算法。

稀疏表示问题式（2-3）可以写成如下非约束凸优化问题：

$$\begin{aligned}\boldsymbol{x}^* &= \operatorname{argmin} F(\boldsymbol{x}) = \arg\min_{\boldsymbol{x}} \frac{1}{2}\|\boldsymbol{y}-\boldsymbol{Dx}\|_2^2+\lambda\|\boldsymbol{x}\|_1 \\ &\approx \arg\min_{\boldsymbol{x}} f(\boldsymbol{x})+\lambda g(\boldsymbol{x})\end{aligned} \tag{2-12}$$

式中：$f(\boldsymbol{x})=\frac{1}{2}\|\boldsymbol{y}-\boldsymbol{Dx}\|_2^2$；$g(\boldsymbol{x})=\|\boldsymbol{x}\|_1$；$\lambda>0$ 为拉格朗日乘子。

一方面固定 λ 最优解在 $\partial F(\boldsymbol{x})=0$ 时，另一方面类似于内点算法，如果定义

$$\boldsymbol{\chi}\approx\{x^*;\lambda\in[0,\infty)\} \tag{2-13}$$

$\boldsymbol{\chi}$ 表示随 λ 变化的解路径；当 $\lambda\to\infty$时，$\boldsymbol{x}^*=0$；当 $\lambda\to 0$ 时，$\boldsymbol{x}^*$ 收敛到式（2-3）的解。

同伦算法利用的事实是，目标函数 $F(\boldsymbol{x})$ 随着 λ 的减小经历了从 l_2 到 l_1 约束的一个同伦。可以进一步证明解路径 $\boldsymbol{\chi}$ 是 λ 的分段常量函数。因此，在构造 λ 的递减序列时，只需识别那些导致$\boldsymbol{x}_\lambda^*$ 支撑集变化的“断点”，即添加新的非零系数或删除先前的非零系数。

同伦算法在初始化 $\boldsymbol{x}=0$ 后以迭代方式运行。在每次迭代中，给定一个非零 λ，求解满足 $\partial F(\boldsymbol{x})=0$的解 $\boldsymbol{x}$。式（2-12）中的 f 是可微的：$\nabla f(\boldsymbol{x})=\boldsymbol{A}^{\mathrm{T}}(\boldsymbol{Ax}-\boldsymbol{b})\approx -c(\boldsymbol{x})$。$g(\boldsymbol{x})=\|x\|_1$ 的次梯度如下：

$$u(\boldsymbol{x})\approx\partial\|\boldsymbol{x}\|_1=\begin{cases}u\in\mathbb{R}^n: u_i=\operatorname{sgn}(x_i), & x_i\neq 0\\ u\in\mathbb{R}^n. u_i\subset[\ \ 1,1], & x_i=0\end{cases} \tag{2-14}$$

因此，$\partial F(\boldsymbol{x})=0$ 的解也是以下方程的解：

$$c(\boldsymbol{x})=\boldsymbol{A}^{\mathrm{T}}\boldsymbol{b}-\boldsymbol{A}^{\mathrm{T}}\boldsymbol{Ax}=\lambda u(\boldsymbol{x}) \tag{2-15}$$

根据式（2-14）可知，每次迭代时的稀疏支持集由下式得到：

$$\boldsymbol{I}\approx\{i:\mid c_i^{(l)}=\lambda\} \tag{2-16}$$

然后，该算法根据方向和步长计算$\boldsymbol{x}^{(k)}$的更新。具体来说，稀疏支持集$\boldsymbol{d}^{(k)}(\boldsymbol{I})$

的更新方向是下式的解：

$$\boldsymbol{A}_I^{\mathrm{T}}\boldsymbol{A}_I d^{(k)}(\boldsymbol{I}) = \mathrm{sgn}[\boldsymbol{c}^{(k)}(\boldsymbol{I})] \tag{2-17}$$

式中：$\boldsymbol{A}_I$ 为由 $\boldsymbol{A}$ 的列向量构成的子矩阵；$\boldsymbol{c}^{(k)}(\boldsymbol{I})$ 为包含$\boldsymbol{c}^{(k)}$系数的向量。

对于索引不在 $\boldsymbol{I}$ 中的系数更新方向设置为零。沿着方向$\boldsymbol{d}^{(k)}$更新 $\boldsymbol{x}$ 时，有两种情况可能会导致违反条件式（2-15）：

第一种情况发生在 $\boldsymbol{c}$ 中的元素不在增加λ 的支撑集时：

$$\gamma^{+} = \min_{i \notin I}\left\{\frac{\lambda - c_i}{1 - \boldsymbol{\alpha}_i^{\mathrm{T}}\boldsymbol{A}_I\boldsymbol{d}^{(k)}(I)}, \frac{\lambda + c_i}{1 + \boldsymbol{\alpha}_i^{\mathrm{T}}\boldsymbol{A}_I\boldsymbol{d}^{(k)}(\boldsymbol{I})}\right\} \tag{2-18}$$

γ^{+}的索引表示为 i^{+}。

第二种情况发生在支持集 $\boldsymbol{I}$ 中的$\boldsymbol{c}$ 元素超过零时，违反了签名协议：

$$\gamma^{-} = \min_{i \in I}\{-x_i/d_i\} \tag{2-19}$$

γ^{-} 的索引表示为 i^{-}。

因此，同伦算法达到下一个断点，并通过在 $\boldsymbol{I}$ 中增加 i^{+}或者删除 i^{-}更新稀疏支持集：

$$\boldsymbol{x}^{(k+1)} = \boldsymbol{x}^{(k)} + \min\{\gamma^{+}, \gamma^{-}\}\,\boldsymbol{d}^{(k)} \tag{2-20}$$

当连续两次迭代 $\boldsymbol{x}$ 相对变化足够小时算法终止。综上所述，同伦算法如表 2-3 所列。

表 2-3　同伦算法

输入：字典 $\boldsymbol{D}$，输入信号 $\boldsymbol{y}$，拉格朗日乘子 $\lambda=2\|\boldsymbol{D}^{\mathrm{T}}\boldsymbol{y}\|_{\infty}$；

输出：稀疏表示系数 $\boldsymbol{x}^{*}$。

(1) 初始化：$k \leftarrow 0$. 求解第一个支持集索引：$i=\arg\max_{j=1}^{n}\|\boldsymbol{v}_j^{\mathrm{T}}\boldsymbol{b}\|$，$\boldsymbol{I}=\{i\}$。

repeat

(2) $k=k+1$；

(3) 求解式（2-17）更新方向$\boldsymbol{d}^{(k)}$

(4) 计算稀疏支持集更新式（2-18）和式（2-19）：$\gamma^{*}=\min\{\gamma+, \gamma-\}$；

(5) 更新$\boldsymbol{x}^{(k)}$，$\boldsymbol{I}$ 和 $\lambda \leftarrow \lambda - \gamma^{*}$。

until 满足停止规则

end for

输出：$\boldsymbol{x}^{*} \leftarrow \boldsymbol{x}^{(k)}$。

2.2.2.3　迭代收缩阈值算法

尽管同伦算法使用了一个更有效的迭代更新规则，该规则只涉及对应于 $\boldsymbol{x}$ 支持集的 $\boldsymbol{A}$ 的子矩阵，但是当稀疏度 k 和观测的维数 d 随着信号的维数 n 正比例增长时，同伦算法可能是无效的。在这种情况下，可以证明最坏情况下的计算复杂度是 $O(n^3)$。本节将讨论迭代收缩阈值（iterative shrinkage-thresholding，IST）算法，其实现主要是涉及向量代数和矩阵向量乘法等简单的运算。该方法与那些涉及计算量大的矩阵分解和求解线性最小二乘问题的方法不同。

简而言之，IST 算法将求解模型式（2-3）视为以下复合目标函数的特例：

$$\min_x F(\boldsymbol{x}) \approx f(\boldsymbol{x}) + \lambda g(\boldsymbol{x}) \tag{2-21}$$

式中：f：$\mathbb{R}^n \to \mathbb{R}$ 为光滑的凸函数；g：$\mathbb{R}^n \to \mathbb{R}$ 为正则化项，有下界，但不一定是光滑的或凸的。

对于 l_1 最小化问题，g 是可分离的，即

$$g(\boldsymbol{x}) = \sum_{i=1}^{n} g_i(x_i)$$

很明显，令

$$f(\boldsymbol{x}) = \frac{1}{2} \| \boldsymbol{y} - \boldsymbol{Dx} \|_2^2, g(\boldsymbol{x}) = \| \boldsymbol{x} \|_1$$

则式（2-21）变成了非约束的 BPDN 问题。

最小化式（2-21）的更新规则是使用 f 的二阶近似值计算，如下所示：

$$\begin{aligned}
\boldsymbol{x}^{(k+1)} &= \arg\min_{\boldsymbol{x}} \{ f(\boldsymbol{x}^{(k)}) + (\boldsymbol{x} - \boldsymbol{x}^{(k)}) \mathrm{T}\, \nabla f(\boldsymbol{x}^{(k)}) \\
&\quad + \frac{1}{2} \| \boldsymbol{x} - \boldsymbol{x}^{(k)} \|_2^2 \nabla^2 f(\boldsymbol{x}^{(k)}) + \lambda g(\boldsymbol{x}) \} \\
&\approx \arg\min_{\boldsymbol{x}} \{ (\boldsymbol{x} - \boldsymbol{x}^{(k)})^{\mathrm{T}} \nabla f(\boldsymbol{x}^{(k)}) + \frac{\alpha^{(k)}}{2} \| \boldsymbol{x} - \boldsymbol{x}^{(k)} \|_2^2 + \lambda g(\boldsymbol{x}) \} \\
&= \arg\min_{\boldsymbol{x}} \left\{ \frac{1}{2} \| \boldsymbol{x} - \boldsymbol{u}^{(k)} \|_2^2 + \frac{\lambda}{\alpha^{(k)}} g(\boldsymbol{x}) \right\} \\
&\approx G_{\alpha^{(k)}}(\boldsymbol{x}^{(k)})
\end{aligned} \tag{2-22}$$

式中

$$\boldsymbol{u}^{(k)} = \boldsymbol{x}^{(k)} - \frac{1}{\alpha^{(k)}} \nabla f(\boldsymbol{x}^{(k)}) \tag{2-23}$$

式（2-22）中海森矩阵 $\nabla^2 f(\boldsymbol{x}^{(k)})$ 用对角矩阵 $\alpha^{(k)} \boldsymbol{I}$ 近似。

如果将式（2-22）中的 $g(\boldsymbol{x})$ 替换为 l_1 范数 $\| \boldsymbol{x} \|_1$，它是一个可分离函数，那么 $G_{\alpha^{(k)}}(\boldsymbol{x}^{(k)})$ 有一个闭式解，它的每个分量 $x_i^{(k+1)}$ 计算方法如下：

$$\begin{aligned}
\boldsymbol{x}_i^{(k+1)} &= \arg\min_{\boldsymbol{x}_i} \left\{ \frac{(x_i - u_i^{(k)})}{2} + \frac{\lambda \mid x_i \mid}{\alpha^{(k)}} \right\} \\
&= \mathrm{soft}\left(u_i^{(k)}, \frac{\lambda}{\alpha^{(k)}} \right)
\end{aligned} \tag{2-24}$$

式中

$$
\begin{aligned}
\operatorname{soft}(u,a) &\approx \operatorname{sgn}(u)\max\{|u|-a,0\} \\
&= \begin{cases} \operatorname{sgn}(u)(|u|-a,0) & (|u|>a) \\ 0 & (\text{其他}) \end{cases}
\end{aligned} \tag{2-25}
$$

是软阈值收缩函数。

式（2-22）中有两个自由参数，即正则化系数 λ 和近似海森矩阵矩阵 $\nabla^2 f$ 的系数 $\alpha^{(k)}$，对于这两个参数已经提出了不同的选择策略。由于 $\alpha\boldsymbol{I}$ 模拟了海森矩阵 $\nabla^2 f$，即要求 $\alpha^{(k)}(\boldsymbol{x}^{(k)}-\boldsymbol{x}^{(k-1)}) \approx \nabla f(\boldsymbol{x}^{(k)})-\nabla f(\boldsymbol{x}^{(k-1)})$ 具有最小二乘意义，因此

$$
\begin{aligned}
\alpha^{(k+1)} &= \arg\min_{\alpha} \| \alpha^{(k)}(\boldsymbol{x}^{(k)}-\boldsymbol{x}^{(k-1)}) - [\nabla f(\boldsymbol{x}^{(k)})-\nabla f(\boldsymbol{x}^{(k-1)})] \|_2^2 \\
&= \frac{(\boldsymbol{x}^{(k)}-\boldsymbol{x}^{(k-1)})^{\mathrm{T}}(\nabla f(\boldsymbol{x}^{(k)})-\nabla f(\boldsymbol{x}^{(k-1)}))}{(\boldsymbol{x}^{(k)}-\boldsymbol{x}^{(k-1)})^{\mathrm{T}}(\boldsymbol{x}^{(k)}-\boldsymbol{x}^{(k-1)})}
\end{aligned} \tag{2-26}
$$

式（2-26）就是巴兹莱-博文方程。

λ 不使用固定值。如同伦算法所述，当 $\lambda \rightarrow 0$ 时，式（2-22）达到最优的 l_1 一min 解。然而，在实验中发现，对于小的 λ 直接求解式（2-22）性能会下降，其原因是使用了“冷”起点。相反，连续采用一种热启动策略可以提高其性能，即首先利用大的 λ 求解式（2-22），然后逐步减小 λ，使其达到所需值。

综上所述，迭代收缩阈值算法如表 2-4 所列。

表 2-4　迭代收缩阈值算法

输入：字典 $\boldsymbol{D}$，输入信号 $\boldsymbol{y}$，拉格朗日乘子 λ_0，初始 $\boldsymbol{x}^{(0)}$ 和 α^0，$k=0$； 输出：稀疏表示系数 $\boldsymbol{x}^*$。

初始化：$\Omega_0=\varnothing$，$\boldsymbol{r}=\boldsymbol{y}$，$\alpha=0$，迭代次数 $k=1$。
（1）生成一个递减序列 $\lambda_0>\lambda_1>\cdots>\lambda_N$；
for $i=0$，1，…，N do
（2）$\lambda \leftarrow \lambda_i$；
　repeat
　（3）$k=k+1$；
　（4）$\boldsymbol{x}^{(k)} \leftarrow G$（$\boldsymbol{x}^{(k-1)}$）；
　（5）利用式（2-26）更新 α^k。
　Until
end for
输出：$\boldsymbol{x}^* \leftarrow \boldsymbol{x}^{(k)}$。

2.2.2.4 近似梯度法算法

近似梯度（proximal gradient，PG）算法[6]是另一类求解凸优化问题式(2-21)的算法。假设损失函数 $F(\cdot)$ 可以分解为函数 f 与 g 的和，其中 f 是具有利普希茨（Lipschitz）连续的光滑凸函数，g 是一个连续凸函数。这些算法背后的原理是在一个选择的点 $\boldsymbol{y}$，迭代形成 $F(\boldsymbol{x})$ 的二次凸近似 $Q(\boldsymbol{x}, \boldsymbol{y})$，通过最小化 $Q(\boldsymbol{x}, \boldsymbol{y})$ 而不是原成本函数 F 得到最优解。

定义 $g(\boldsymbol{x}) = \|\boldsymbol{x}\|$，$f(\boldsymbol{x}) = \frac{1}{2}\|\boldsymbol{D}\boldsymbol{x} - \boldsymbol{y}\|$，可以得到 $\nabla f(\boldsymbol{x}) = \boldsymbol{D}^{\mathrm{T}}(\boldsymbol{D}\boldsymbol{x} - \boldsymbol{y})$ 是利普希茨连续的，其利普希茨常量 $L_{\mathrm{f}} \approx \|\boldsymbol{D}\|^2$。$Q(\boldsymbol{x},\boldsymbol{y})$ 定义如下：

$$Q(\boldsymbol{x},\boldsymbol{y}) \approx f(\boldsymbol{y}) + \langle \nabla f(\boldsymbol{y}), \boldsymbol{x} - \boldsymbol{y} \rangle + \frac{L_{\mathrm{f}}}{2}\|\boldsymbol{x} - \boldsymbol{y}\| 2 + \lambda g(\boldsymbol{x}) \quad (2\text{-}27)$$

可以证明，对于所有的 $\boldsymbol{y}$ 满足 $F(\boldsymbol{x}) \leqslant Q(\boldsymbol{x},\boldsymbol{y})$，并且

$$\arg\min_{\boldsymbol{x}} Q(\boldsymbol{x},\boldsymbol{y}) = \arg\min_{\boldsymbol{x}} \left\{ \lambda g(\boldsymbol{x}) + \frac{L_{\mathrm{f}}}{2}\|\boldsymbol{x} - \boldsymbol{u}\|^2 \right\} \quad (2\text{-}28)$$

式中

$$\boldsymbol{u} = \boldsymbol{y} - \frac{1}{L_{\mathrm{f}}} \nabla f(\boldsymbol{y})$$

对于 l_1-min 问题，式（2-28）通过如下软阈值函数可以得到解析解：

$$\arg\min_{x} Q(\boldsymbol{x},\boldsymbol{y}) = \mathrm{soft}\left(u, \frac{\lambda}{L_{\mathrm{f}}}\right) \quad (2\text{-}29)$$

然而，与迭代阈值算法不同，这里使用一个如下所示的平滑 $\boldsymbol{y}_k$ 序列计算：

$$\boldsymbol{y}^{(k)} = \boldsymbol{x}^{(k)} + \frac{t_{k-1} - 1}{t_k}[\boldsymbol{x}^{(k)} - \boldsymbol{x}^{(k-1)}] \quad (2\text{-}30)$$

式中：$\{t_k\}$ 为满足 $t_k^2 - t_k \leqslant t_{k-1}^2$ 的正实数序列。

为了进一步加快算法的收敛速度，还可以利用 2.2.2.3 小节所描述的连续技巧。

对于大规模问题，直接计算 $L_{\mathrm{f}} = \|\boldsymbol{A}\|^2$ 通常成本很高，可以使用回溯线搜索策略生成标量序列 $\{L_k\}$ 近似 L_{f}。接着定义下式：

$$Q_L(\boldsymbol{x},\boldsymbol{y}) \approx f(\boldsymbol{y}) + (\boldsymbol{x} - \boldsymbol{y})^{\mathrm{T}} \nabla f(\boldsymbol{y}) + \frac{L}{2}\|\boldsymbol{x} - \boldsymbol{y}\| + \lambda g(\boldsymbol{x}) \quad (2\text{-}31)$$

假设 $\eta > 1$ 是一个预先定义的常量。给定第 k 次迭代时的 $\boldsymbol{y}^{(k)}$ 并令 $L_k = \eta^j L_{k-1}$，其中 j 是满足下面不等式的最小非负整数：

$$F(G_{L_k}(\boldsymbol{y}^{(k)})) \leqslant Q_{L_k}(G_{L_k}(\boldsymbol{y}^{(k)}), \boldsymbol{y}^{(k)}) \quad (2\text{-}32)$$

式中

$$G_L(\boldsymbol{y}) \approx \arg\min_{\boldsymbol{x}} Q_L(\boldsymbol{x},\boldsymbol{y}) = \text{soft}\left(\boldsymbol{u},\frac{\lambda}{L}\right),\boldsymbol{u} \approx \boldsymbol{y} - \frac{1}{L}\nabla f(\boldsymbol{y})$$

该算法命名为快速迭代收缩阈值算法（fast iterative shrinkage-threshold algorithm，FISTA）。算法描述如表 2-5 所列，收敛性如下：

$$F(\boldsymbol{x}^{(k)}) - F(\boldsymbol{x}^*) \leqslant \frac{2L_f \| x^{(0)} - x^* \| 2}{(k+1)^2}, \forall k \tag{2-33}$$

表 2-5　快速迭代收缩阈值算法

输入：字典 $\boldsymbol{D}$，输入信号 $\boldsymbol{y}$；

输出：稀疏表示系数 $\boldsymbol{x}^*$。

(1) 令 $x^{(0)} \leftarrow 0$，$x^{(1)} \leftarrow 0$，$t_0 \leftarrow 1$，$t_1 \leftarrow 1$，$k \leftarrow 1$；

(2) 初始化 L_0，λ_1，$\beta \in (0, 1)$，$\bar{\lambda} > 0$；

while not converged do

　(3) $\boldsymbol{y}^{(k)} \leftarrow \boldsymbol{x}^{(k)} + \frac{t_{k-1}-1}{t_k}(\boldsymbol{x}^{(k)} - \boldsymbol{x}^{(k-1)})$；

　(4) 根据式 (2-32) 用 $\boldsymbol{y}^{(k)}$ 更新 L_k；

　(5) $\boldsymbol{u}^{(k)} \leftarrow \boldsymbol{y}^{(k)} - \frac{1}{L_k}\boldsymbol{A}^{\mathrm{T}}(\boldsymbol{A}\,\boldsymbol{y}^{(k)} - \boldsymbol{b})$；

　(6) $\boldsymbol{x}^{(k+1)} \leftarrow \text{soft}\left(\boldsymbol{u}^{(k)}, \frac{\lambda_k}{L_k}\right)$；

　(7) $t_{k+1} \leftarrow \frac{1+\sqrt{4t_k^2+1}}{2}$；

　(8) $\lambda_{k+1} = \max(\beta\lambda_k, \bar{\lambda})$；

　(9) $k = k+1$。

end while

输出：$\boldsymbol{x}^* \leftarrow \boldsymbol{x}^{(k)}$。

2.2.2.5　增广拉格朗日乘子算法

拉格朗日乘子算法是凸规划中一类流行的算法，其基本思想是通过在损失函数中添加惩罚项而消除等式约束，为不可行点分配非常高的成本。增广拉格朗日乘子算法（augmented lagrange multiplier method，ALMM）[7] 不同于其他基于罚函数的方法，它以迭代的方式同时估计最优解和拉格朗日乘子。

式 (2-3) 中的 l_1-min 最优化问题的增广拉格朗日函数如下：

$$L_\mu(\boldsymbol{x},\boldsymbol{z}) = \|\boldsymbol{x}\|_1 + f(\boldsymbol{y}) + \langle \boldsymbol{z}, \boldsymbol{y} - \boldsymbol{D}\boldsymbol{x} \rangle + \frac{\mu}{2}\|\boldsymbol{y} - \boldsymbol{A}\boldsymbol{x}\|_2^2 \tag{2-34}$$

式中：$\mu > 0$ 为常数，决定不可行惩罚项；$\boldsymbol{z}$ 为拉格朗日乘子向量。

令z^*是满足二阶最优性条件的拉格朗日乘子向量，则对于足够大的 μ，最优解x^*可以通过下式得到：

$$x^* = \arg\min_x L_\mu(x, z^*) \tag{2-35}$$

该解的主要问题通常是z^*未知。此外，从上述公式中 μ 选择并不简单。很明显，为了通过最小化 $L_\mu(x, y)$ 计算x^*，必须选择接近z^*的 z 并设置μ是一个非常大的正常数。下面的迭代过程已用于同时计算x^*和z^*：

$$\begin{cases} x_{k+1} = \arg\min_x L_{\mu k}(x, z_k) \\ z_{k+1} = z_k + \mu_k(y - Dx_{k+1}) \end{cases} \tag{2-36}$$

式中：$\{\mu_k\}$ 为单调递增的正序列。

上述过程的第一步本身就是一个无约束凸优化问题，因此上述迭代过程只有在比原问题更容易计算时才有效。

把重点集中在解决式（2-36）中的第一步 l_1-min 最优化问题，虽然不可能得到解析解，但损失函数具有与式（2-21）相同的形式。此外，二次惩罚项是光滑的，具有利普希茨连续梯度。因此，可以利用近点梯度法算法（如 FISTA）求解。

综上所述，将增广拉格朗日乘子算法列于表 2-6。其中 τ 是矩阵D^TD 的特征值，且 $\rho>1$ 为常数。尽管增广拉格朗日乘子算法与快速迭代收缩阈值算法非常相似，但是 ALMM 更精确且收敛更快。

表 2-6 增广拉格朗日乘子算法

输入：字典 D，输入信号 y；

输出：稀疏表示系数 x^*。

while not converged（$k=1, 2, \cdots$）do

（1）令 $t_1 \leftarrow 1$，$v_1 \leftarrow x_k$，$u_1 \leftarrow x_k$；

while not converged（$l=1, 2, \cdots$）do

（2）初始化$u_{l+1} = \text{soft}\left(v_l - \frac{1}{\tau}D^T\left(Dv_l - y - \frac{1}{\mu_k}z_k\right), \frac{1}{\mu_k\tau}\right)$；

（3）$t_{l+1} \leftarrow \frac{1}{2}$（$1+\sqrt{1+4t_l^2}$）；

（4）$v_{l+1} = u_{l+1} + \frac{t_l - 1}{t_{l+1}}$（$u_{l+1} - u_l$）；

end while

（5）$x_{k+1} = u_{l+1}$；

续表

(6) $z_{k+1}=z_k+\mu_k(y-Ax_{k+1})$;
(7) $\mu_{k+1}=\rho\cdot\mu_k$。
end while
输出: $x^*\leftarrow x_k$。

2.3 字典学习模型

图像稀疏表示的另一核心问题是字典学习问题。由前述的图像表示模型发展历程可以看出，这一历程其实也是图像变换或者基函数的发展历程。从正交系统，如傅里叶变换，到小波变换，到多尺度几何分析，为了能够对图像的边缘、轮廓、角点和纹理等多种奇异结构形成最优稀疏逼近，需要增加基函数数量和结构类型，构成图像结构丰富的过完备基函数集合。很显然，利用各种变换所形成的单一基函数很难达到此目标，因为每一种变换只对某些结构特征的表示是稀疏的，虽然可以级联多种基函数以构造冗余字典，但这种方法产生的字典规模巨大，大大限制了其应用[8]。

于是，人们将目光转向图像本身，利用机器学习方法从图像样本中学习图像结构基元（基函数），代替传统的单一或固定基函数，其构成没有任何限制，这样得到的字典可以尽可能好地符合被逼近图像的各种奇异结构。虽然新的字典学习问题的研究时间不是很长，但是随着稀疏表示的兴起，作为该领域的研究热点问题，近年来字典学习算法得到了快速发展，对稀疏表示及其应用起到了强有力的推动作用。

在经典基于稀疏表示的字典学习理论中，假设 $\boldsymbol{X}=[\boldsymbol{x}_1,\boldsymbol{x}_2,\cdots,\boldsymbol{x}_n]\in\mathbb{R}^{m\times n}$ 为一个有限的训练样本集，对如下所示的代价函数进行最小化：

$$f_n(\boldsymbol{D})=\frac{1}{n}\sum_{i=1}^{n}l(\boldsymbol{x}_i,\boldsymbol{D}) \tag{2-37}$$

式中：$\boldsymbol{D}\in\mathbb{R}^{m\times k}$ 为字典，字典的每一列代表一个基向量，称为原子；$l(\cdot)$ 为损失函数，若 $l(\boldsymbol{x},\boldsymbol{D})$ 很小，则表示字典 $\boldsymbol{D}$ 能够较好地表示样本向量 $\boldsymbol{x}$。

设定 $\boldsymbol{D}$ 是过完备字典（$k>m$），定义 $l(\boldsymbol{x},\boldsymbol{D})$ 为 l_1 稀疏编码优化问题：

$$l(\boldsymbol{x},\boldsymbol{D})=\min_{\boldsymbol{a}\in\mathbb{R}^k}\frac{1}{2}\|\boldsymbol{x}-\boldsymbol{D}\boldsymbol{a}\|_2^2+\lambda\|\boldsymbol{a}\|_1 \tag{2-38}$$

式中：λ 为正则化系数。

式（2-38）又称为基追踪[9]或 LASSO[10]问题。为了防止字典 $\boldsymbol{D}$ 中出现过大值原子，通常会对所有字典原子 $\boldsymbol{d}_1$，$\boldsymbol{d}_2$，…，$\boldsymbol{d}_k$ 进行 l_2 范数约束：

$$\boldsymbol{C} = \{\boldsymbol{D} \in \mathbb{R}^{m\times k}, \text{s. t. } \forall j = 1,\cdots,k, \boldsymbol{d}_j^{\mathrm{T}} \boldsymbol{d}_j \leqslant 1\} \tag{2-39}$$

可以看出，最小化代价函数 $f_n(\boldsymbol{D})$ 并不是关于字典 $\boldsymbol{D}$ 的凸优化问题。因此，将代价函数 $f_n(\boldsymbol{D})$ 的最小化转化为关于字典 $\boldsymbol{D}$ 和稀疏编码系数 $\boldsymbol{a} = [\boldsymbol{a}_1, \boldsymbol{a}_2, \cdots, \boldsymbol{a}_n] \in \mathbb{R}^{k\times n}$ 的联合优化问题，如下式所示：

$$\min_{\boldsymbol{D}\in \boldsymbol{C}, \boldsymbol{a}\in \mathbb{R}^{k\times n}} \frac{1}{n}\sum_{i=1}^{n}\left(\frac{1}{2}\ \|\ \boldsymbol{x}_i - \boldsymbol{D}\boldsymbol{a}_i\ \|_2^2 + \lambda\ \|\ \boldsymbol{a}_i\ \|_1\right) \tag{2-40}$$

式（2-28）不是联合凸优化问题，但是当字典 $\boldsymbol{D}$ 的编码系数 $\boldsymbol{a}$ 确定时，它是关于编码系数 $\boldsymbol{a}$ 字典 $\boldsymbol{D}$ 的凸优化。该类优化问题可以由两步迭代法求解，即先确定一个变量，再对另一个变量进行最小化求解，如此反复迭代。

2.4 字典学习算法

2.4.1 批处理字典学习

2.4.1.1 最优方向算法

Engan 等[11]提出的最优方向（method of optimal directions，MOD）算法是最早的稀疏表示下的字典学习算法之一。该算法的基本思想是对于给定的样本集 $\boldsymbol{X} = [\boldsymbol{x}_1, \boldsymbol{x}_2, \cdots, \boldsymbol{x}_N]$，在稀疏约束下寻找字典 $\boldsymbol{D}$ 和稀疏表示系数矩阵 $\boldsymbol{\alpha}$，目标函数如下：

$$\begin{gathered}\{\hat{\boldsymbol{D}}, \hat{\boldsymbol{\alpha}}\} = \arg\min_{\boldsymbol{D},\boldsymbol{\alpha}}\ \|\ \boldsymbol{X} - \boldsymbol{D}\boldsymbol{\alpha}\ \|_F^2 \\ \text{s. t. } \forall i, \|\ \boldsymbol{\alpha}_i\ \|_0 \leqslant T\end{gathered} \tag{2-41}$$

式中：$\boldsymbol{\alpha}_i$ 为 $\boldsymbol{\alpha}$ 的第 i 列；F 为表示矩阵的 Frobenius 范数。显然，同时求解参数 $\boldsymbol{D}$ 和 $\boldsymbol{\alpha}$ 是个严格非凸问题，MOD 算法采取的策略是当求解其中一个参数时固定另外一个参数，将稀疏编码和字典更新交替进行。在稀疏编码阶段固定 $\boldsymbol{D}$，利用追踪算法求解下式：

$$\begin{gathered}\hat{\boldsymbol{\alpha}}_i = \arg\min_{\boldsymbol{\alpha}}\ \|\ \boldsymbol{x}_i - \boldsymbol{D}_{k-1}\boldsymbol{\alpha}\ \|_2^2 \\ \text{s. t. } \|\ \boldsymbol{\alpha}\ \|_0 \leqslant k_0\end{gathered} \tag{2-42}$$

由 $\hat{\boldsymbol{\alpha}}_i (1 \leqslant i \leqslant N)$ 组成系数矩阵 $\boldsymbol{\alpha}$，然后固定 $\boldsymbol{\alpha}$，利用最小二乘法完成字典

更新$\boldsymbol{D}_k$：

$$\boldsymbol{D}_k = \arg\min_{\boldsymbol{D}} \|\boldsymbol{X} - \boldsymbol{D}\boldsymbol{\alpha}_k\|_F^2 = \boldsymbol{X}\boldsymbol{\alpha}_k^{\mathrm{T}}(\boldsymbol{\alpha}_k\boldsymbol{\alpha}_k^{\mathrm{T}})^{-1} \tag{2-43}$$

该方法经少量迭代即可达到收敛。总体来说是一个非常有效的算法，其交替更新操作给字典学习提供了一个标准思路，但是需要进行相对复杂的矩阵逆变换运算。在此基础上，为提高稀疏编码精度和降低运算复杂度，更加高效的K-SVD算法便应运而生。

2.4.1.2 K-SVD 算法

Aharon等[12]采用奇异值分解（singular value decomposition，SVD）来进行字典更新，提出了高效的K-SVD字典学习算法，该方法以字典大小K作为循环变量，按顺序逐一更新字典$\boldsymbol{D}$中的每一列$\boldsymbol{d}_k(k=1, 2, \cdots, K)$，算法名称也由此而来。如果将$\boldsymbol{d}_i$从$\boldsymbol{D}$中分离，则式（2-43）变成

$$\begin{aligned}\|X - \boldsymbol{D}\boldsymbol{A}_k\|_F^2 &= \left\|\boldsymbol{X} - \sum_{j=1}^{K}\boldsymbol{d}_j\boldsymbol{\alpha}_j^{\mathrm{T}}\right\|_F^2 = \left\|\left(\boldsymbol{X} - \sum_{j\neq k}\boldsymbol{d}_j\boldsymbol{\alpha}_j^{\mathrm{T}}\right) - \boldsymbol{d}_k\boldsymbol{\alpha}_k^{\mathrm{T}}\right\|_F^2 \\ &= \|\boldsymbol{E}_k - \boldsymbol{d}_k\boldsymbol{\alpha}_k^{\mathrm{T}}\|_F^2\end{aligned} \tag{2-44}$$

根据矩阵分解理论，显然待更新的$\boldsymbol{d}_k$和$\boldsymbol{\alpha}_k^{\mathrm{T}}$是$\boldsymbol{E}_k$的秩1逼近，可以通过奇异值分解求得，但是这样做会增加$\boldsymbol{\alpha}$中的非零元素个数。采取的方法是选取那些使用了$\boldsymbol{d}_k$的样本，也就是对应$\boldsymbol{\alpha}_k^{\mathrm{T}}$非零值的列集合：

$$\omega_k = \{i \mid 1 \leqslant i \leqslant K, \boldsymbol{\alpha}_k^{\mathrm{T}}(i) \neq 0\} \tag{2-45}$$

定义矩阵$\boldsymbol{\Omega}_k \in \mathbb{R}^{N\times|\omega_k|}$的第$(\omega_k(i), i)$元素是1，其余为0，然后右乘$\boldsymbol{E}_k$以移除其中的无关列，只选取$\boldsymbol{E}_k$中的非零元素，得到$\boldsymbol{E}_k^R = \boldsymbol{E}_k\boldsymbol{\Omega}_k$，对$\boldsymbol{E}_k^R$进行奇异值分解，得到$\boldsymbol{E}_k^R = \boldsymbol{U}\Delta\boldsymbol{V}^{\mathrm{T}}$，最后用$\boldsymbol{U}$和$\boldsymbol{V}$分别完成对新$\boldsymbol{d}_k$和$\alpha_k^R$的更新。具体算法描述如表2-7所列。

表 2-7　K-SVD 字典学习算法

输入：学习样本$\boldsymbol{X}=[\boldsymbol{x}_1, \boldsymbol{x}_2, \cdots, \boldsymbol{x}_N]$，分解残差参数$\varepsilon$，稀疏度$T^0$；
输出：过完备字典$\boldsymbol{D}$。
初始化：归一化的随机元素或离散余弦变换（DCT）构造初始$\boldsymbol{D}^{(0)} \in \mathbb{R}^{n\times K}$，迭代次数$J=1$；
while（分解残差$\|\boldsymbol{X}-\boldsymbol{D}_j\boldsymbol{\alpha}_j\|_F^2 \geqslant \varepsilon$）do
步骤1. 稀疏编码，采用OMP根据下式求各样本$\boldsymbol{x}_i$在字典$\boldsymbol{D}$下的表示系数α_i： $$\min_{\alpha_i}\{\|\boldsymbol{x}_i - \boldsymbol{D}\alpha_i\|_2^2\}$$ $$\text{s.t. } \|\alpha_i\|_1 \leqslant T^0 (i = 1,2,\cdots,N)$$
则稀疏表示系数矩阵$\boldsymbol{\alpha}=(\boldsymbol{\alpha}_1, \boldsymbol{\alpha}_2, \cdots, \boldsymbol{\alpha}_N)$；

续表

步骤 2. 字典更新，对于 $\boldsymbol{D}$ 中的每个列向量$\boldsymbol{d}_k$($k=1$，2，…，K）由如下步骤进行更新： （1）由式（2-45）定义使用了$\boldsymbol{d}_k$ 的列向量的集合$\boldsymbol{\Omega}_k$； （2）根据式 $\boldsymbol{E}_k=X-\sum_{j\neq k}\boldsymbol{d}_j\alpha_j^{\mathrm{T}}$ 计算当前的表示误差矩阵 $\boldsymbol{E}_k$； （3）由 $\boldsymbol{E}_k^R=\boldsymbol{E}_k\boldsymbol{\Omega}_k$ 移除 $\boldsymbol{E}_k$ 的无关列，只选取中的非零元素； （4）对 $\boldsymbol{E}_k^R$ 进行奇异值分解，得 $\boldsymbol{E}_k^R=\boldsymbol{U}\Delta\boldsymbol{V}^{\mathrm{T}}$； （5）由 $\boldsymbol{U}$ 和 $\boldsymbol{V}$ 的首列（秩 1 逼近）分别对$\boldsymbol{d}_k$ 和 α_k^R 进行更新： $\boldsymbol{d}_k=\boldsymbol{u}_1,\alpha_k^R=\Delta(1,1)\cdot\boldsymbol{v}_1$ 步骤 3. $J=J+1$。 end while

K-SVD 字典学习算法与 K-均值聚类算法齐名，实质上 K-均值聚类利用 K 次的平均值来更新数据字典，而 K-SVD 算法通过 K 次奇异值分解来更新字典每列，虽然只能保证收敛到局部最优，但是其在图像复原[13]中表现出的良好性能使得该算法成为过完备字典学习的标志性算法，在许多相关字典学习问题中得到了广泛应用。

2.4.2 在线字典学习算法

上述的字典学习算法在处理静态图像时能够表现出良好的性能，但是对于大样本或视频序列，如果字典不能够随着图像序列的不同而进行在线更新将会影响其性能，而如果采用上述方法进行更新很显然其速度无法胜任处理任务，于是针对大规模或序列图像的在线字典学习算法陆续出现，典型的是 Mairal 等[14]提出的用于矩阵分解和稀疏编码的在线学习算法。与传统的每次迭代中需要访问整个训练集不同，该方法每次处理一个样本或微型样本块，随着更多样本的加入而动态地更新字典。

对于给定的具有独立同分布的有限样本集 $\boldsymbol{X}=[\boldsymbol{x}_1,\ \boldsymbol{x}_2,\ \cdots,\ \boldsymbol{x}_N]$，参照式（2-41），根据 MOD 及 K-SVD 交替迭代更新策略思想，在进行字典更新时固定稀疏编码系数 $\boldsymbol{\alpha}$，稀疏约束下的字典学习问题，其目标函数可以写成如下拉格朗日乘子的形式：

$$f\{\boldsymbol{X},\boldsymbol{D}\}=\arg\min_{\boldsymbol{\alpha}\in\mathbb{R}^K}\frac{1}{2}\parallel\boldsymbol{X}-\boldsymbol{D}\boldsymbol{\alpha}\parallel_2^2+\lambda\parallel\boldsymbol{\alpha}\parallel_1 \tag{2-46}$$

为防止 $\boldsymbol{D}$ 出现任意大的值，对 $\boldsymbol{D}$ 的每列进行约束得到矩阵凸集 $\boldsymbol{C}$：

$$C = \{\boldsymbol{D} \in \mathbb{R}^{n\times K}$$
$$\text{s.t. } \forall j = 1,\cdots,k, \boldsymbol{d}_j^{\mathrm{T}} \boldsymbol{d}_j \leqslant 1\} \tag{2-47}$$

此时，问题变为

$$\min_{\boldsymbol{D}\in \mathbb{C},\boldsymbol{\alpha}\in \mathbb{R}^{K\times N}} \sum_{i=1}^{N} \left(\frac{1}{2} \| \boldsymbol{x}_i - \boldsymbol{D\alpha}_i \|_2^2 + \lambda \| \boldsymbol{\alpha}_i \|_1 \right) \tag{2-48}$$

那么，在求得$\boldsymbol{x}_t$ 在上次的字典$\boldsymbol{D}_{t-1}$下稀疏表示系数 $\boldsymbol{\alpha}_t$ 的基础上：

$$\boldsymbol{\alpha}_t = \arg\min_{\alpha\in \mathbb{R}^K} \left(\frac{1}{2} \| \boldsymbol{x}_t - \boldsymbol{D}_{t-1}\boldsymbol{\alpha} \|_2^2 + \lambda \| \boldsymbol{\alpha} \|_1 \right) \tag{2-49}$$

在凸集 C 下，第 t 次的字典更新如下：

$$\boldsymbol{D}_t = \arg\min_{\boldsymbol{D}\in C} \frac{1}{t} \sum_{i=1}^{t} \left(\frac{1}{2} \| \boldsymbol{x}_i - \boldsymbol{D}\boldsymbol{a}_i \|_2^2 + \lambda \| \boldsymbol{\alpha}_i \|_1 \right) \tag{2-50}$$

采用块坐标下降法[15]可以由$\boldsymbol{D}_{t-1}$来求$\boldsymbol{D}_t$，这样可以将式（2-50）转化为

$$\boldsymbol{D}_t = \arg\min_{\boldsymbol{D}\in C} \frac{1}{t} \left(\frac{1}{2} \mathrm{tr}(\boldsymbol{D}^{\mathrm{T}}\boldsymbol{D}\boldsymbol{A}_t) - \mathrm{tr}(\boldsymbol{D}^{\mathrm{T}}\boldsymbol{B}_t) \right) \tag{2-51}$$

该推导过程可以参见文献［16］，块坐标下降法每次只更新一列，而且无须存储所有$\boldsymbol{x}_i$ 和$\boldsymbol{\alpha}_i$，使算法进行很少次的迭代就能够到达一个稳定收敛点，Tseng[17]对其全局收敛性做了完整证明，后来将其扩展用以解决线性约束下的非光滑可分离极小化问题[18]，并分析了收敛速度和不同条件下的时间复杂度，在此不做赘述。具体算法描述[14]如表 2-8 所列。

表 2-8　在线字典学习算法

输入：学习样本 $\boldsymbol{X}=[\boldsymbol{x}_1,\boldsymbol{x}_2,\cdots,\boldsymbol{x}_N]\sim p(\boldsymbol{x})$（$\boldsymbol{x}_i$ 是具有独立同分布特性的概率为 p 的随机样本），迭代次数 J，正则化参数 λ； 输出：过完备字典 $\boldsymbol{D}_T$。
初始化：初始 $\boldsymbol{D}^{(0)}\in\mathbb{R}^{n\times K}$，$\boldsymbol{A}^{(0)}\in\mathbb{R}^{K\times K}$，$\boldsymbol{B}^{(0)}\in\mathbb{R}^{n\times K}$。 for $t=1$ to J do 步骤 1. 从 $p(\boldsymbol{x})$ 中获取 $\boldsymbol{x}_t$； 步骤 2. 根据式（2-49）进行稀疏编码计算 α_t； 步骤 3. 令 $\boldsymbol{A}_t\leftarrow\boldsymbol{A}_{t-1}+\boldsymbol{\alpha}_t\boldsymbol{\alpha}_t^{\mathrm{T}}$，$\boldsymbol{B}_t\leftarrow\boldsymbol{B}_{t-1}+\boldsymbol{x}_t\boldsymbol{\alpha}_t^{\mathrm{T}}$； 步骤 4. 矩阵更新：由以下步骤根据式（2-51）更新 $\boldsymbol{D}_t$； 令 $\boldsymbol{D}_t=[\boldsymbol{d}_1,\boldsymbol{d}_2,\cdots,\boldsymbol{d}_K]\in\mathbb{R}^{n\times K}$，$\boldsymbol{A}=[\boldsymbol{a}_1,\boldsymbol{a}_2,\cdots,\boldsymbol{a}_K]\in\mathbb{R}^{K\times K}$，$\boldsymbol{B}=[\boldsymbol{b}_1,\boldsymbol{b}_2,\cdots,\boldsymbol{b}_K]\in\mathbb{R}^{n\times K}$； （1）内循环； （2）for $j=1$ to K do； （3）由下式对 $\boldsymbol{D}$ 进行逐列更新：

续表

$$u_j \leftarrow \frac{1}{A[j,j]}(b_j - Da_j) + w_j,\ d_j \leftarrow \frac{1}{\max(\|u_j\|_2, 1)} u_j$$

（4）end for；

（5）内循环直到收敛；

（6）返回 D_t（更新后的矩阵）。

end for

返回 D_T。

此外，Skretting 等[19]对 MOD 算法做了改进，提出了递推式最小二乘字典学习算法 RLS-DLA。Szabó 等[16]提出在线组结构字典学习算法，学习出能够适应处理图像序列的更加紧凑的字典。Lu 等[20]采用 l_1 范数刻画稀疏分解误差项，提出了鲁棒性在线字典学习算法。在线字典学习方法突破了以往算法需将样本整体进行训练的缺点，在提高稀疏表示精度的同时，可实现大样本训练，并提高了字典学习计算效率，具有内存消耗小、运算速度快的优势，对基于超完备稀疏表示的工程化应用具有重要意义。

2.5 低秩表示模型

基于低秩的模型是近年涌现出来的鲁棒高效地处理高维数据的新工具。虽然秩在统计学中早已被用作矩阵的正则化算子，如减秩回归（reduced rank regression，RRR），在三维立体视觉中，秩约束更是随处可见，但是近年来低秩模型的兴起受稀疏表示和压缩传感理论的推动，系统地发展出了新的理论与应用。在此背景下，秩被阐释为二阶（矩阵）稀疏性的度量，而一阶稀疏性指的是向量的稀疏性，其度量为非零元的个数，即 l_0 范数。以图像或视频压缩为例，要实现有效压缩，必须充分利用图像或视频的时间或空间相关性。又如，在视频评价任务，希望系统能够把预测用户对视频评价的准确率提高，以便有针对性地推荐，从而提高营收，推断未知的用户评价，需要充分考虑用户喜好的相关性和视频类别的相关性，但是这个用户/视频评价矩阵非常稀疏。矩阵行列间的相关性天然地和矩阵的秩关联在一起，因此把秩定义为二阶稀疏性度量是自然的。

近年来，低秩模型的兴起大致始于 Candès[21]提出的矩阵填充（matrix

completion，MC）问题。下面主要从线性模型和非线性模型展开介绍。首先介绍线性模型。虽然看上去比较简单，但是理论分析表明，线性模型对强噪声和缺失数据非常鲁棒，在应用中也具有足够的数据表达能力。

2.5.1 线性模型

2.5.1.1 单子空间模型

Candès 于 2008 年提出的 MC 问题[21]是已知某矩阵 $\boldsymbol{D}$ 在某些位置的值，可否恢复出该矩阵。这是一个广泛的数学模型，显然这个问题的答案是不确定的，鉴于上面提到的需要考虑矩阵行列间的相关性，Candès 建议选秩最小的解 $\boldsymbol{A}$：

$$\min_{\boldsymbol{A}} \operatorname{rank}(\boldsymbol{A})$$
$$\text{s.t. } \pi_\Omega(D) = \pi_\Omega(\boldsymbol{A}) \tag{2-52}$$

式中：Ω 为已知值的矩阵元素位置的集合；π_Ω 为保留位置在 Ω 里的矩阵元素的值、其他位置填 0 的投影算子。

当时考虑的是数据缺失时如何恢复低秩结构的问题，Candès 又进一步考虑了带噪声的 MC 问题[22]：

$$\min_{\boldsymbol{A}} \operatorname{rank}(\boldsymbol{A})$$
$$\text{s.t. } \pi_\Omega(\boldsymbol{D}) = \pi_\Omega(\boldsymbol{A}) \tag{2-53}$$

以处理测量数据有噪声的情况。

如果考虑数据有强噪声时如何恢复低秩结构的问题，看似这个问题可以用传统的 PCA 解决，实际上传统 PCA 只在噪声是高斯噪声时可以准确恢复潜在的低秩结构。对于非高斯噪声，如果噪声很强，即使是极少数的噪声，也会使传统的主元分析失败。由于主元分析在应用上的重要性，国内外学者在提高主元分析的鲁棒性上提出了许多改进型主元分析方法，但没有一种方法从理论上被严格证明是能够在一定条件下精确恢复出低秩结构的。2009 年，Chandrasekaran 等[23]和 Wright 等[24]提出了鲁棒性主成分分析，他们考虑的是数据中有稀疏大噪声时如何恢复数据的低秩结构：

$$\min_{\boldsymbol{A},\boldsymbol{E}} \operatorname{rank}(\boldsymbol{A}) + \lambda \|\boldsymbol{E}\|_0$$
$$\text{s.t. } \boldsymbol{D} = \boldsymbol{A} + \boldsymbol{E} \tag{2-54}$$

式中：$\|\boldsymbol{E}\|_0$ 为 $\boldsymbol{E}$ 中非零元的个数。

Wright 的工作后来得到 Candès 的加入，获得了更强的结果，即观测矩

阵 $\boldsymbol{D}$ 可以只在部分位置知道值，推广后的模型为[25]

$$\min_{\boldsymbol{A},\boldsymbol{E}} \operatorname{rank}(\boldsymbol{A}) + \lambda \|\boldsymbol{E}\|_0 \quad \text{s. t. } \pi_\Omega(\boldsymbol{D}) = \pi_\Omega(\boldsymbol{A}+\boldsymbol{E}) \tag{2-55}$$

同时，也讨论了带稠密高斯噪声的广义 RPCA 模型[25]：

$$\min_{\boldsymbol{A},\boldsymbol{E}} \operatorname{rank}(\boldsymbol{A}) + \lambda \|\boldsymbol{E}\|_0 \quad \text{s. t. } \|\pi_\Omega(\boldsymbol{D}) - \pi_\Omega(\boldsymbol{A}+\boldsymbol{E})\|_F^2 \leqslant \varepsilon \tag{2-56}$$

Chen 等[26]考虑了噪声集中在若干列的情况，提出了离群追踪（outlier pursuit）模型，它把 RPCA 模型中的 $\|\boldsymbol{E}\|_0$ 换成 $\|\boldsymbol{E}\|_{2,0}$，即计算 $\boldsymbol{E}$ 的列向量的 l_2 范数有多少个为 0。Liu 等[27]把矩阵填充推广到了张量填充，虽然张量有基于 CP 分解定义的秩，但是它不可计算，所以 Liu 等提出了一种折中的张量秩，定义为张量按不同模式展开后得到的不同矩阵的秩的和，他们提出的张量填充模型就是在已知张量某些位置的值时，通过极小化折中的张量秩来恢复缺失的值。同样，基于折中的张量秩，Tan 等[28]把 RPCA 推广到张量恢复，即把给定张量分解为两个张量之和，一个是具有较低折中的张量秩，另一个是稀疏。

2.5.1.2 多子空间模型

RPCA 只能从数据中提取一个子空间，它对数据在此子空间中的精细结构无法刻画。精细结构的最简单情形是多子空间模型，即数据分布在若干子空间附近，需要找到这些子空间。这个问题称为广义 PCA（generalized PCA，GPCA）问题[29]，之前已有很多算法，如代数法、RANSAC 等，但都没有理论支持。稀疏表示的出现为这个问题提供了新的思路。Elhamifar 等[30]利用样本间相互表达，在表达系数矩阵稀疏的目标下提出了稀疏子空间聚类（sparse subspace clustering，SSC）模型，在该模型中，rank($\boldsymbol{Z}$) 换成 $\|\boldsymbol{Z}\|_0$，同时添加约束 diag($\boldsymbol{Z}$)=0 以防止只用样本本身表达自己。受此启发，Liu 等[31-32]提出了低秩表示（low-rank representation，LRR）模型：

$$\min_{\boldsymbol{Z},\boldsymbol{E}} \operatorname{rank}(\boldsymbol{Z}) + \lambda \|\boldsymbol{E}\|_0 \quad \text{s. t. } \boldsymbol{D} = \boldsymbol{D}\boldsymbol{Z} + \boldsymbol{E} \tag{2-57}$$

表达系数矩阵 $\boldsymbol{Z}$ 低秩是为了增强 $\boldsymbol{Z}$ 各列之间的相关性以提高对噪声的抵抗能力。

SSC 模型和 LRR 模型的最优表达系数矩阵 $\boldsymbol{Z}^*$ 可以作为样本间的相似性度量，用（$|\boldsymbol{Z}^*|+|\boldsymbol{Z}^{*\mathrm{T}}|$）/2 定义样本间的权重，$|\boldsymbol{Z}^*|$ 表示把 $\boldsymbol{Z}^*$ 的元素

都取绝对值得到的矩阵，再通过谱聚类就可以把数据聚类成若干线性子空间。在后来的 TPAMI2013 论文[32]中，Liu 等改用$|\boldsymbol{U}_Z \cdot \boldsymbol{U}_Z^{\mathrm{T}}|$建邻接矩阵，其中$\boldsymbol{U}_Z$是$\boldsymbol{Z}^*$的瘦型奇异值分解的左奇异向量集合。由于最优表达系数矩阵$\boldsymbol{Z}^*$可以作为样本间的相似性度量，Zhang 等[33]进一步要求系数矩阵稀疏、非负，以应用于半监督学习。

LRR 模型需要假定数据充足，在样本不足的情形下，Liu 等[34]提出了 Latent LRR 模型：

$$\begin{aligned} &\min_{\boldsymbol{Z},\boldsymbol{L},\boldsymbol{E}} \operatorname{rank}(\boldsymbol{Z}) + \operatorname{rank}(\boldsymbol{L}) + \lambda \|\boldsymbol{E}\|_0 \\ &\text{s. t. } \boldsymbol{D} = \boldsymbol{DZ} + \boldsymbol{LD} + \boldsymbol{E} \end{aligned} \tag{2-58}$$

式中：$\boldsymbol{DZ}$为主特征，$\boldsymbol{LD}$为显特征，$\boldsymbol{Z}$用于子空间聚类，$\boldsymbol{L}$可用于提取数据的鉴别信息以识别。

刘日升等[35]提出了固定秩表示（fixed rank representation，FRR）模型：

$$\begin{aligned} &\min_{Z,\tilde{Z},E} \|\boldsymbol{Z} - \tilde{\boldsymbol{Z}}\|_F^2 + \lambda \|\boldsymbol{E}\|_{2,0} \\ &\text{s. t. } \boldsymbol{D} = \boldsymbol{DZ} + \boldsymbol{E}, \operatorname{rank}(\tilde{\boldsymbol{Z}}) \leqslant r \end{aligned} \tag{2-59}$$

式中：$\tilde{\boldsymbol{Z}}$用于度量样本间的相似性。

为了进一步提高子空间聚类的精度，Lu 等[36]提出使用迹范数（Trace Lasso）来约束表达系数：

$$\begin{aligned} &\min_{\boldsymbol{z}_i,\boldsymbol{e}_i} \|\boldsymbol{D}\operatorname{diag}(\boldsymbol{z}_i)\|_* + \lambda \|\boldsymbol{e}_i\|_0 \\ &\text{s. t. } d_i = \boldsymbol{D}\boldsymbol{z}_i + \boldsymbol{e}_i, i = 1,\cdots,n \end{aligned} \tag{2-60}$$

式中：$\boldsymbol{z}_i$为矩阵$\boldsymbol{Z}$的第i列；$\|\boldsymbol{D}\operatorname{diag}(\boldsymbol{z}_i)\|_*$为向量$\boldsymbol{z}_i$的迹范数；$\|\cdot\|_*$为矩阵的核范数（矩阵奇异值之和）。

当$\boldsymbol{D}$的列是l_2范数归一化的时，迹范数具有优美的插值性质：

$$\|\boldsymbol{z}_i\|_2 \leqslant \|\boldsymbol{D}\operatorname{diag}(\boldsymbol{z}_i)\|_* \leqslant \|\boldsymbol{z}_i\|_1$$

而且左端等式在数据是完全相关时（每列相同或方向相反）达到，右端在数据是完全无关时（列之间正交）达到。因此，迹范数具有自适应于数据相关性的特性。该模型称为相关自适应子空间分割（correlation adaptive subspace segmentation，CASS）模型。

为了更有效地对张量数据进行聚类，Fu 等[37]提出了张量 LRR（Tensor LRR）模型，以便综合张量在各模式下的信息。

对低秩模型的理论分析一般从精确恢复、闭解性质和块对角结果三个方面进行。在精确恢复方面，上面介绍的低秩模型都是离散优化问题，很多都是 NP-hard，这对求解它们造成了很大的困难。为了克服这个困难，一个常用的办法是把它们近似成凸优化问题。另一方面，低秩模型一个非常突出的性质在于它在无噪声情形可能有闭解，这是稀疏模型所不具备的性质。事实上无噪声的 Latent LRR 问题的解不唯一，而且离散形式的无噪声 LRR 问题事实上不是 NP-hard，Zhang 等[38]提出从 Latent LRR 解集中寻找最稀疏解的算法。同时，面向多子空间的低秩模型都会算得一个表达系数矩阵 Z。在理想情况下，即当样本无噪声、子空间相互独立（即任何子空间都不能用其他子空间来表达）时，最优的表达系数矩阵 Z^* 是块对角的。由于每个对角块对应于一个子空间，所以 Z^* 的块对角结构对子空间聚类至关重要。

2.5.2 非线性模型

用于分割非线性流形的低秩模型相对较少，一个很自然的想法是利用内核技巧。该技巧由 Wang 等[39]提出，其基本思想是假设通过非线性映射 $\boldsymbol{\phi}$，样本集 X 在高维空间中分布在线性子空间上，则可以对映射后的样本集运用 LRR 模型。假定噪声是高斯的，则模型为

$$\min_{\boldsymbol{Z}} \|\boldsymbol{\phi}(X)-\boldsymbol{\phi}(X)\boldsymbol{Z}\|_F^2+\lambda\|\boldsymbol{Z}\|_*$$

由 $\min_{\boldsymbol{Z}} \|\boldsymbol{\phi}(X)-\boldsymbol{\phi}(X)\boldsymbol{Z}\|_F^2+\lambda\|\boldsymbol{Z}\|_*$ 得到 $\boldsymbol{\phi}^{\mathrm{T}}(X)\boldsymbol{\phi}(X)$，就可以引入核函数 $K(x,y)$，使得 $K(x,y)=\boldsymbol{\phi}^{\mathrm{T}}(X)\boldsymbol{\phi}(X)$。因此，上面的模型可以写成核化的形式而不需显示引入非线性映射 $\boldsymbol{\phi}$。但当噪声不是高斯噪声时，上述核技巧不适用。

2.6 低秩表示算法

2.5.1 节中所列离散低秩模型一般都是 NP-hard 问题，只能近似求解。一般的做法是转化成连续优化问题，有两种转化方式：一种是转化为凸优化问题，如把 l_0 范数 $\|\cdot\|_0$ 换成 l_1 范数 $\|\cdot\|_1$、秩换成核范数 $\|\cdot\|_*$；另一种是转化为非凸优化问题，用非凸的连续函数来近似 l_0 范数，如用 l_p 范数 $\|\cdot\|_p(0<p<1)$ 和秩（如用 Schatten-p 范数（奇异值的 l_p 范数））。

还有一种做法是把需要约束为低秩的矩阵直接表达成两个矩阵的乘积，第一个矩阵的列数和第二个矩阵的行数均为期望的秩，然后交替更新第一个矩阵和第二个矩阵直至不变为止。这种做法是在稀疏模型中所没有的。凸优

化的好处是能够得到修改后模型的全局最优解，但是解有可能不够低秩或稀疏。非凸优化的好处是往往能得到更低秩和更稀疏的解，但是不能得到修改后的模型的全局最优解，解的质量可能依赖于初值。凸优化和非凸优化互为补充。针对问题的特点，还有可能设计随机算法，大大降低求解的复杂度。

2.6.1 迭代阈值算法

迭代阈值（iterative thresholding，IT）方法[24]的提出解决了式（2-54）的松弛凸问题

$$\min_{\boldsymbol{A},\boldsymbol{E}} \|\boldsymbol{A}\|_* + \lambda\|\boldsymbol{E}\|_1 + \frac{1}{2\tau}\|\boldsymbol{A}\|_F^2 + \frac{1}{2\tau}\|\boldsymbol{E}\|_F^2$$
$$\text{s.t.}\ \boldsymbol{A}+\boldsymbol{E}=\boldsymbol{D} \tag{2-61}$$

式中：τ 为大的正标量，使得目标函数受扰动较少。

通过引入拉格朗日乘子 Y 消除等式约束，得到式（2-61）的拉格朗日函数形式

$$L(\boldsymbol{A},\boldsymbol{E},\boldsymbol{Y}) = \|\boldsymbol{A}\|_* + \lambda\|\boldsymbol{E}\|_1 + \frac{1}{2\tau}\|\boldsymbol{A}\|_F^2 + \frac{1}{2\tau}\|\boldsymbol{E}\|_F^2 + \frac{1}{\tau}(\boldsymbol{Y},\boldsymbol{D}-A-\boldsymbol{E}) \tag{2-62}$$

利用 IT 方法分别迭代更新 $\boldsymbol{A}$、$\boldsymbol{E}$ 和 $\boldsymbol{Y}$。通过固定 $\boldsymbol{Y}$，最小化关于 $\boldsymbol{A}$ 和 $\boldsymbol{E}$ 的 $L(\boldsymbol{A},\boldsymbol{E},\boldsymbol{Y})$ 来更新 $\boldsymbol{A}$ 和 $\boldsymbol{E}$。然后使用约束量 $\boldsymbol{A}+\boldsymbol{E}=\boldsymbol{D}$ 来更新 $\boldsymbol{Y}$。

为方便起见，引入以下软阈值收缩操作：

$$S_\varepsilon[\boldsymbol{x}] \approx \begin{cases} \boldsymbol{x}-\varepsilon & (\boldsymbol{x}>\varepsilon) \\ \boldsymbol{x}+\varepsilon & (\boldsymbol{x}<-\varepsilon) \\ 0 & (\text{其他}) \end{cases} \tag{2-63}$$

式中：$\boldsymbol{x}\in\mathbb{R}$；$\varepsilon>0$。

通过元素应用方式可以将其扩展到向量和矩阵。迭代阈值算法的详细描述如表 2-9 所列，其中，关于阈值直接遵循文献［40-41］的著名分析：

$$\begin{aligned} US_\varepsilon[S]\boldsymbol{V}^{\mathrm{T}} &= \arg\min_{\boldsymbol{X}} \varepsilon\|\boldsymbol{X}\|_* + \frac{1}{2}\|\boldsymbol{X}-W\|_F^2, S_\varepsilon[W] \\ &= \arg\min_{\boldsymbol{X}} \varepsilon\|\boldsymbol{X}\|_1 + \frac{1}{2}\|\boldsymbol{X}-W\|_F^2 \end{aligned} \tag{2-64}$$

式中：USV^{T} 为 W 的奇异值分解。

虽然该算法简单且被证明是正确的，但是它需要大量迭代才能达到收敛，并且通过选择步长 δ_k 来加速是比较困难的，因此适用性有限。

表 2-9 迭代阈值算法

输入：观测矩阵 $\boldsymbol{D}\in\mathbb{R}^{m\times n}$，正则化参数 λ 和 τ；
输出：$\boldsymbol{A}=\boldsymbol{A}_k$，$\boldsymbol{E}=\boldsymbol{E}_k$。
（1）循环直到收敛；
（2）$USV=\text{svd}\ (\boldsymbol{Y}_k-1)$；
（3）$\boldsymbol{A}_k=US_\tau\ [S]\ V^{\mathrm{T}}$；
（4）$\boldsymbol{E}_k=S_{\lambda\tau}\ [Y_{k-1}]$；
（5）$\boldsymbol{Y}_k=\boldsymbol{Y}_{k-1}+\delta_k(\boldsymbol{D}-\boldsymbol{A}_k-\boldsymbol{E}_k)$；
（6）循环结束。

2.6.2 加速近似梯度算法

关于加速近似梯度法的一般理论在文献［42］中有详细论述，为了求解以下无约束凸问题：

$$\min_{X\in\boldsymbol{H}} F(X)\approx g(X)+f(X) \tag{2-65}$$

式中：$\boldsymbol{H}$ 为实希尔伯特空间，其内积和相应的范数分别描述为〈•，•〉和 $\|\cdot\|$；g、f 都是凸的，而且 f 进一步具有利普希茨连续特性，$\|\nabla f(X_1)-\nabla f(X_2)\|\leqslant L_{\mathrm{f}}\|X_1-X_2\|$，可以局部近似 $f(X)$ 为二次函数并求解，即

$$X_{k+1}=\arg\min_{X\in\boldsymbol{H}} Q(X,Y_k)\approx f(Y_k)+\langle\nabla f(Y_k),X-Y_k\rangle+\frac{L_f}{2}\|X-Y_k\|^2 g(X) \tag{2-66}$$

对于 X 的更新求解通常认为是比较简单的问题。该迭代的收敛性强烈依赖于点 Y_k，而该点的逼近由 $Q(X, Y_k)$ 构建。选择 $Y_k=X_k$ 可以解释为一种梯度算法。而对于平滑的 g Nesterov 则表明，对于满足

$$t_{k+1}^2-t_{k+1}\leqslant t_k^2$$

的序列 $\{t_k\}$，设置

$$Y_k=X_k+\frac{t_{k-1}-1}{t_k}(X_k-X_{k-1})$$

可以有效提高收敛速度。

通过下式上述加速近似梯度方法可以直接应用于松弛条件下的 RPCA 问题：

$$X=(A,E),f(X)=\frac{1}{\mu}\|D-A-E\|_F^2,g(X)=\|A\|_*+\lambda\|E\|_1 \tag{2-67}$$

式中：μ 为小的正标量，该变量采用连续方法[43]，从较大的初始值 μ_0 开始，随着每次迭代呈几何级数递减，直到收敛，可以大大加快收敛速度。为此，解决 RPCA 的加速近似梯度算法[44]具体描述如表 2-10 所列。

表 2-10　加速近似梯度算法求解 RPCA

输入：观测矩阵 $\boldsymbol{D}=\mathbb{R}^{m\times n}$，正则化参数 λ；

输出：$A=A_k$，$E=E_k$。

(1) $A_0=A_{-1}=0$，$E_0=E_{-1}=0$，$t_0=t_{-1}=0$，$\tilde{\mu}>0$，$\eta<1$。

(2) 循环直到收敛；

(3) $Y_k^A=A_k+\dfrac{t_{k-1}-1}{t_k}(A_k-A_{k-1}),Y_k^E=E_k+\dfrac{t_{k-1}-1}{t_k}(E_k-E_{k-1})$；

(4) $G_k^A=Y_k^A-\dfrac{1}{2}(Y_k^A+Y_k^A-D)$；

(5) $(U,S,V)=\mathrm{svd}(G_k^A),A_{k+1}=US_{\frac{\mu_k}{2}}[S]V^{\mathrm{T}}$；

(6) $G_k^E=Y_k^E-\dfrac{1}{2}(Y_k^A+Y_k^E-D)$；

(7) $E_{k+1}=S_{\frac{\lambda\mu_k}{2}}[G_k^E]$；

(8) $t_{k+1}=\dfrac{1+\sqrt{4t_k^2+1}}{2},_{k+1}=\max(\boldsymbol{\eta}\mu_k,\tilde{\mu})$；

(9) $k=k+1$；

(10) 循环结束。

2.6.3 精确增广拉格朗日乘子算法

对于式（2-54）所示的 RPCA 问题，可以通过如下形式的增广拉格朗日乘子算法求解：

$$X=(A,E),f(X)=\|A\|_*+\lambda\|E\|_1,h(X)=D-A-E$$

则式（2-34）可以转换为

$$L(A,E,Y,\mu)\approx\|A\|_*+\lambda\|E\|_1+\langle Y,D-A-E\rangle+\frac{\mu}{2}\|D-A-E\|_F^2 \tag{2-68}$$

ALM 的优点之一是能够收敛到精确解，而之前的 IT 和 APG 都是近似解。当该算法用于求解 RPCA 问题时，为了与一般性增广拉格朗日乘子法区别，在这里称为精确 ALM（Exact ALM，EALM）。用该方法求解 RPCA 的算法[48-49]描述如表 2-11 所列。

表 2-11 精确增广拉格朗日乘子法算法求解 RPCA

输入：观测矩阵 $\boldsymbol{D}=\mathbb{R}^{m\times n}$，正则化参数 λ；
输出：A_k^*，E_k^*。
(1) $Y_0^* = \mathrm{sgn}(D)/J[\mathrm{sgn}(D)], \mu > 0, \rho > 1, k = 0$；
(2) 外循环直到收敛；
(3) $A_{k+1}^0 = A_k^*, E_{k+1}^0 = E_k^*, j = 0$；
(4) 内循环直到收敛；
(5) $(U, S, V) = \mathrm{svd}(D - E_{k+1}^j + \mu_k^{-1} Y_k^*)$；
(6) $A_{k+1}^{j+1} = US_{\mu_k^{-1}}[S]V^{\mathrm{T}}$；
(7) $E_{k+1}^{j+1} = S_{\lambda\mu_k^{-1}}[D - A_{k+1}^{j+1} + \mu_k^{-1} Y_k^*]$；
(8) $j = j + 1$；
(9) 内循环结束；
(10) $Y_{k+1}^* = Y_k^* + \mu_k(D - A_{k+1}^* - E_{k+1}^*)$，$\mu_{k+1} = \rho\mu_k$；
(12) $k = k + 1$；
(13) 外循环结束。

表 2-11 中算法的内循环是求解 $(A_{k+1}^*, E_{k+1}^*) = \arg\min\limits_{A,E} L(A, E, Y_k^*, \mu_k)$，在内循环的第（5）、（6）行是为求解子问题 $A_{k+1}^{j+1} = \arg\min\limits_{A} L(A, E_{k+1}^j, Y_k^*, \mu_k)$，第（7）行是求解子问题 $E_{k+1}^{j+1} = \arg\min\limits_{E} L(A_{k+1}^{j+1}, E, Y_k^*, \mu_k)$。

在上述算法的内循环求解子问题 $(A_{k+1}^*, E_{k+1}^*) = \arg\min\limits_{A,E} L(A, E, Y_k^*, \mu_k)$ 的过程中，算法执行 SVD 的次数太多会导致收敛速度变慢。事实上，该子问题的求解并非必须使用循环，A_k 和 E_k 只需要更新一次就能够得到 RPCA 问题的最优解，而这样的改进算法称为非精确 ALM（Inexact ALM，IALM）。具体算法描述如表 2-12 所列。

表 2-12 非精确增广拉格朗日乘子法算法求解 RPCA

输入：观测矩阵 $\boldsymbol{D}=\mathbb{R}^{m\times n}$，正则化参数 λ；
输出：A_k，E_k。
(1) $Y_0 = D/J(D)$，$\mu > 0$，$\rho > 1$，$k = 0$；
(2) 循环直到收敛；
(3) $(U, S, V) = \mathrm{svd}(D - E_{k+1}^j + \mu_k^{-1} Y_k^*)$；
(4) $A_{k+1} = US_{\mu_{k-1}}[S]V^{\mathrm{T}}$；

续表

(5) $E_{k+1}=S_{\lambda\mu_{k-1}}[D-A_{k+1}+\mu_k^{-1}Y_k]$;
(6) $Y_{k+1}=Y_k+\mu_k(D-A_{k+1}-E_{k+1})$;$\mu_{k+1}=\rho\mu_k$;
(7) $k=k+1$;
(8) 外循环结束。

表2-8中算法的第（3）、（4）行是求解 $A_{k+1}=\arg\min\limits_{A}L(A,E_k,Y_k,\mu_k)$，第（5）行是求解 $E_{k+1}=\arg\min\limits_{E}L(A_{k+1},E,Y_k,\mu_k)$。在该算法中，当 μ_k 增长过快时，最优解收敛无法得到保证，所以在实际应用中 μ_k 的调参需要权衡和经验技巧。

参考文献

[1] MALLAT S, ZHANG Z. Matching pursuit with time frequency dictionaries [J]. IEEE Transactions on Signal Processing, 1993, 41 (12): 3397-3415.

[2] 李民. 基于稀疏表示的超分辨率重建和图像修复研究 [D]. 成都：电子科技大学, 2011.

[3] PATI Y C, REZAIIFAR R, KRISHNAPRASAD P S. Orthogonal matching pursuit: recursive function approximation with applications to wavelet decomposition [J]. Proceedings of the 27th Annual Asilomar Conference in Signals, Systems, and Computers, Monterey, CA, USA. 1993, 1 (11): 40-44.

[4] ROSEN J B. The gradient projection method for nonlinear programming [J]. Part I. Linear Constrains, J. SLAM, 1960, 8 (1): 181-217.

[5] NEUMANN J Von. Functional Operators vol. II. The geometry of ortho gonal spaces [M]. Annals of Math. Studies, 22. Princeton University Press, Princeton, N. J., 1950.

[6] NESTEROV Y. Introductory lectures on convex optimization: A basic course [M]. Springer Science & Business Media, 2013.

[7] HESTENES M R. Multiplier and Gradient Methods [J]. Journal of Optimization Theory and Applications, 1969 (4) 5: 303-320.

[8] 邓承志. 图像稀疏表示理论及其应用研究 [D]. 武汉：华中科技大学, 2008.

[9] CHEN S S, DONOHO D L, SAUNDERS M A. Atomic decomposition by basis pursuit [J]. SIAM Journal on Scientific Computing, 2001, 20 (1): 33-61.

[10] TIBSHIRANI R. Regression shrinkage and selection via the LASSO [J]. Journal of

the Royal Statistical Society, 1996, 58 (1): 267-288.
[11] ENGAN K, AASE S O, Hakon Husoy J. Method of optimal directions for frame design [C] //Proceedings International Conference on Acoustics, Speech, and Signal Processing, 1999 (5): 2443-2446.
[12] AHARON M, ELAD M, BRUCKSTEIN A. K-SVD: An algorithm for designing overcomplete dictionaries for sparse representation [J] . IEEE Trans. on Signal Processing, 2006, 54 (11): 4311-4322.
[13] ELAD M, AHARON M. Image denoising via sparse and redundant representation over learned dictionaries [J] . IEEE Trans on Image Processing, 2006, 15 (12): 3736-3745.
[14] MAIRAL J, BACH F, PONCE J, et al. Online learning for matrix factorization and sparse coding [J] . Journal of Machine Learning Research, 2010, 11 (1): 19-60.
[15] BERTSEKAS D P. Nonlinear Programming [J] . Journal of the Operational Research Society, 1999, 48 (3): 332-334.
[16] Zoltán Szabó, Barnabás Póczos, András L″orincz. Online Group-Structured Dictionary Learning: Supplementary Material [C] // Proceedings of IEEE Conference on Computer Vision and Pattern Recognition (CVPR), 2011: 2865-2872.
[17] TSENG P. Convergence of a block coordinate descent method for nondifferentiable minimization [J] . Journal of Optimization Theory and Applications, 2001, 109 (3): 475-494.
[18] TSENG P, YUN S A. Block-Coordinate gradient descent method for linearly constrained nonsmooth separable optimization [J] . Journal of Optimization Theory and Applications, 2009, 140 (3): 513-535.
[19] SKRETTING K, ENGAN K. Recursive least squares dictionary learning algorithm [J]. IEEE Transactions on Signal Processing, 2010, 58 (4): 2121-2130.
[20] LU C W, SHI J P, JIA J Y. Online Robust Dictionary Learning [C] . In CVPR, 2013: 415-422.
[21] CANDÈS E J, RECHT B. Exact matrix completion via convex optimization [J] . Foundations of Computational Mathematics, 2009, 9 (6): 717-772.
[22] CANDÈS E J, PLAN Y. Matrix completion with noise [J] . Proceedings of the IEEE, 2010, 98 (6): 925-936.
[23] CHANDRASEKARAN V, SANGHAVI S, PARRILO P, et al. Sparse and low-rank matrix decompositions [C] //Proceedings of the 47th Annual Allerton Conference on Communication, Control, and Computing, 2009: 962-967.
[24] WRIGHT J, GANESH A, RAO S, et al. Robust principal component analysis: exact

recovery of corrupted low-rank matrices by convex optimization [C] . Proceedings of Advances in Neural Information Processing Systems (NIPS), 2009: 2080-2088.

[25] CANDÈS E J, LI X, MA Y, et al. Robust principal component analysis? [J] . Journal of the ACM, 2011, 58 (1): 1-37.

[26] CHEN Y, XU H, CARAMANIS C, et al. Robust matrix completion and corrupted columns [J] . In International Conference on Machine Learning, 2011: 873-880.

[27] JI LIU, PRZEM MUSIALSKI, PETER WONKA, et al. Tensor Completion for Estimating Missing Values in Visual Data [J] . IEEE Transactions on Pattern Analysis and Machine Intelligence, 2013, 35, (1) : 208-220.

[28] HUACHUN TAN, JIANSHUAI FENG, GUANGDONG FENG, et al. Traffic Volume Data Outlier Recovery via Tensor Model [J] . Mathematical Problems in Engineering, 2013, (pt3): 87-118.

[29] VIDAL R, MA Y, SASTRY S . Generalized Principal Component Analysis (GPCA) [J] . IEEE Transactions on Pattern Analysis & Machine Intelligence, 2012, 27 (12): 1945-1959.

[30] ELHAMIFAR E, VIDAL R. Sparse subspace clustering [C] // Proceedings of IEEE Conference on Computer Vision and Pattern Recognition (CVPR), 2009: 2790-2797.

[31] LIU G, LIN Z, YU Y. Robust subspace segmentation by low-rank representation [C] //Proceedings of International Conference on Machine Learning (ICML), 2010: 663-670.

[32] LIU G, LIN Z, YAN S, et al. Robust recovery of subspace structures by low-rank representation [J] . IEEE Transactions on Pattern Analysis and Machine Intelligence, 2013, 35 (1): 171-184.

[33] ZHUANG L, GAO H, LIN Z, et al. Non-negative low rank and sparse graph for semi-supervised learning [C] //Proceedings of IEEE Conference on Computer Vision and Pattern Recognition (CVPR), 2012: 2328-2335.

[34] GUANGCAN LIU, SHUICHENG YAN. Latent Low-Rank Representation for subspace segmentation and feature extraction [C] //International Conference on Computer Vision (ICCV), IEEE 2011 (1): 1615-1622.

[35] RISHENG LIU, ZHOUCHEN LIN, FERNANDO DE LA TORRE, et al. Fixed-Rank Representation for Unsupervised Visual Learning [C] // Proceedings of IEEE Conference on Computer Vision and Pattern Recognition (CVPR), 2012: 598-605.

[36] CAN-YI LU, JIASHI FENG, ZHOUCHEN LIN, et al. Correlation Adaptive Subspace Segmentation by Trace Lasso [C] //International Conference on Computer Vision (ICCV), IEEE 2013: 1345-1352.

[37] FU Y F, GAO J B, DAVID TIEN, et al. Tensor LRR Based Subspace Clustering [C] // International Joint Conference on Neural Networks (IJCNN), IEEE 2014: 1877-1884.

[38] ZHANG H Y, LIN Z C, Chao and Junbin Gao. Robust Latent Low Rank Representation for Subspace Clustering [J] . Neurocomputing, 2014, 145 (18): 369-373.

[39] JOSEPH WANG, VENKATESH SALIGRAMA, DAVID CASTANON. Structural Similarity and Distance in Learning [C] // 2011 49th Annual Allerton Conference on Communication, Control, and Computing (Allerton), Monticello, IL, 2011: 744-751, doi: 10.1109/Allerton.2011.6120242.

[40] CAI J, CANDÉS E J, SHEN Z. A singular value thresholding algorithm for matrix completion [J] . SIAM Journal on Optimization, 2010, 20 (4): 1-28.

[41] HALE E T, YIN W, ZHANG Y . Fixed-point continuation for l1-minimization: Methodology and convergence [J] . Siam Journal on Optimization, 2008, 19 (3): 1107-1130.

[42] BECK A, TEBOULLE M. A Fast Iterative Shrinkage-Thresholding Algorithm for Linear Inverse Problems [J] . SIAM Journal on Imaging Sciences, 2009, 2 (1): 183-202.

[43] TOH K C, YUN S . An accelerated proximal gradient algorithm for nuclear norm regularized linear least squares problems [J] . Pacific Journal of Optimization, 2010, 6 (3): 615-640.

[44] LIN ZHOUCHEN, GANESH ARVIND, WRIGHT JOHN, et al. Fast convex optimization algorithms for exact recovery of a corrupted low-rank matrix [EB/OL] . Coordinated Science Laboratory, University of Illinois at Urbana-Champaign, [2017-07-14] http: //hdl. handle. net/2142/74352.

第3章 基于稀疏表示的图像超分辨率重建

3.1 图像超分辨率重建概述

3.1.1 基本概念

1. 图像分辨率

图像分辨率是指图像像素密度或单位尺寸内像素数量。它刻画了图像细节信息，分辨率越高，图像越清晰，目标细节信息越丰富。在目标检测、识别与跟踪等领域，高分辨率图像能够帮助机器更加准确地分析图像目标信息，提高系统精度。如图 3-1 所示为图像的空间分辨率和幅度分辨率变化对人眼视觉的影响。

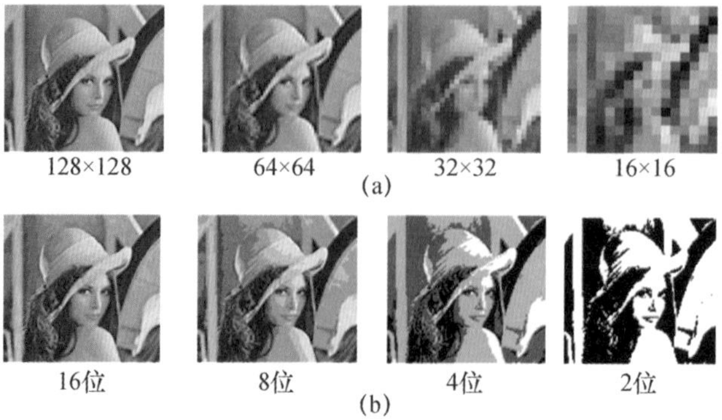

图 3-1 图像分辨率

(a) 图像空间分辨率变化（采样）；(b) 图像幅度分辨率变化（位深）。

2. 图像超分辨率

图像分辨率首先受限于成像传感器件或采集装置。提高图像分辨率的一种方法是增加芯片尺寸，从而增加单位成像面积内像素的个数，但是该方法一方面会导致图像数据的增加，使图像传输性能严重下降，影响实时应用，另一方面会增加成像设备体积与重量，影响成像设备在许多场合的应用，例如在遥感及无人机成像探测中，成像设备的体积和重量是卫星发射及无人机设计时考虑的重要因素。另外，在许多应用场合，即使配置高分辨率成像设备，由于成像距离原因，图像中感兴趣目标空间分辨率依然很低。为解决成像设备不足和成像条件限制问题，人们基于已有成像设备和当前观测图像，研究提高图像空间分辨率的“软”方法，即图像超分辨率重建技术。

图像超分辨率作为一种在无需改变成像设备条件下，就能有效提高图像空间分辨率的技术手段，自 20 世纪 80 年代起国内外研究者从不同角度进行广泛而深入的研究，从频域变换到空域建模，从插值恢复到基于概率统计的重建方法，从信号处理到机器学习，在多个研究框架下提出了许多方法[1-2]（图 3-2），这些成果推动了图像超分辨率重建技术与应用的发展。

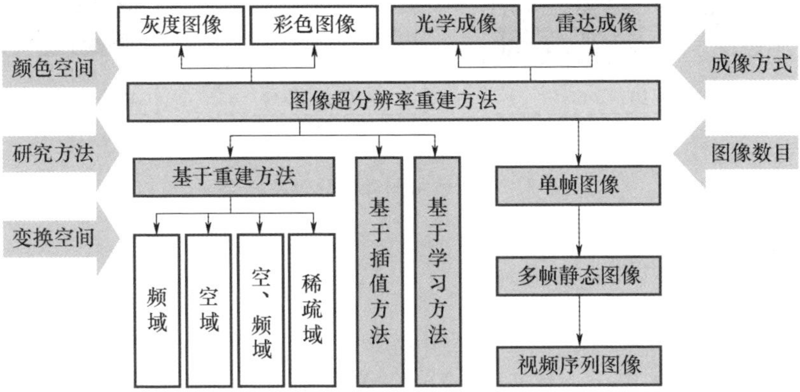

图 3-2 图像超分辨率重建方法

3. 组成与框架

随着新的信号稀疏表示理论的出现[3-5]，超分辨率重建获得了新的发展，并取得了丰硕成果。最早基于稀疏表示的超分辨率重构算法是由 Yang 等[6-7]提出并改进的双字典学习算法。其核心思想是高分辨率图像块可以由过完备字典中原子的稀疏线性组合获得，当图像块的表示系数越稀疏时，它对原始图像的表达能力越强。此时，假设其稀疏表示系数在高/低分辨率字典下是一致的，一方面先验知识从样本中学习获得，另一方面稀疏同构的高/低分辨率字典重现了图像退化过程，该方法在由随机图像块样本所组成的字典下就可以获得较好的重建效果。

该方法将信号处理方法压缩感知理论框架应用于图像超分辨分析中，利用耦合学习的超完备字典对（over-complete dictionary pair）来求解图像稀疏表示，进而实现超分辨率重构。在此研究框架，图像超分辨率重建由三个模块组成，分别是字典学习模块、稀疏编码模块和超分辨率重建模块，如图 3-3 所示。在该模型框架下，随着稀疏表示理论的研究深入，该方法还有很大的提升空间，如重建模型改进、稀疏编码精度、先验知识与特定图像相结合，以及重建算法的速度与应用等。

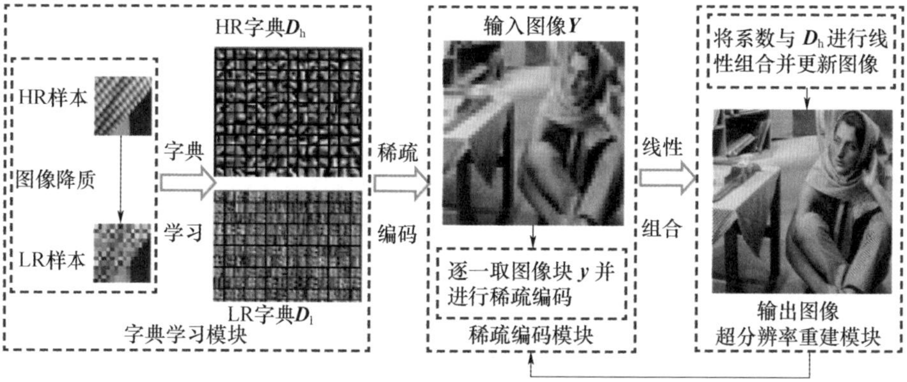

图 3-3　稀疏表示图像超分辨率框架

3.1.2 发展历程

早期的图像超分辨率重建是在频域进行的，根据多帧图像间的相对位移互补信息，最初由 Tsai 等[8]利用傅里叶变换的平移和混叠特性实现。随后，考虑加入观测噪声和空间模糊，并引入 Tikhonov 正则化以解决由模糊带来的病态问题。还有研究者利用最大期望算法将运动估计和恢复重建同时进行，用离散余弦变换代替离散傅里叶变换以降低存储要求和计算复杂度。小波变换的出现给超分辨率重建带来了新的手段，利用小波变换高效的多尺度表达能力进行高频信息的恢复也取得了较好效果。频域超分辨率重建理论简单，计算效率高；但是，处理图像复杂退化模型的灵活性不够，也很难引入各种先验知识作为正则化项来指导重建过程。由于频域方法的这些固有缺陷难以克服，于是人们将研究目光转向空域进行，主要包括基于插值的方法和基于重建的方法。

插值方法是最直观的一类方法，传统的基于卷积的线性移不变插值方法主要包括最近邻域插值、线性插值、三次卷积插值、多项式插值、样条插值和高斯插值等[9]。在基于重建的方法中，迭代反向投影算法是研究较早的一类空域超分辨率重建方法，它将退化模型生成的低分辨率图像与输入的低分辨率图像之间的误差反向投影到高分辨率图像上，随着误差收敛，可以得到相应的重建图像，该方法直观且易于理解，但是解不唯一，并且无法充分利用图像的先验知识。凸集投影（projection onto convex sets，POCS）方法[10]基于集合理论，假设超分辨率解空间的可行解有多个限制条件，每一个条件定义为向量空间中的凸集合，超分辨率重建问题的解空间就是这些凸集的交集。该方法的优点是可以方便地加入先验知识，很好地保持高分辨率图像的边缘和细节。当把高分辨率和低分辨率图像间的运动都视为随机变量时，可以把超分辨率重建问题看成概率统计估计问题。在贝叶斯框架下，常用的有最大似然估计方法和最大后验概率估计（maximum a posteriori，MAP）[11]方法，这两类方法的优点是可以直接加入约束、能确保解的存在、降噪能力强、收敛性高，但经验数据与先验知识的不完备会造成解的不确定和随机性。为此，有研究者提出 MAP-POCS 算法，它定义了新的优化模型，以把全部先验知识有效地结合起来，并能确保解的唯一和最优。

基于重建的超分辨率方法依赖于多帧图像间的冗余互补信息，利用合适的先验知识使病态问题变得可解，当先验知识不足时，正则化项尤其重要。特别地，当只有一幅图像时，随着重建倍数的提高，图像提供的先验知识将无法满足正则化项的需要，基于重建的方法性能将严重下降。为此，人们将机器学习应用到超分辨率重建中，通过对一组同时包含高/低分辨率图像块样本集合的学习，得到一个联合的系统模型。当先验知识不足时，以某种特征尺度准则从最近邻的低分辨率图像块对应的高分辨率图像块获得更多的图像高频信息。此类方法是目前超分辨率重建研究的主流方法，也是最有前途的方法[12]。基于样本块学习的方法最初由 Freeman 等[13]提出，该方法使用马尔可夫网络对图像的空间关系进行建模，在单幅较高的放大倍数下仍能获得较好的质量；但是对于训练样本的选择要求高，对噪声敏感。

信号稀疏表示理论[3-5]的出现给基于学习的超分辨率重建带来了新的机遇和前景。稀疏表示模型能够对图像的边缘、轮廓、角点和纹理等多种结构形成最优稀疏逼近，而且这种刻画图像本质的稀疏性特征在不同分辨率下保持不变。根据该假设，Yang 等[6]在 2008 年首次提出稀疏表示超分辨率重建，其核心思想是高分辨率图像块可以由过完备字典的原子的稀疏线性组合表示，而其稀疏表示系数在高/低分辨率字典下是一致的。一方面先验知识从样本中学习获得，另一方面稀疏同构的高/低分辨率字典重现了图像退化过程，该方法的提出对超分辨率重建的研究具有重要影响。随后，许多相关方法陆续出现，Yang 等[7]对自己的方法进行改进，并提出联合双字典学习方法[14]，Dong 等[15]提出自适应稀疏域选择和非局部自回归[16]等方法，He 等[17]提出双特征空间字典学习方法，Zeyde 等[18]提出两步离线字典学习方法，Kim 等[19]提出利用稀疏回归和自然图像先验知识的方法。西安电子科技大学的高新波团队在该领域做了许多代表性的工作，如提出了稀疏邻域嵌入[20]、多尺度字典[21]和非局部均值核回归[22]等方法。

随着以卷积神经网络为代表的深度学习的出现，深度学习方法[23-25]在计算机视觉领域表现出巨大的潜力，它可以通过建立强有力的模型和设计高效的学习策略来克服过度拟合，并且神经网络可以灵活地通过增加新的非线性激活函数或特定功能的层来更好地拟合训练数据。因此，在图像超分辨率重建领域，越来越多的研究者开始探索卷积神经网络（convolutional neural network，CNN）和图像超分辨率之间的联系，并且获得了惊喜结果[26]。香港中文大学 Dong 等[27]率先将卷积神经网络引入到图像超分辨率复原（Super Resolution CNN，SRCNN）的问题中，设计了基于深度卷积神经网络的图像超分辨率复原方法。在 SRCNN 的基础上，极深网络的图像超分辨率复原方法[28]借鉴用于图像分类的 VGG[29]网络结构设计了含有 20 个权值层的深度网络，该方法克服了 SRCNN 上下文信息缺乏关联、单一尺度放大和收敛速度慢等问题，并通过权值共享实现了网络参数更少、重建性能更佳的图像多尺度放大。

另外，借鉴基于稀疏表示超分辨率重建思想，将原方法中稀疏表示、映射、稀疏重建三个独立优化的模块纳入一个稀疏网络中进行超分辨率重建。Wang 等[30]提出了基于稀疏编码网络的 SR 方法，该方法表明传统稀疏编码模型所蕴含的领域知识对深度学习的网络设计具有重要的指导意义。大多数基于深度学习的 SR 方法主要关注高低分辨率映射函数的学习，而香港理工大学提出了基于卷积稀疏编码[31]的 SR 方法，该算法保持了 SRCNN 的网络结构，即图像块提取、非线性特征映射与重建层不变。该方法表明，LR 和 HR 滤波器学习对深度学习网络的滤波器组的设计具有重要的指导意义，有助于保持图像的空间信息并提升重建效果。

3.1.3 本章内容

近年来，基于稀疏表示模型的图像超分辨率重建引起了国内外众多研究者的广泛关注。基于稀疏表示的图像超分辨率重建的基本假设是图像块在低分辨率字典与高分辨率字典之间具有稀疏同构关系，因此，高/低分辨率双字典间的映射关系、图像块的稀疏编码模型（编码误差噪声）以及如何利用稀疏编码系数进行线性组合，都会影响重建效果。

本章针对目标检测与跟踪过程中图像空间分辨率不足，从而影响检测及跟踪精度问题，研究图像超分辨率方法，主要内容包括如下三个方面：

（1）研究针对单幅图像的基于过完备字典稀疏表示的超分辨率重建方法，建立鲁棒性超分辨率模型，设计数值求解算法并进行相关实验验证。

（2）针对基于稀疏表示的图像超分辨率重建方法中，以稀疏特征进行高频信息估计会产生欠拟合而导致视觉伪影，通过稀疏邻域嵌入改进可以有效抑制伪影，但是又会由于过拟合而导致边缘纹理过于平滑而丢失细节信息，研究基于图像块稀疏结构相似度（sparse SSIM，S-SSIM）邻域约束的超分辨率重建方法。

（3）在广义稀疏表示下，根据图像块的局部自相似性特征提出基于局部样本匹配和多级滤波的快速超分辨率重建方法。

3.2 稀疏域图像超分辨率模型与算法

3.2.1 稀疏域图像超分辨率思想

在 1.3.1 节的数字图像质量退化过程描述中，当考虑噪声 ε 时，其数学模型定义如下：

$$\boldsymbol{y} = \boldsymbol{BHx} + \varepsilon \tag{3-1}$$

式中：$\boldsymbol{B}$、$\boldsymbol{H}$ 分别为图像下采样和模糊的降质算子；ε 为加性高斯白噪声。

此时，通过求解如式（1-14）所示的目标函数，在得到稀疏编码系数 a 的情况下，理想的高分辨率图像则由 $\boldsymbol{x}=\boldsymbol{D}_{\mathrm{h}}a$ 重建获得。

在稀疏表示下进行超分辨率重建，最早是由 Yang 等[6]提出的，其基本思想是假设高分辨率图像块可以由过完备字典中原子的稀疏线性组合来表示，当刻画图像本质特征的表示系数足够稀疏时，它在高/低分辨率字典下是同构一致的。根据该假设，当在高/低分辨率稀疏同构一致性约束下求得输入图像的稀疏表示系数后，在高分辨率字典下进行线性组合可以得到重建图像，而重建所需的高/低分辨率字典是预先利用图像样本集通过学习训练获得的，整个过程分为学习阶段、编码阶段和重建阶段三个阶段。

在学习阶段，通过采集一定数量的清晰度高、纹理丰富的图像块作为训练样本，通过下采样操作得到对应的低分辨率图像块，以此随机样本的组合即可构造出重建所需的最直接简单的高/低分辨率双字典。

在编码阶段，对于待重建的输入图像$\boldsymbol{Y}$，从左上开始逐一取图像块（有一定重叠）并在低分辨率字典$\boldsymbol{D}_{\mathrm{l}}$下进行稀疏编码，目标函数如下：

$$\begin{aligned}&\min \|\alpha\|_1\\ &\text{s.t.}\ \|\boldsymbol{F}\boldsymbol{D}_{\mathrm{l}}\alpha-F\boldsymbol{y}\|_2^2\leqslant\varepsilon_1\\ &\qquad\|\boldsymbol{P}\boldsymbol{D}_{\mathrm{h}}\alpha-w\|_2^2\leqslant\varepsilon_2\end{aligned}\tag{3-2}$$

式中：矩阵$\boldsymbol{P}$是用以提取当前重建与上次重建的图像块重叠区域；w为该重叠区域值，该约束项是使相邻两次重建的重叠区域保持一致；矩阵$\boldsymbol{F}$是线性特征提取操作，其主要作用是确保稀疏编码系数能够尽可能逼近与之相关的低分辨率图像块；$\boldsymbol{P}$定义为4个一维高通滤波器[6-7]，即

$$\begin{cases}\boldsymbol{f}_1=[-1,0,1] & (\boldsymbol{f}_2=\boldsymbol{f}_1^{\mathrm{T}})\\ \boldsymbol{f}_3=[1,0,-2,0,1] & (\boldsymbol{f}_4=\boldsymbol{f}_3^{\mathrm{T}})\end{cases}\tag{3-3}$$

式（3-2）可以写为

$$\min\lambda\|\alpha\|_1+\frac{1}{2}\|\widetilde{\boldsymbol{D}}\alpha-\tilde{\boldsymbol{y}}\|_2^2\tag{3-4}$$

式中

$$\widetilde{\boldsymbol{D}}=\begin{bmatrix}F\boldsymbol{D}_{\mathrm{l}}\\ \beta P\boldsymbol{D}_{\mathrm{h}}\end{bmatrix},\tilde{\boldsymbol{y}}=\begin{bmatrix}F\boldsymbol{y}\\ \beta w\end{bmatrix}$$

其中：参数β是在匹配低分辨率输入图像块和搜索与其邻域一致的高分辨率之间达到平滑，通过求解可以得到稀疏编码系数α。

在重建阶段，假设稀疏表示系数是同构一致的，将稀疏表示系数α与高分辨率字典$\boldsymbol{D}_{\mathrm{h}}$进行线性组合得到对应高分辨率图像块，然后将此图像块作为对应位置高分辨率图像块的估计，通过反复迭代，完成对整幅图像更新，得到重建结果$\boldsymbol{X}_0$。当所有图像块更新完毕时，利用反向投影进一步优化，在图

像质量退化模型约束下求得与 $\boldsymbol{X}_0$ 最接近的图像作为最终结果。目标函数如下：

$$\boldsymbol{X}^* = \arg\min_{\boldsymbol{X}} \| \boldsymbol{X} - \boldsymbol{X}_0 \| \quad \text{s. t. } \boldsymbol{BHX} = \boldsymbol{Y} \tag{3-5}$$

式中：$\boldsymbol{B}$、$\boldsymbol{H}$ 分别为下采样和模糊矩阵。

表 3-1 给出了经典的基于稀疏表示的图像超分辨率重建算法[7]。

表 3-1 经典的基于稀疏表示的图像超分辨率重建算法

输入：高分辨率字典 $\boldsymbol{D}_h$，低分辨率字典 $\boldsymbol{D}_l$，待重建的输入图像 $\boldsymbol{Y}$；
输出：重建的图像 $\boldsymbol{X}$。
初始化：图像块数量 N，初始估计 $\boldsymbol{X}_0$（通过对 $\boldsymbol{Y}$ 进行插值操作获得）。
for $i=1$ to N do
步骤 1. 从输入图像 $\boldsymbol{Y}$ 的左上角开始，逐一取大小为 3×3 的图像块，重叠区域为 1 个元素；
步骤 2. 根据式（3-4）在 $\tilde{\boldsymbol{D}}$ 和 $\tilde{\boldsymbol{y}}$ 下进行稀疏编码，得到稀疏表示系数 α；
步骤 3. 以 α 与高分辨率字典 $\boldsymbol{D}_h$的线性组合得到高分辨率图像块 $\boldsymbol{x}=\boldsymbol{D}_h\alpha$，并将 $\boldsymbol{x}$ 放置到 $\boldsymbol{X}_0$的对应位置上；
end for
步骤 4. 利用式（3-5）进行反向投影操作，求得的结果作为最终重建图像输出。

3.2.2 鲁棒性单幅图像超分辨率模型

在超分辨率重建基本思想基础上，本节提出稀疏域鲁棒性单幅图像超分辨率模型与算法。首先，在加性噪声和欠采样的图像质量退化模型下，利用待重建图像的初始估计及稀疏表示推导出鲁棒性重建模型，该模型对逼近误差（噪声项）能够进行有效抑制，较好地解决编码噪声扰动所带来的鲁棒性低的问题；其次，对于重建所需的双字典，考虑字典更新过程特点，通过保持系数矩阵支撑集的完整性，并利用矩阵的阿达玛（Hadamard）积性质，对 K-SVD 字典学习过程进行改进，离线学习获得低分辨率字典，而高分辨率字典则通过构造优化目标函数，利用伪逆矩阵求得其最小范数解；最后，在重建阶段对待重建图像进行全局和局部约束优化，使整体保真度和局部稀疏重建保真度误差最小，更加逼近原始图像。

从数学上来看式（3-1）的图像退化模型，一般情况下，由于信息量不足，图像超分辨率重建是一个病态反问题，合适的图像先验知识对解决这类病态不适定的超分辨率重建问题至关重要，必须从观测图像中对退化因素进行估计，而图像先验知识可以通过人为定义或概率统计建模得到，也可以通过机器学习方法获取。在构造先验正则化约束项时，可以利用的图像先验知识包括局部平滑、边缘保持、非负性以及稀疏性等，前述经典的基于重建的方法中就是利用不同先验假设，通过求解先验或后验概率模型来获得最佳解；而本书方法则基于图像稀疏表示模型。

图像稀疏表示理论认为，高分辨率图像 $\boldsymbol{X}$ 的图像块 $\boldsymbol{x}\in\mathbb{R}^n$ 可以由高分辨率字典 $\boldsymbol{D}_{\mathrm{h}}\in\mathbb{R}^{n\times K}$ 的稀疏线性组合来表示：

$$\boldsymbol{x}\approx\boldsymbol{D}_{\mathrm{h}}\alpha \tag{3-6}$$

式中：$\boldsymbol{D}_{\mathrm{h}}$ 由纹理结构丰富的高分辨率样本图像训练得到（n 表示图像块按列排列向量维度）。

定义 3-1 图像的稀疏表示系数 $\alpha\in\mathbb{R}^K$，由观测图像 $\boldsymbol{Y}$ 的图像块 $\boldsymbol{y}\in\mathbb{R}^n$ 在低分辨率字典 $\boldsymbol{D}_{\mathrm{l}}$ 下进行稀疏编码时，ℓ_1 范数度量下，稀疏表示残差（或噪声）应该小于一定阈值 ε，即

$$\begin{aligned}&\min \|\alpha\|_1\\&\text{s. t.}\ \|\boldsymbol{D}_{\mathrm{l}}\alpha-\boldsymbol{y}\|_2^2\leqslant\varepsilon\end{aligned} \tag{3-7}$$

式中：ε 为逼近误差。

此模型称为稀疏逼近模型。

对于稀疏逼近模型求解，通常采用如下拉格朗日乘子形式：

$$\hat{\alpha}=\arg\min_{\alpha}\lambda\|\alpha\|_1+\frac{1}{2}\|\boldsymbol{D}_{\mathrm{l}}\alpha-\boldsymbol{y}\|_2^2 \tag{3-8}$$

式中：λ 用以平衡表示系数稀疏程度和稀疏分解精度。

为减少由于 $\boldsymbol{X}$ 与 $\boldsymbol{Y}$ 的空间分辨率差异所导致的计算复杂性，并简化后续的重建算法，对 $\boldsymbol{Y}$ 进行上采样插值操作，使其空间分辨率尺寸与 $\boldsymbol{X}$ 相同：

$$\boldsymbol{X}_{\mathrm{l}}=Q\boldsymbol{Y} \tag{3-9}$$

式中：Q：$\mathbb{R}^L\rightarrow\mathbb{R}^N$；$\boldsymbol{X}_{\mathrm{l}}$ 表示对观测图像 $\boldsymbol{Y}$ 的插值结果。由式（3-1），式（3-9）可写为

$$\boldsymbol{X}_{\mathrm{l}}=Q\boldsymbol{Y}=Q(\mathbf{BHFX}+v)=Q\mathbf{BHFX}+Qv \tag{3-10}$$

令 $L=Q\mathbf{BHF}$，是投影变换矩阵，表示从高分辨率图像到低分辨率图像的下采样降质操作，$\tilde{v}=Qv$，则式（3-10）简写为

$$\boldsymbol{X}_{\mathrm{l}}=L\boldsymbol{X}+\tilde{v} \tag{3-11}$$

通过对 $\boldsymbol{X}_{\mathrm{l}}$ 的处理，使重建结果尽可能地逼近原始图像 $\boldsymbol{X}$。设 $\boldsymbol{x}^k\in\mathbb{R}^n$、

$\boldsymbol{y}^k \in \mathbb{R}^n$分别表示原始图像 $\boldsymbol{X}$ 和观测图像 $\boldsymbol{Y}$ 的对应位置的第 k 个图像块，考虑有噪声的情况下，由式（3-11）可知

$$\boldsymbol{y}^k = L^p \boldsymbol{x}^k + \widetilde{V}_k \tag{3-12}$$

式中：L^p 表示 L 的局部化操作；$\widetilde{V}_k$ 表示第 k 个图像块的噪声。

由式（3-6）可知 $\boldsymbol{x}^k = \boldsymbol{D}_{\mathrm{h}} \alpha^k$，$\alpha^k \in \mathbb{R}^K$ 表示第 k 个图像块的表示系数，上式两边同乘以 L^p，则有

$$L^p \boldsymbol{x}^k = L^p \boldsymbol{D}_{\mathrm{h}} \alpha^k \tag{3-13}$$

由式（3-12）和式（3-13）可得

$$L^p \boldsymbol{D}_{\mathrm{h}} \alpha^k = L^p \boldsymbol{x}^k = \boldsymbol{y}^k - \widetilde{V}_k \tag{3-14}$$

从而有

$$\| \boldsymbol{y}^k - L^p \boldsymbol{D}_{\mathrm{h}} \alpha^k \|_2^2 \leqslant \widetilde{\varepsilon} \tag{3-15}$$

式中：$\widetilde{\varepsilon}$ 为逼近误差，它与噪声 $\widetilde{v}_k$ 的强度有关。

这表明，观测到的低分辨率图像块 $\boldsymbol{y}^k$，能够用相同的表示系数 α^k 与高分辨率字典 $\boldsymbol{D}_{\mathrm{h}}$ 的线性组合在投影变换操作下来逼近表示，逼近误差是 $\widetilde{\varepsilon}$。这意味着，对于给定的低分辨率图像 $\boldsymbol{y}^k$，表示系数 α^k 可以用来重建相应的高分辨率图像，即式（3-6）所示。

由于在过完备冗余字典下稀疏的非零系数能够有效描述复杂的图像结构信息，但是噪声分量在该字典下不具备稀疏表示，将图像中的有用信息部分作为图像中的稀疏成分，而将图像去除其中稀疏成分后得到的逼近残差作为图像中的噪声，这也正是基于稀疏表示的图像去噪基础[32]。该模型在有效重建原始图像的同时，能够对噪声（稀疏逼近误差）进行抑制。

3.2.3 图像超分辨率算法

3.2.3.1 离线字典学习思想及样本准备

在上述模型中，假定重建所需的 $\boldsymbol{D}_{\mathrm{h}}$ 和 $\boldsymbol{D}_{\mathrm{l}}$ 已经存在。事实上，进行超分辨率重建，首要工作是训练出 $\boldsymbol{D}_{\mathrm{h}}$ 和 $\boldsymbol{D}_{\mathrm{l}}$。最简单的方法是直接采用丰富多样的高/低分辨率图像块对（HR-LR patch pairs）随机组成[6]，也可以采用联合字典学习方法[14,17]等。随机字典中的冗余原子多会降低编码效率；而联合字典训练方法以稀疏表示系数来反映高分辨率和低分辨率字典间的完全一致的一对一映射关系，这种假设稀疏表示系数在不同分辨率特征空间完全一致是不符合实际情况的，实际图像的退化过程复杂得多，利用人工下采样得到的图像块对进行字典学习无法准确描述这种关系，可采取离线字典学习思想[18]分

别训练 $\boldsymbol{D}_{\mathrm{h}}$ 和 $\boldsymbol{D}_{\mathrm{l}}$。

在字典学习之前，首先进行训练样本准备。根据要重建的图像类型，采集合适的高分辨率自然场景图像、雷达图像或红外图像等，记为 $\{\boldsymbol{S}_{\mathrm{h}}^{j}\}$。对这些图像采用式（3-11）中 $\boldsymbol{L}=\mathbf{QBHF}$ 投影变换操作，得到对应的低分辨率图像，再将低分辨率图像进行插值放大到原尺寸，作为低分辨率样本图像 $\{\boldsymbol{S}_{\mathrm{l}}^{j}\}$，需要注意的是在学习阶段和重建阶段 L 操作应该保持一致。

然后，对样本图像进行滤波，获得图像结构信息丰富的高频部分。对于高分辨率样本图像 $\{\boldsymbol{S}_{\mathrm{h}}^{j}\}$，考虑到学习过程是使高分辨率样本图像块和对应的低分辨率图像块在边缘和纹理结构等特征上保持一致，通过计算图像差 $\boldsymbol{e}_{\mathrm{h}}^{j}=\boldsymbol{S}_{\mathrm{h}}^{j}-\boldsymbol{S}_{\mathrm{l}}^{j}$ 去除其低频部分。对于低分辨率样本图像 $\{\boldsymbol{S}_{\mathrm{l}}^{j}\}$，采用梯度算子或拉普拉斯滤波器进行 R 次高通滤波，可选择如式（3-2）所示的滤波器，记为 $\{f_r*\boldsymbol{S}_{l}^{j}\}_{r=1}^{R}$（其中“$*$”表示卷积操作），以获得图像局部特征并与去除低频后的高分辨率图像块对应。此特征提取和滤波操作过程在整个样本图像上进行而不是作用于图像块，是为了避免由于图像块太小带来的特征提取时的边界不容易确定问题。

得到在局部特征上对应的高/低分辨率样本图像后，通过提取相同位置的图像块得到字典学习所需的样本图像块对集：

$$\boldsymbol{S}_{\mathrm{h}}=\{s_{\mathrm{h}}^{k}\}_{k=1}^{N}\in\mathbb{R}^{n},\boldsymbol{S}_{\mathrm{l}}=\{s_{\mathrm{l}}^{k}\}_{k=1}^{N}\in\mathbb{R}^{n}$$

式中：N 为样本数量；s_{h}^{k} 直接从高分辨率样本 $\boldsymbol{e}_{\mathrm{h}}^{j}$ 中提取，大小为$\sqrt{n}\times\sqrt{n}$。

为了得到对应的 s_{l}^{k}，首先从 $f_r*\boldsymbol{S}_{\mathrm{l}}^{j}$ 中的相同位置提取相同大小的图像块，由于对应的 $f_r*\boldsymbol{S}_{\mathrm{l}}^{j}$ 有 R 个，将 R 个 $f_r*\boldsymbol{S}_{\mathrm{l}}^{j}$ 进行串联接，构成一个维数为 nR 的向量，记为 $\tilde{\boldsymbol{s}}_{\mathrm{l}}^{k}\in\mathbb{R}^{nR}$，对此向量利用 PCA 进行降维，得到 s_{l}^{k}，记为 $s_{\mathrm{l}}^{k}=\boldsymbol{B}\tilde{s}_{\mathrm{l}}^{k}$，式中，$\boldsymbol{B}$：$\mathbb{R}^{nR}\rightarrow\mathbb{R}^{n}$，表示 PCA 降维操作。

3.2.3.2 改进型 K-SVD 离线 $\boldsymbol{D}_{\mathrm{l}}$ 字典学习

根据稀疏表示理论，低分辨率字典 $\boldsymbol{D}_{\mathrm{l}}$ 的学习应该是使低分辨率图像样本集 $\boldsymbol{S}_{\mathrm{l}}=\{\boldsymbol{s}_{\mathrm{l}}^{k}\}_{k=1}^{N}\in\mathbb{R}^{n}$ 的表示误差最小，其目标函数如下：

$$\begin{gathered}\boldsymbol{D}_{\mathrm{l}},\{\alpha^{k}\}=\arg\min_{\boldsymbol{D}_{\mathrm{l}},\alpha^{k}}\{\ \|s_{\mathrm{l}}^{k}-\boldsymbol{D}_{\mathrm{l}}\alpha^{k}\|_{2}^{2}\}_{k}\\ \text{s. t. }\forall k,\|\alpha^{k}\|_{0}\leqslant T^{0}\end{gathered}\tag{3-16}$$

对于式（3-16）的求解，在经典的 K-SVD 算法中，字典学习过程是每次更新一个字典原子，更新过程中，不仅更新字典原子，而且更新与该原子相乘的非零编码系数。从交替进行字典更新和稀疏编码的 K-SVD 算法思想不难发现：对于字典学习算法，目标是得到字典，稀疏编码系数仅是中间变量，应该保持系数矩阵 $\boldsymbol{A}=\{\alpha_1, \alpha_2, \cdots, \alpha_N\}$ 支撑集（非零元素）的完整性。于是，式（3-16）可写为

$$\{\hat{\boldsymbol{D}}_l, \hat{\boldsymbol{A}}\} = \arg\min_{\boldsymbol{D}_l, \boldsymbol{A}} \| \boldsymbol{S}_l - \boldsymbol{D}_l \boldsymbol{A} \|_2^2 \quad \text{s. t. } A \odot M = 0 \tag{3-17}$$

式中：$\boldsymbol{M}$ 为掩码矩阵；$\boldsymbol{A}\odot\boldsymbol{M}$ 表示两个大小相等矩阵的阿达玛积，也称为舒尔（Schur）积或者对应元素乘积（entry-wise pruduct），约束项 $\boldsymbol{A}\odot\boldsymbol{M}=0$ 是为了使 $\boldsymbol{A}$ 中的非零元素保持完整。

对于矩阵的阿达玛积有如下定理[33]：

定理 3-1 若两个 $K\times N$ 的矩阵 $\boldsymbol{A}$ 和 $\boldsymbol{M}$ 是正定（或半正定）的，则它们的阿达玛积 $\boldsymbol{A}\odot\boldsymbol{M}$ 也是正定（或半正定）的。

矩阵 $\boldsymbol{M}$ 由 0 或 1 构成，取 $\boldsymbol{M}=\{|\boldsymbol{A}|=0\}$，即

$$\begin{cases} \boldsymbol{M}(i,j) = 1, & \boldsymbol{A}(i,j) = 0 \\ \boldsymbol{M}(i,j) = 0, & \text{其他} \end{cases} \tag{3-18}$$

虽然式（3-17）比逐个更新原子的字典学习算法容易，但它依然是非凸优化问题。为求解式（3-18），将 $\boldsymbol{D}_l\boldsymbol{A}$ 项分解成秩一1 的外积和，则式（3-17）变为

$$\{\hat{\boldsymbol{D}}_l, \hat{\boldsymbol{A}}\} = \arg\min_{\boldsymbol{D}_l, \boldsymbol{A}} \| \boldsymbol{S}_l - \sum_{j=1}^{K} d_j a_j^{\mathrm{T}} \|_2^2 \quad \text{s. t. } \forall 1 \leqslant j \leqslant K, \boldsymbol{m}_j \odot \alpha_j = 0 \tag{3-19}$$

式中：d_j 表示字典的第 j 个原子（列）；a_j^{T} 表示系数矩阵 $\boldsymbol{A}$ 的第 j 行；m_j 表示矩阵 $\boldsymbol{M}$ 的第 j 行。其目的是保证 α_j 的 0 值在合适位置。

可以采用块坐标下降法[34]进行求解，需要注意的是对向量对（d_j，a_j）进行顺序优化，优化过程可以通过对矩阵 $\boldsymbol{E}_j=(\boldsymbol{S}_l-\sum_{i\neq j} d_i a_i^{\mathrm{T}})\odot(\boldsymbol{l}_d\cdot\boldsymbol{m}_j^{\mathrm{T}})$ 进行 SVD 操作完成，掩码矩阵（$\boldsymbol{l}_d\cdot\boldsymbol{m}_j^{\mathrm{T}}$）是大小为 $n\times N$ 的秩一1 矩阵，表示在 $\boldsymbol{m}_j^{\mathrm{T}}$ 上进行 d 次行复制，该掩码矩阵能够有效地从（$\boldsymbol{S}_l-\sum_{i\neq j} d_i a_i^{\mathrm{T}}$）中去除没有使用到第 j 个字典原子的所有相关学习样本。在利用块坐标下降法实现的过程中，当进行字典更新时固定稀疏编码矩阵，反之亦然，通过字典更新和稀疏编码交替迭代，完成字典 $\boldsymbol{D}_l$ 的学习。

3.2.3.3 $\boldsymbol{D}_h$字典的最小范数解

对于重建所需的高分辨率字典 $\boldsymbol{D}_h$，通过构造优化目标函数并进行求解直接获得。由式（3-6）可知，由于要恢复的高分辨率图像块 s_h^k 可以由输入图像

的稀疏编码系数 α^k 与高分辨率字典 $\boldsymbol{D}_h$ 的线性组合来逼近表示，也就是 $s_h^k \approx \boldsymbol{D}_h\alpha^k$。在获得 α^k 的情况下，$\boldsymbol{D}_h$ 的求解就应该使这个表示尽可能精确，也就是 $\boldsymbol{D}_h$ 的优化目标应该使逼近误差最小，在高分辨率样本集 $\boldsymbol{S}_h = \{s_h^k\}_{k=1}^N \in \mathbb{R}^n$ 下，其目标函数构造如下：

$$\boldsymbol{D}_h = \arg\min_{\boldsymbol{D}_h}\{\ \|s_h^k - \boldsymbol{D}_h\alpha^k\|_2^2\}_k = \arg\min_{\boldsymbol{D}_h}\ \|\boldsymbol{S}_h - \boldsymbol{D}_h\boldsymbol{A}\|_F^2 \tag{3-20}$$

式中：$\boldsymbol{A}=\{\alpha_1, \alpha_2, \cdots, \alpha_N\} \in \mathbb{R}^{K\times N}$为由 α^k 按列向量排列而构成的表示系数矩阵；$\boldsymbol{S}_h=\{s_h^1, s_h^2, \cdots, s_h^N\} \in \mathbb{R}^n$ 为由高分辨率样本图像块按列向量排列而构成的样本矩阵。

对不同的图像进行超分辨率重建选取不同的高分辨率样本图像块，如选取自然场景样本图像块进行字典训练以完成图像的重建，而重建实际采集的图像则选取高分辨率红外及偏振样本图像块进行字典训练。

为了求解式（3-20），对于矩阵 $\boldsymbol{A}$ 引入如下定理[35]：

定理 3-2 仅当 $K \leqslant N$ 时，矩阵 $\boldsymbol{A} \in \mathbb{R}^{K\times N}$可能有右逆矩阵。

该定理的证明可以参见文献［35］，在此不作赘述。根据定理 3-2，在 $K<N$ 并且 $\boldsymbol{A}$ 为行满秩的情况下，矩阵$\boldsymbol{A}\boldsymbol{A}^{\mathrm{T}}$ 是可逆的，定义

$$\boldsymbol{R} = \boldsymbol{A}^{\mathrm{T}}(\boldsymbol{A}\boldsymbol{A}^{\mathrm{T}})^{-1} \tag{3-21}$$

式（3-21）满足右逆矩阵的定义 $\boldsymbol{AR}=\boldsymbol{I}$，$\boldsymbol{I}$ 为单位矩阵。这种特殊的右逆矩阵具有唯一性，称为右伪逆矩阵（right pseudo-inverse）。由此，可得式（3-20）的解为

$$\boldsymbol{D}_h = \boldsymbol{S}_h\boldsymbol{R} = \boldsymbol{S}_h\boldsymbol{A}^{\mathrm{T}}(\boldsymbol{A}\boldsymbol{A}^{\mathrm{T}})^{-1} \tag{3-22}$$

该解也是其最小范数解。因为对于线性方程 $\boldsymbol{S}=\boldsymbol{DA}$，如果存在一个与 $\boldsymbol{S}$ 无关的广义逆矩阵 $\boldsymbol{R}$，使得解 $\boldsymbol{RS}$ 在所有的解中具有最小范数的充分必要条件为

$$\begin{cases}\boldsymbol{DRD} = \boldsymbol{D} \\ (\boldsymbol{RD})^{\#} = \boldsymbol{RD}\end{cases} \tag{3-23}$$

式中：“#”表示伴随矩阵。

右伪逆矩阵 $\boldsymbol{R}=\boldsymbol{A}^{\mathrm{T}}(\boldsymbol{A}\boldsymbol{A}^{\mathrm{T}})^{-1}$ 直接满足这两个充要条件，因为根据伴随矩阵性质，$\boldsymbol{B}^{\#}=\boldsymbol{B}^{\mathrm{T}}$，有

$$(\boldsymbol{RD})^{\#} = (\boldsymbol{RD})^{\mathrm{T}} = \boldsymbol{D}^{\mathrm{T}}R^{\mathrm{T}} = \boldsymbol{D}^{\mathrm{T}}(\boldsymbol{D}\boldsymbol{D}^{\mathrm{T}})^{-1}\boldsymbol{D} = \boldsymbol{RD}$$

于是，由该充要条件可得出 $\boldsymbol{S}_h\boldsymbol{A}^{\mathrm{T}}(\boldsymbol{A}\boldsymbol{A}^{\mathrm{T}})^{-1}$是式（3-20）的最小范数解。

图 3-4 是利用上述方法学习得到的 2 倍率高/低分辨率双字典，该字典学习主要参数为：训练样本 80000 个，图像块大小 6×6，字典大小 1024。

字典的原始形式是个 36×1024 的矩阵，过完备的本义是指原子维数

(6×6=36) 远小于字典个数 1024。为方便观察，将原子的列向量 (36×1) 显示成图像块形式，如图 3-4 (a) 是高分辨率字典，每个图像块 (大小为 6×6) 表示一个字典原子。对于低分辨率字典，滤波次数 $P=4$，如式 (3-2)，故低分辨率的字典矩阵是 4 层滤波特征串联，即 (36×4)×1024，如图 3-4 (b) 所示，为便于观察比较，取第 1 层特征字典显示，如图 3-4 (c) 所示。

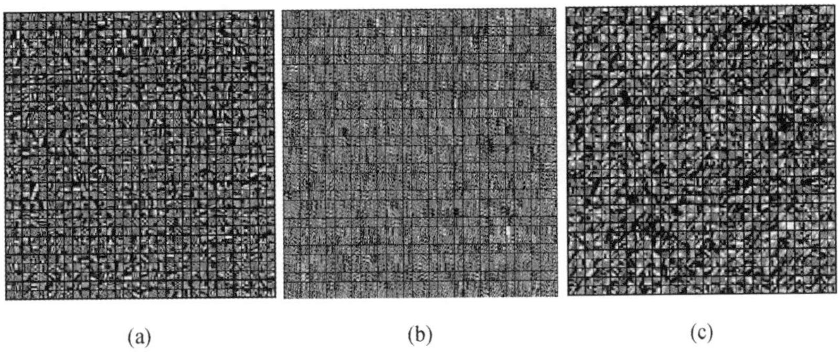

图 3-4 离线高/低分辨率字典学习结果

(a) 高分辨率字典 $\boldsymbol{D}_{\mathrm{h}}$；(b) 低分辨率字典 $\boldsymbol{D}_{\mathrm{l}}$ ($R=4$)；(c) 低分辨率字典 $\boldsymbol{D}_{\mathrm{l}}$ (第 1 层)。

3.2.3.4 超分辨率重建算法

在重建阶段，待重建图像的初始估计 $\boldsymbol{X}_{\mathrm{l}}$ 采用插值方法得到。当求得待重建图像块的稀疏表示 α^k，将其与高分辨率字典 $\boldsymbol{D}_{\mathrm{h}}$ 进行线性组合，由式 (3-6) 可以求得近似高分辨率图像块 $\{\boldsymbol{x}^k\}_k=\{\boldsymbol{D}_{\mathrm{h}}\alpha^k\}_k$。由于图像块是重叠的，为保证求得的图像块 $\{\boldsymbol{x}^k\}_k$ 与重建图像的图像块更接近，在式 (3-4) 的全局约束优化的基础上，增加局部图像块稀疏重建保真度下误差最小项，图像重建目标函数如下：

$$\boldsymbol{X}^* = \arg\min_{\boldsymbol{X}^*} \lambda \|\boldsymbol{X}^* - \boldsymbol{X}_{\mathrm{l}}\|_2^2 + \{\|\boldsymbol{R}_k\boldsymbol{X}^* - \boldsymbol{D}_{\mathrm{h}}\alpha^k\|_2^2\}_k \tag{3-24}$$

式中：$\boldsymbol{R}_k$ 表示提取图像的第 k 个图像块；第一项全局约束是为了使重建图像与初始估计在整体上保持一致，第二项局部约束是保证在稀疏表示下的各个重叠图像块保持一致。

这是二次项优化问题，其最小二乘解析解为

$$\boldsymbol{X}^* = \boldsymbol{X}_{\mathrm{l}} + [\{\boldsymbol{R}_k^{\mathrm{T}}\boldsymbol{R}_k\}_k]^{-1}\{\boldsymbol{R}_k^{\mathrm{T}}\boldsymbol{x}^k\}_k \tag{3-25}$$

根据以上分析，稀疏域单幅图像 (sparse domain single image, SDSI) 超分辨率重建数值求解算法描述如表 3-2 所列。

表 3-2 稀疏域图像超分辨率重建算法

输入：高分辨率字典 $\boldsymbol{D}_h$，低分辨率字典 $\boldsymbol{D}_l$，待重建的输入图像 $\boldsymbol{Y}$； 输出：重建的图像 $\boldsymbol{X}^*$。

初始化：图像块数量 N，图像块大小 n，初始估计 $\boldsymbol{X}_l$（通过对 $\boldsymbol{Y}$ 进行插值操作获得）。
步骤 1. 对 $\boldsymbol{X}_l$ 进行 R 次滤波（与样本准备阶段相同），得到（$f_k * \boldsymbol{X}_l$）。
步骤 2. 从左上角开始，设定重叠区域，对 R 个图像 $f_k * \boldsymbol{X}_l$ 逐一提取相同位置大小为 $\sqrt{n}\times\sqrt{n}$ 的图像块，并将同一位置的图像块进行串联组成一个向量，得到待重建的图像块集 $\{\hat{\boldsymbol{x}}_l^k\}_k \in \mathbb{R}^{nR}$。
步骤 3. 对 $\hat{\boldsymbol{x}}_l^k$ 逐一进行 PCA 降维操作（与样本准备阶段相同），得到 $\boldsymbol{x}_l^k = B\hat{\boldsymbol{x}}_l^k$；
for $i=1$ to N do
（1）对每个 $\boldsymbol{x}_l^k$ 由式（3-8）利用 OMP 算法进行稀疏编码，得到稀疏表示系数 α^k；
（2）由 α^k 和 $\boldsymbol{D}_h$ 根据式（3-6）求得近似的高分辨率图像块 $\boldsymbol{x}^k$；
（3）根据 $\boldsymbol{X}_l$ 及 $\boldsymbol{x}^k$，利用式（3-25）对 $\boldsymbol{X}^*$ 进行更新；
end for
步骤 4. 求得最终结果 $\boldsymbol{X}^*$。

3.2.4 实验结果与分析

为了验证本节所提出 SDSI 的有效性，采用多种类型的标准测试图像、机载红外侦察图像和偏振图像等数据进行仿真实验，并与传统双三次插值方法（简称 Bicubic）以及相似的 Yang 等[7]的方法（简称 Yang）和 Zeyde 等[18]的方法（简称 Zeyde）进行比较分析。

图 3-5（a）～（f）是一组测试图像，其中图（a）、图（b）和图（c）是标准图像，图（d）是伪装目标的偏振图像，图（e）是跑道炸点红外侦察图像，图（f）是机场可见光图像。对于实验所需的低分辨率图像通过对高分辨率图像分别进行水平方向和垂直方向的平移、下采样和添加高斯白噪声退化生成。另外，还将对主要参数进行实验分析。

主观上主要从视觉效果、轮廓边缘和图像细节信息等方面，客观上主要以均方根误差（RMSE）和峰值信噪比（PSNR）等评价标准进行比较。RMSE 和 PSNR 分别定义如下：

$$\text{RMSE} = \sqrt{\left[\sum(\boldsymbol{x}_i - \boldsymbol{x}_i^*)^2\right]/(m\times n)} \tag{3-26a}$$

$$\text{PSNR} = 10\lg\left[\frac{255^2\times m\times n}{\sum(\boldsymbol{x}_i - \boldsymbol{x}_i^*)^2}\right] \tag{3-26b}$$

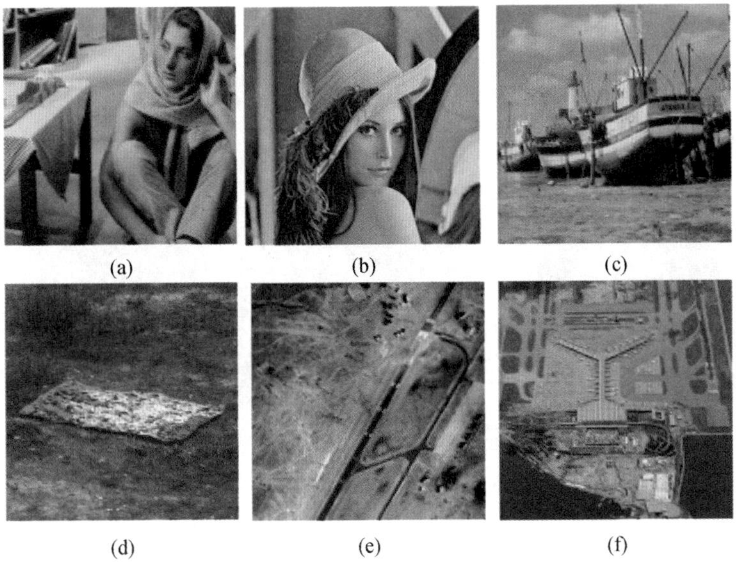

图 3-5 测试图像

(a) Barbara 图像；(b) Lena 图像；(c) Boat 图像；(d) Camouflage 图像；
(e) Runway 图像；(f) Airdrome 图像。

式中：$\boldsymbol{x}_i$、$\boldsymbol{x}_i^*$ 分别为大小为 $m\times n$ 的原始高分辨率图像块和超分辨率重建图像块。

实验环境为普通个人计算机，基本配置为：Intel（R）Core（TM）i7-6700HQ 2.6GHz，8.0G RAM，Windows 7 SP1＋Matlab 8.4.0（R2014b）。

3.2.4.1 主要参数实验与分析

1. 字典大小与样本数量

在过完备冗余系统下，为了能够表达图像的边缘、轮廓、角点和纹理等多种结构，基函数的数量和结构类型应该足够多，也就是字典原子数量（称为字典大小）应该能够表达图像的多种结构信息。从理论上说，在信号稀疏逼近或高度非线性逼近过程中，字典构成没有任何限制，但在实际应用中必须考虑算法运行效率，很显然，字典越大，稀疏编码所耗费时间越长。图 3-6 是 Lena 图像在不同字典大小（K）下进行典型的 3 倍率超分辨率重建的比较结果。

可以看出，在一定字典大小范围内，重建效果并不随字典大小的增加而显著增加，在字典大小为 512 时，重建的视觉效果如左下方的帽檐和面部平滑区域，以及其 PSNR 值都达到了较好的效果。字典原子数目太大或太小，其性能都不是最优的。为此，在字典学习的过程中，通过对图像块进行滤波预处理，去除结构信息不丰富的学习样本，可以采用合适大小的字典在保持其表达能力的同时能够有效减少字典学习时间，而小的字典又能够减少后续的图像重建时间。

图 3-6　字典大小对重建结果的影响

（a）$K=256$，PSIN=25.68dB；（b）$K=512$，PSNR=25.86dB；
（c）$K=1024$，PSNR=25.87dB。

图 3-7 是 Lena 图像在不同样本数量下进行典型的 3 倍率超分辨率重建的性能（PSNR）比较结果，字典大小为 512。可以看出，在 20000～160000 的样本数量变化区间内，重建性能差别不是很大，最高值与最低值之间仅差别 0.014dB，并且并不是样本数量越多，重建性能越好。事实上，样本太少，字典不足以表达丰富的图像结构信息，而样本太多，非常相似的原子或者信息不丰富的原子就多，不利于图像的表达，此时字典训练时间却增加迅速，图中样本数量在 20000 时的字典学习时间大约是 1000s，而在 160000 时的时间近 7h。图中可以看出，样本数量在 80000～100000 之间性能最好。

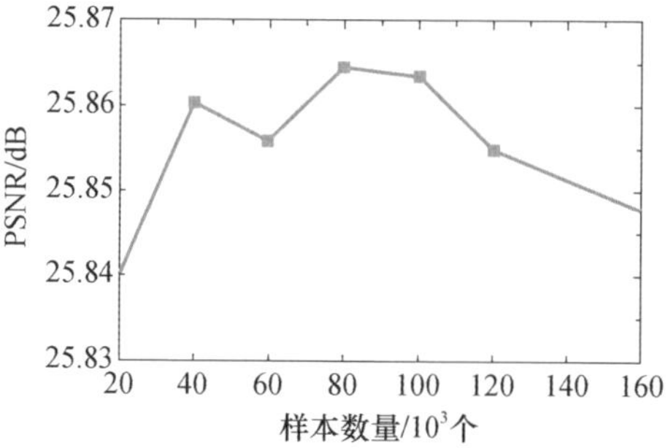

图 3-7　样本数量对重建结果的影响

2. 图像块大小与重叠区域

对于利用样本学习进行超分辨率重建的方法来说，由于需要重建的丢失的图像信息是从样本中学习得到，而样本大小影响其包含的图像结构信息，进而影响重建性能。图 3-8 是 Lena 图像在不同图像块尺寸下的 3 倍重建结果。

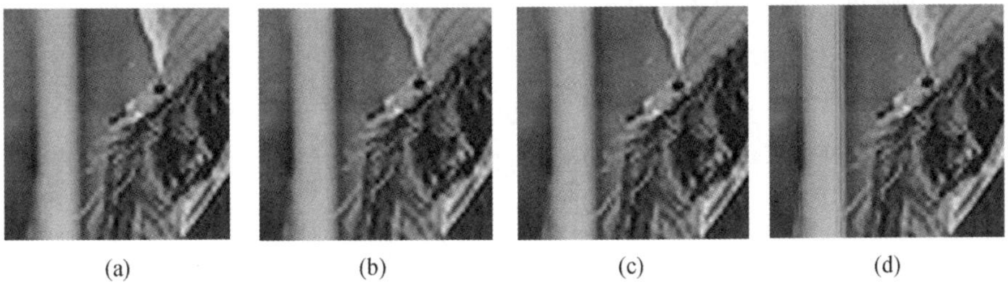

图 3-8　图像块尺寸对重建结果的影响

(a) 3×3，PSNR=25.68；(b) 5×5，PSNR=25.85；(c) 7×7，PSNR=25.78；
(d) 9×9，PSNR=25.48。

可以看出，样本块太小，重建结果可能出现视觉伪影，如图 3-8（a）中柱子的边缘和右下角的帽檐等；样本块太大，图像的轮廓结构等信息能够较好地恢复，但是图像的细节信息不容易重建，边缘结构上可能出现锯齿效应或条状伪影等，如图 3-8（d）中沿柱子边缘的竖状伪影比较明显。可以看出，在图像尺寸为 5×5 或 7×7 时，重建的主客观结果达到较好的平衡。

与图像块尺寸紧密联系的另一参数是重叠区域大小。事实上，本节算法的重建阶段就是对重叠区域增加一致性约束。为消除伪影，重建过程必须在部分重叠下逐一进行，图 3-8 的重建结果是在相同大小的重叠区域下（重叠 2 个像素）获得的，图 3-9 是 Lena 图像在不同重叠区域下的重建结果。为便于比较，图像块尺寸设置稍大，为 7×7，图中同时给出了插值结果，以方便参考重建结果。

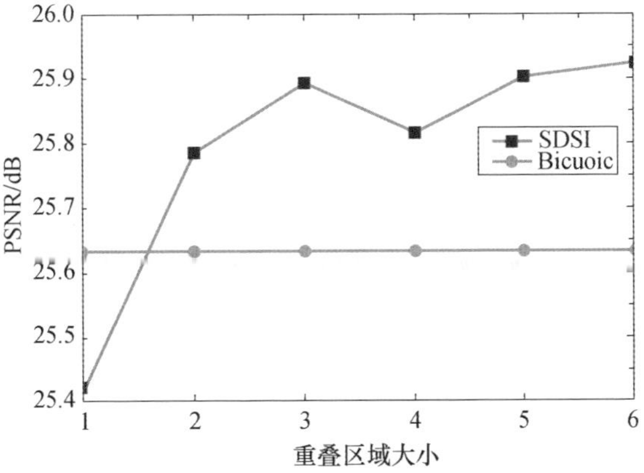

图 3-9　重叠区域大小对重建结果的影响

可以看出，PSNR 值随着重叠区域的增加而增加，当重叠区域超过图像块尺寸一半的时候，增加就比较缓慢，重叠区域越大，需要重建的图像块越多，重建速度也随着变慢。在实际算法中，为平衡重建效果与运行时间，通常在图像块较小时取比图像块少一个像素的重叠区域，图像块较大时取大于或等于图像块尺寸一半（上取整）的重叠区域进行重建。

3.2.4.2 超分辨率重建结果与分析

图 3-10 是 Barbara 图像的 3 倍超分辨率重建的局部结果比较。

(a) (b) (c) (d) (e)

图 3-10 Barbara 图像的 3 倍超分重建的局部结果比较

（a）原始图像；（b）Bicubic；（c）Yang；（d）Zeyde；（e）SDSI。

图 3-11 是 Lena 图像的 2 倍超分辨率重建的局部结果比较。字典训练样本为 100000，字典大小为 512，图像块大小为 5×5，重叠区域是 3 个像素。

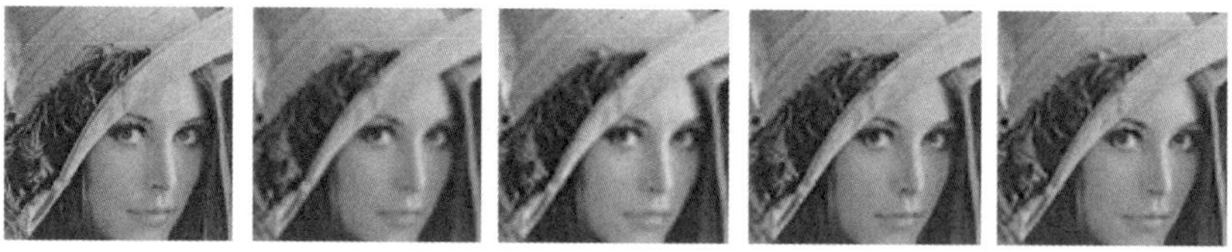

(a) (b) (c) (d) (e)

图 3-11 Lena 图像的 2 倍超分辨率重建的局部结果比较

（a）原始图像；（b）Bicubic；（c）Yang；（d）Zeyde；（e）SDSI。

可以看出，SDSI 方法能够更好地保持图像的大尺度边缘和轮廓结构，如台布边缘及桌腿、帽檐，其边缘的锯齿效应明显减少；通过对局部结果的观察不难发现，无论是台布的花纹、人脸五官，还是头发及帽檐等，纹理等小尺度细节内容都保持比较完整，更加接近于原始图像。

为进一步评价本节方法，客观上主要从 PSNR 和 RMSE 等评价标准进行比较。表 3-3 是不同算法的客观评价结果，表中 Barbara、Lena 和 Boat 图像是 3 倍、其他图像是 2 倍重建。由表 3-3 中数据可以看出，本节方法在大部分图像中评价指标值都好于比较算法，从而验证了本节所提方法的有效性。

表 3-3 各算法重建的客观评价结果比较

图像	评价指标	Bicubic	Yang	Zeyde	SDSI
Barbara	PSNR/dB	22.14	22.56	22.78	**23.38**
	RMSE	19.79	19.18	18.50	**17.83**
Lena	PSNR/dB	26.93	27.45	27.02	**27.72**
	RMSE	12.35	11.19	11.36	**10.77**
Boat	PSNR/dB	24.11	**24.62**	24.20	24.57
	RMSE	15.90	**14.88**	15.73	14.97
Camouflage	PSNR/dB	26.21	26.46	26.37	**26.89**
	RMSE	12.42	12.13	12.07	**11.80**
Runway	PSNR/dB	23.67	24.21	24.00	**24.61**
	RMSE	17.78	17.16	17.38	**16.92**
Airdrome	PSNR/dB	23.96	24.18	**24.44**	24.36
	RMSE	17.39	17.02	**16.60**	16.64

3.2.4.3 不同噪声强度下的重建结果

大部分图像超分辨率重建方法是在假设输入图像无噪声的情况下进行的，对于噪声（或者是稀疏表示残差），通常采取先去噪再进行超分辨率重建。但是这样的假设与实际情况并不完全相符，输入图像或多或少会受到噪声污染，而此时这样的重建效果将与去噪方法有很大关系，并且去噪所引起的误差将在随后的超分辨率重建中继续保持甚至放大，文献［36］对这一问题进行了研究，并取得了较好效果。

由 3.1.2 节的重建模型可知，本节方法在进行超分辨率重建的同时对噪声能进行有效抑制。为比较本节方法对噪声的鲁棒性，分别对图像添加不同强度的零均值高斯白噪声（方差分别取 0.002、0.006、0.01、0.014、0.018），并进行下采样，得到低分辨率图像，然后进行 3 倍超分辨率重建实验，实验参数设置同图 3-11，结果如图 3-12 和图 3-13 所示。

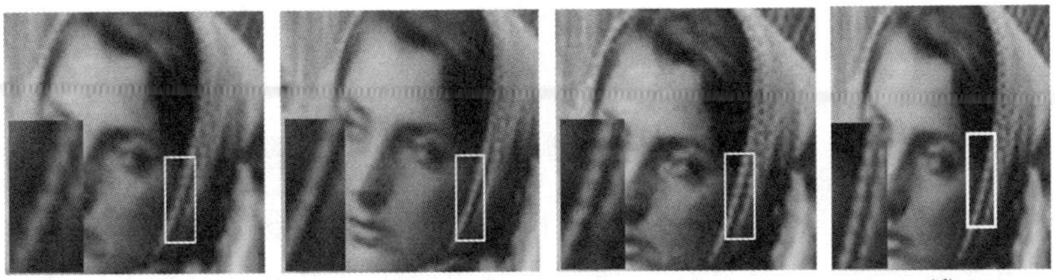

(a) (b) (c) (d)

图 3-12 噪声方差为 0.002 时，Barbara 图像重建结果比较

(a) Bicubic 方法；(b) Yang 方法；(c) Zeyde 方法；(d) SDSI 方法。

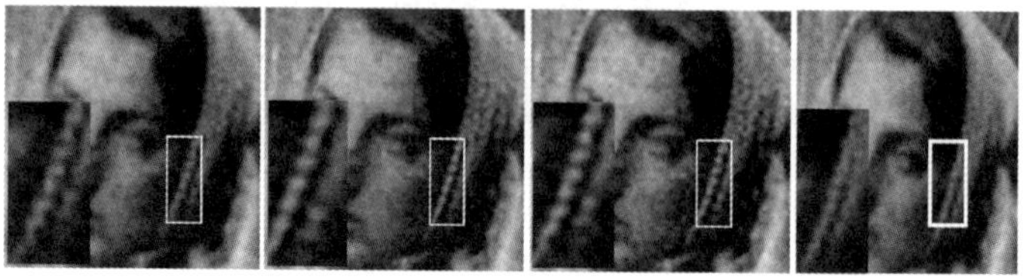

(a) (b) (c) (d)

图 3-13 噪声方差为 0.01 时，Barbara 图像重建结果比较

(a) Bicubic 方法；(b) Yang 方法；(c) Zeyde 方法；(d) SDSI 方法。

可以看出，在两种不同强度噪声下，使用 SDSI 方法重建后人脸五官特征和围巾花纹及边缘更加清楚；Yang 和 Zeyde 方法虽然更加光滑，但是纹理结构损失较多，过于平滑的结果是使细节丢失，如围巾本来的纹路被平滑模糊掉了。

图 3-14 给出了 Barbara 图像在 2 倍超分辨率重建下，不同算法的 PSNR 值随噪声强度增加的重建对比结果。由对比曲线可以看出，在不同噪声强度下，SDSI 方法的 PSNR 值高于传统插值方法和同类的对比算法，尤其是在中等噪声强度下（图中的 0.003～0.01 范围内），PSNR 值有较为明显的改善。图中 SDSI 方法的 PSNR 平均值分别比 Bicubic 方法、Yang 方法和 Zeyde 方法提高 0.86dB、0.66dB 和 0.34dB。

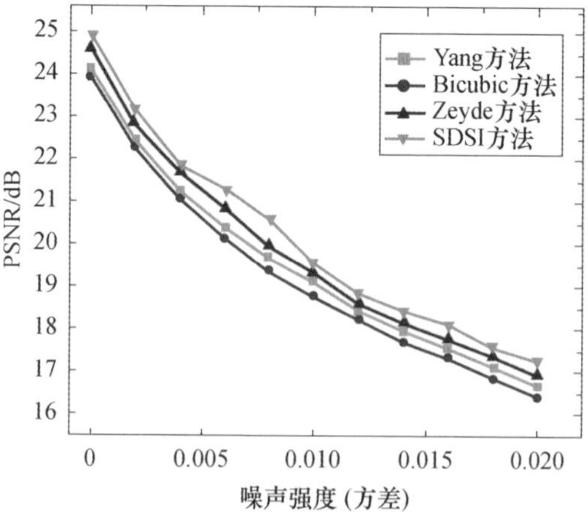

图 3-14 不同噪声强度下 PSNR 对比曲线

图 3-15 给出了 Barbara 图像在 2 倍超分辨率重建下，不同算法的 RMSE 值随噪声强度增加的重建结果对比。由对比曲线可以看出，在不同的噪声强度下，SDSI 方法的 RMSE 值同样低于插值方法和同类的对比算法，尤其是随着噪声强度增加，本节方法重建误差的增加明显慢于比较对象，并且受噪声

扰动较小。图中 SDSI 方法的 RMSE 平均值分别比 Bicubic 方法、Yang 方法和 Zeyde 方法减少 2.97dB、2.42dB 和 1.86dB。

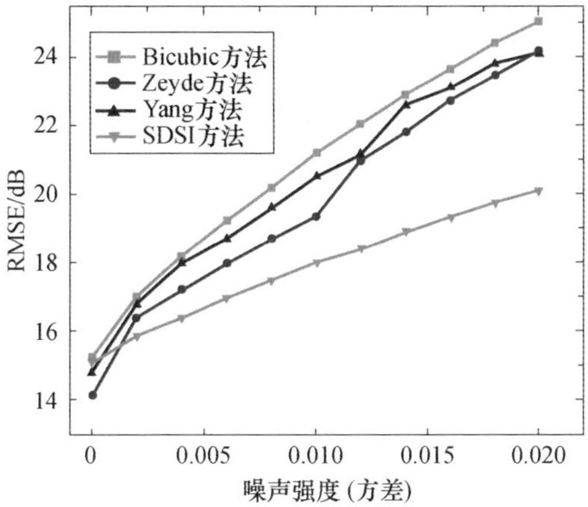

图 3-15 不同噪声强度下 RMSE 对比曲线

从以上仿真数据的重建实验结果可以看出，本节所提 SDSI 方法不仅取得了较好的主观视觉效果，而且客观评价指标也同样验证了其有效性，同时算法具有较强的鲁棒性。

为进一步验证所提模型和算法的有效性，采用实际采集的偏振图像进行超分辨率实验验证。图 3-16 是在室内仿真环境下利用偏振成像设备从正上方垂直采集的草丛中的静止车辆缩比模型图像（部分）。

(a) (b) (c) (d)

图 3-16 缩比模型的偏振图像重建结果

（a）车辆模型偏振图像；（b）Bicubic 方法；（c）Yang 方法；（d）SDSI 方法。

受目标距离及成像设备所限，图像分辨率较小，图 3-16（a）的图像尺寸为 128×128。图 3-16（b）～（d）是 3 倍率超分辨率重建的局部比较结果，可以看出，无论是背景杂草还是模型轮廓以及发动机盖上的字母，所提方法都具有更好的视觉效果。

3.3 基于图像块稀疏结构相似度邻域约束的超分辨率重建

超分辨率重建的难点是高频细节信息，主要存在于图像边缘轮廓和纹理结构上，而在图像的平滑区域采用插值类方法就已经足够[14]，因此，如何在高频部分寻找能够与输入图像块最佳匹配的 LR 图像块，从而预测对应的 HR 图像块，又避免过拟合现象成为提高 SR 效果的关键。用于图像质量评价的结构相似度（structural similarity，SSIM）[37]描述了两个图像（块）间的结构信息保持程度，李志清等[38]将 SSIM 引入稀疏编码模型，将其作为图像结构信息保持约束项，使得重构图像块尽量保持原图像块中的结构信息，显著提高了结构信息保持程度；杨春玲等[39]在小波域实现 SSIM 图像质量评价。在基于稀疏表示的图像超分辨率重建中，利用图像的稀疏性作为先验假设，但是没有考虑其结构特性，而不同结构的图像块稀疏表示系数分布特性是不同的[40]。

受基于结构相似度的稀疏编码[38]和小波域 SSIM 图像质量评价[39]启发，本节提出基于图像块稀疏结构相似度邻域选择的超分辨率重建方法。首先进行图像预处理，去除结构特征不丰富的图像块，用样本图像建立 HR/LR 图像块对模型，并利用这些样本块对进行 HR/LR 双字典学习，同时得到 LR 图像块的稀疏表示系数；其次对输入的待重建图像进行插值并逐一取图像块，在 LR 字典下进行稀疏编码；再次计算待重建图像块与 LR 样本图像块的稀疏编码的结构相似度，以最大相似值对应的 HR 图像块作为待重建图像块的估计，或者利用多个 HR 进行加权逼近估计以增加鲁棒性；最后以此估计值、稀疏线性组合以及下采样逼近作为误差约束项，建立 SR 重建优化问题模型，通过模型求解得到重建结果。其中，样本对模型建立、字典训练以及样本稀疏编码离线完成，以提高算法运算效率。

3.3.1 HR/LR 样本模型及双字典学习

3.3.1.1 HR/LR 样本图像块模型

在基于样本学习的超分辨率重建方法中，为了使样本模型能够最大限度地包含图像多种结构信息，通常需要大的样本集。这样一方面会增加邻域搜索时间，另一方面结构信息不丰富的样本对于重建图像高频信息帮助不大。

为此，根据如下图像退化模型对样本图像进行预处理：

$$\boldsymbol{S}_{\mathrm{l}} = \boldsymbol{MHS}_{\mathrm{h}} + \boldsymbol{v} \tag{3-27}$$

式中：$\boldsymbol{M}$、$\boldsymbol{H}$ 为图像降质算子，分别表示下采样和模糊操作；$\boldsymbol{v}$ 为加性高斯白噪声。

首先将选择的 HR 样本图像 $\boldsymbol{S}_{\mathrm{h}}$ 根据 SR 倍率进行下采样、加高斯模糊和噪声；然后插值生成对应的 LR 图像 $\boldsymbol{S}_{\mathrm{l}}$，对 $\boldsymbol{S}_{\mathrm{h}}$ 和 $\boldsymbol{S}_{\mathrm{l}}$ 逐行提取相同位置大小为 $\sqrt{n}\times\sqrt{n}$ 的图像块 $\boldsymbol{s}_{\mathrm{h}}^{i}$ 和 $\boldsymbol{s}_{\mathrm{l}}^{i}$，计算 $\boldsymbol{s}_{\mathrm{h}}^{i}$ 的亮度变化值 $\mathrm{var}(\boldsymbol{s}_{\mathrm{h}}^{i})$，取亮度变化大于阈值 Δ 的图像块，即 $\mathrm{var}(\boldsymbol{s}_{\mathrm{h}}^{i}) > \Delta$，以排除过于平滑、结构信息不丰富的样本图像块；最后选取与 $\boldsymbol{s}_{\mathrm{h}}^{i}$ 对应的低分辨率的图像块 s_{l}^{i} 即可。这样就得到了用于字典训练及预测估计的 HR/LR 样本图像块对（patch pairs）集合 $\{(\boldsymbol{s}_{\mathrm{h}}^{i},\boldsymbol{s}_{\mathrm{l}}^{i})\}_{i=1}^{M}$。

3.3.1.2 离线双字典学习

为了能够对图像形成稀疏表示，并使 HR/LR 图像块对在稀疏结构上具有强一致性，采用具有双误差约束项的紧耦合双字典学习方法[14]，并进行改进，在学习字典的同时，得到 LR 样本 $\boldsymbol{s}_{\mathrm{l}}^{i}$ 的稀疏表示系数。

对于样本对集合 $\{(\boldsymbol{s}_{\mathrm{h}}^{i},\boldsymbol{s}_{\mathrm{l}}^{i})\}_{i=1}^{M}$，耦合双字典学习问题目标函数如下：

$$\begin{gathered}\min_{D_{\mathrm{h}},D_{\mathrm{l}}} \frac{1}{M}\sum_{i=1}^{M} L(\boldsymbol{D}_{\mathrm{h}},\boldsymbol{D}_{\mathrm{l}},\boldsymbol{s}_{\mathrm{h}}^{i},\boldsymbol{s}_{\mathrm{l}}^{i}) \\ \mathrm{s.t.}\ \alpha^{i} = \arg\min_{\alpha} \|\boldsymbol{s}_{\mathrm{l}}^{i} - \boldsymbol{D}_{\mathrm{l}}\alpha\|_2^2 + \lambda\|\alpha\|_1 \\ \|\boldsymbol{D}_{\mathrm{h}}(:,k)\|_2 \leqslant 1, \|\boldsymbol{D}_{\mathrm{l}}(:,k)\|_2 \leqslant 1, k = 1,2,\cdots,K\end{gathered} \tag{3-28}$$

其中的损失函数 $L(\boldsymbol{D}_{\mathrm{h}},\boldsymbol{D}_{\mathrm{l}},\boldsymbol{s}_{\mathrm{h}},\boldsymbol{s}_{\mathrm{l}})$ 在两个样本空间具有双重误差约束

$$L(\boldsymbol{D}_{\mathrm{h}},\boldsymbol{D}_{\mathrm{l}},\boldsymbol{s}_{\mathrm{h}}^{i},\boldsymbol{s}_{\mathrm{l}}^{i}) = \frac{1}{2}[\gamma\|\boldsymbol{D}_{\mathrm{h}}\alpha^{i} - \boldsymbol{s}_{\mathrm{h}}^{i}\|_2^2 + (1-\gamma)\|\boldsymbol{D}_{\mathrm{l}}\alpha^{i} - \boldsymbol{s}_{\mathrm{l}}^{i}\|_2^2] \tag{3-29}$$

式中：$\gamma(0<\gamma\leqslant 1)$ 用以平衡两个误差项。对于高度非线性非凸优化问题式（3-28），采用 $\boldsymbol{D}_{\mathrm{h}}$ 和 $\boldsymbol{D}_{\mathrm{l}}$ 交替更新策略，也就是求解其中一个时，假设另一个已经更新完毕。当求解 $\boldsymbol{D}_{\mathrm{h}}$ 时固定 $\boldsymbol{D}_{\mathrm{l}}$，根据式（3-28），求解 $\boldsymbol{D}_{\mathrm{h}}$ 的目标函数如下：

$$\begin{gathered}\min_{\boldsymbol{D}_{\mathrm{h}}}\sum_{i=1}^{M}\frac{1}{2}\|\boldsymbol{D}_{\mathrm{h}}\alpha^{i} - s_{\mathrm{h}}^{i}\|_2^2 \\ \mathrm{s.t.}\ \alpha^{i} = \arg\min_{\alpha}\|\boldsymbol{s}_{\mathrm{l}}^{i} - \boldsymbol{D}_{\mathrm{l}}\alpha\|_2^2 + \lambda\|\alpha\|_1, \|\boldsymbol{D}_{\mathrm{h}}(:,k)\|_2 \leqslant 1; k = 1,2,\cdots,K\end{gathered} \tag{3-30}$$

这是二次约束的二次规划问题，可以采用共轭梯度下降法[41]进行求解，同时，记录 $\boldsymbol{s}_{\mathrm{l}}^{i}$ 的稀疏表示系数 α^{i}，并组成系数矩阵 $\mathbf{A}=[\alpha^{1},\alpha^{2},\cdots,\alpha^{M}]$。然

后固定$\boldsymbol{D}_{\mathrm{h}}$，交替求解$\boldsymbol{D}_{\mathrm{l}}$。首先在$M$次循环中，计算损失函数式（3-29）的梯度方向

$$\begin{aligned}\boldsymbol{\alpha}^{*} &= \frac{\partial L}{\partial \boldsymbol{D}_{\mathrm{l}}} = \frac{\partial L[\boldsymbol{D}_{\mathrm{h}}^{(n)},\boldsymbol{D}_{\mathrm{l}}^{(n)},\boldsymbol{s}_{\mathrm{h}}^{i},\boldsymbol{s}_{\mathrm{l}}^{i}]}{\partial \boldsymbol{D}_{\mathrm{l}}} \\ &= \frac{1}{2}\left\{\sum_{j\in\Omega}\frac{\partial[\gamma R_{\mathrm{h}}+(1-\gamma)R_{\mathrm{l}}]}{\partial \alpha_j}\frac{\mathrm{d}z_j}{\mathrm{d}\boldsymbol{D}_{\mathrm{l}}}+(1-\gamma)\frac{\mathrm{d}R_{\mathrm{l}}}{\mathrm{d}\boldsymbol{D}_{\mathrm{l}}}\right\}\end{aligned} \tag{3-31}$$

式中：$R_{\mathrm{h}}=\|\boldsymbol{D}_{\mathrm{h}}\alpha-s_{\mathrm{h}}\|_2^2$；$R_{\mathrm{l}}=\|\boldsymbol{D}_{\mathrm{l}}\alpha-\boldsymbol{s}_{\mathrm{l}}\|_2^2$；$\alpha_j$ 为 α 的第 j 个元素；Ω 为 j 的索引集，$\Omega=\{j\,\|\,\alpha_j\,|>0^+\}$。$\boldsymbol{D}_{\mathrm{l}}$ 由 $\boldsymbol{\alpha}^*$ 更新，$\boldsymbol{D}_{\mathrm{l}}^{(n)}=\boldsymbol{D}_{\mathrm{l}}^{(n)}-\eta(t)\cdot\boldsymbol{\alpha}^*$，此过程循环$M$次结束后，令$\boldsymbol{D}_{\mathrm{l}}^{(n+1)}=\boldsymbol{D}_{\mathrm{l}}^{(n)}$，然后$\boldsymbol{D}_{\mathrm{h}}^{(n+1)}$根据式（3-30）由$\boldsymbol{D}_{\mathrm{l}}^{(n+1)}$更新，最终的HR/LR双字典为$\boldsymbol{D}_{\mathrm{h}}^{(n)}$和$\boldsymbol{D}_{\mathrm{l}}^{(n)}$，并同时得到样本的表示系数矩阵$\boldsymbol{A}$，算法描述如表3-4所列。

表 3-4　耦合双字典学习算法

输入：HR/LR 样本集合 $\{(\boldsymbol{s}_{\mathrm{h}}^{i},\boldsymbol{s}_{\mathrm{l}}^{i})\}_{i=1}^{M}$；

输出：双字典$\boldsymbol{D}_{\mathrm{h}}^{(n)}$和$\boldsymbol{D}_{\mathrm{l}}^{(n)}$，以及系数矩阵$\boldsymbol{A}$。

初始化：循环变量 $n=0$，$t=1$，初始字典$\boldsymbol{D}_{\mathrm{h}}^{(0)}$和$\boldsymbol{D}_{\mathrm{l}}^{(0)}$以及字典大小 $K=1024$。

步骤 1. 外循环。

步骤 2. 内循环：

　步骤 2.1　for $i=1,2,\cdots,M$ do；

　步骤 2.2　由式（3-31）计算 $\boldsymbol{\alpha}^*$；

　步骤 2.3　更新$\boldsymbol{D}_{\mathrm{l}}^{(n)}=\boldsymbol{D}_{\mathrm{l}}^{(n)}-\eta(t)\cdot\boldsymbol{\alpha}^*$；

　步骤 2.4　对$\boldsymbol{D}_{\mathrm{l}}^{(n)}$每列进行规范化；

　步骤 2.5　$t=t+1$；

　步骤 2.6　end for。

步骤 3. 更新$\boldsymbol{D}_{\mathrm{l}}^{(n+1)}=\boldsymbol{D}_{\mathrm{l}}^{(n)}$。

步骤 4. 固定$\boldsymbol{D}_{\mathrm{l}}^{(n+1)}$，根据式（3-30）更新$\boldsymbol{D}_{\mathrm{h}}^{(n+1)}$。

步骤 5. 更新 $\boldsymbol{A}=[\alpha^1,\alpha^2,\cdots,\alpha^M]$。

步骤 6. $n=n+1$。

步骤 7. 外循环收敛。

在该算法中，初始字典有多种选择，可以采用DCT，或直接利用样本块组成随机矩阵。内循环的$\eta(t)$是随机梯度下降的步长，以$1/t$的速率收缩；对$\boldsymbol{D}_{\mathrm{l}}^{(n)}$每列进行$\ell_2$范数规范化投影处理，以满足对字典的规范化约束需要。

3.3.2 稀疏结构相似度邻域逼近

3.3.2.1 SSIM

图像的 SSIM[37] 描述了两个图像（块）间的结构相似程度，它给超分辨率重建在边缘轮廓和纹理结构等高频信息的图像块匹配预测提供了良好的近邻选择准则，考虑图像块的稀疏编码结构特性，本节在过完备稀疏域利用它进行 HR 图像块的预测，从而进行超分辨率重建。

令 $\boldsymbol{x}$ 和 $\boldsymbol{y}$ 分别表示原始图像块和降质图像块，μ_x 和 μ_y 表示其均值，σ_x 和 σ_y 表示其标准差，σ_{xy} 表示 $\boldsymbol{x}$ 和 $\boldsymbol{y}$ 的协方差，SSIM 包括亮度信息 l、对比度信息 c 和结构信息 s，分别定义如下：

$$l(\boldsymbol{x},\boldsymbol{y}) = (2\mu_x\mu_y + C_1)/(\mu_x^2 + \mu_y^2 + C_1) \tag{3-32}$$

$$c(\boldsymbol{x},\boldsymbol{y}) = (2\sigma_x\sigma_y + C_2)/(\sigma_x^2 + \sigma_y^2 + C_2) \tag{3-33}$$

$$s(\boldsymbol{x},\boldsymbol{y}) = (\sigma_{xy} + C_3)/(\sigma_x\sigma_y + C_3) \tag{3-34}$$

式中：C_1、C_2 和 C_3 是为避免分母为零而设的正的小常数，$0<C_1$，C_2，$C_3\ll 1$。

$\boldsymbol{x}$ 和 $\boldsymbol{y}$ 的 SSIM 定义为

$$\mathrm{SSIM}(\boldsymbol{x},\boldsymbol{y}) = [l(\boldsymbol{x},\boldsymbol{y})]^{\beta_1}\,[c(\boldsymbol{x},\boldsymbol{y})]^{\beta_2}\,[s(\boldsymbol{x},\boldsymbol{y})]^{\beta_3} \tag{3-35}$$

式中：β_1、β_2 和 β_3 均大于零，用以调整三部分权值，可以同时取值 1。

令 $C_3=C_2/2$，则式（3-35）变为

$$\mathrm{SSIM}(\boldsymbol{x},\boldsymbol{y}) = \frac{(2\mu_x\mu_y + C_1)(2\sigma_{xy} + C_2)}{(\mu_x^2 + \mu_y^2 + C_1)(\sigma_x^2 + \sigma_y^2 + C_2)} \tag{3-36}$$

3.3.2.2 稀疏 SSIM 邻域逼近

为了得到图像块的稀疏 S-SSIM，首先要计算图像块的稀疏表示系数。在 3.2.1 节中已经得到 HR/LR 样本图像块 $\{(\boldsymbol{s}_h^i,\boldsymbol{s}_l^i)\}_{i=1}^M$ 的同构稀疏表示系数矩阵 $\boldsymbol{A}=[\alpha^1, \alpha^2, \cdots, \alpha^M]$。对于待重建 LR 图像块 $\boldsymbol{y}$，稀疏表示系数通过下式求解：

$$\alpha_{\boldsymbol{y}} = \arg\min_{\alpha} \|\boldsymbol{y} - \boldsymbol{D}_l\alpha\|_2^2 + \lambda\|\alpha\|_1 \tag{3-37}$$

为保证稀疏程度一致，减小 S-SSIM 计算误差，在求解此式过程中，参数设置与式（3-31）的稀疏编码过程保持一致。当得到 α_y，以 $\boldsymbol{A}=[\alpha^1, \alpha^2, \cdots, \alpha^M]$ 中的 α^i 和 α_y 分别取代式（3-36）中的 $\boldsymbol{x}$ 和 $\boldsymbol{y}$，计算得到其 S-SSIM 值，并进行降序排序，记为（$\phi^1, \phi^2, \cdots, \phi^M$）。由此，取前 J 个 S-SSIM 值 ϕ^j 所对应的 HR 图像块 $\boldsymbol{x}_i^j$ 作为待重建图像块 $\boldsymbol{y}_i$ 的邻域，并定义不同权值 ω_i^j，则 $\boldsymbol{y}_i$

的 HR 图像块 $\boldsymbol{x}_i^*$ 由下式进行逼近估计：

$$\boldsymbol{x}_i^* \approx \sum_{j=1}^{J} \omega_i^j \boldsymbol{x}_i^j \tag{3-38}$$

而权值 ω_i^j 的选择应该使图像的重建误差最小，可以通过求解下面的正则化最小二乘问题得到：

$$\hat{\boldsymbol{\omega}}_i = \arg\min_{\boldsymbol{\omega}_i} \| \boldsymbol{x}_i - \boldsymbol{X\omega}_i \|_2^2 + \gamma \| \boldsymbol{\omega}_i \|_2^2 \tag{3-39}$$

式中：$\boldsymbol{X}=[\boldsymbol{x}_i^1, \boldsymbol{x}_i^2, \cdots, \boldsymbol{x}_i^J]$；$\boldsymbol{\omega}_i=[\boldsymbol{\omega}_i^1, \boldsymbol{\omega}_i^2, \cdots, \boldsymbol{\omega}_i^J]$，$\boldsymbol{x}_i$ 为 $\boldsymbol{y}_i$ 的初始估计（采用双二次插值方法获得）；γ 为正则化参数。

因为 $\boldsymbol{x}_i$ 及其邻域估计都存在误差，正则化项可以提高最小二乘解的稳定性，式（3-39）可以采用共轭梯度法由下式求解：

$$\hat{\boldsymbol{\omega}}_i = (\boldsymbol{X}^{\mathrm{T}}\boldsymbol{X} + \gamma I)^{-1}\boldsymbol{X}^{\mathrm{T}}\boldsymbol{x}_i \tag{3-40}$$

3.3.3 超分辨率重建算法

3.3.3.1 问题模型

当得到待重建图像块 $\boldsymbol{y}_i$ 的 HR 邻域估计值 $\boldsymbol{x}_i^*$ 后，应该使其与待重建图像 $\boldsymbol{Y}$ 的对应位置图像块的逼近误差最小；同时，由于已经得到图像块的稀疏编码，在高分辨率字典 $\boldsymbol{D}_{\mathrm{h}}$ 下，其稀疏线性组合 $\boldsymbol{D}_{\mathrm{h}}\alpha_i$ 重构误差也应该最小；另外，在式（3-27）所示的图像下采样 $\boldsymbol{M}$ 操作下，重建图像也应该尽可能逼近输入图像。将此三项进行综合考虑，求解最终图像 $\boldsymbol{X}$ 的优化目标函数定义如下：

$$\hat{\boldsymbol{X}} = \arg\min_{\boldsymbol{X}} \mu \| \boldsymbol{Y} - \boldsymbol{MX} \|_2^2 + \beta \sum_{i=1}^{N} \| \boldsymbol{D}_{\mathrm{h}}\boldsymbol{\alpha}_i - R_i\boldsymbol{X} \|_2^2 + \rho \sum_{i=1}^{N} \| x_i^* - R_i\boldsymbol{X} \|_2^2 \tag{3-41}$$

式中：R_i 表示提取第 i 个图像块；β、ρ 为约束项因子。

对于式（3-41），可以采用增广拉格朗日乘子法进行求解[42]：

$$L(\boldsymbol{X},\boldsymbol{Z},\mu) = \arg\min_{X} \mu \| \boldsymbol{Y} - \boldsymbol{MX} \|_2^2 + \beta \sum_{i=1}^{N} \| \boldsymbol{D}_{\mathrm{h}}\boldsymbol{\alpha}_i - R_i\boldsymbol{X} \|_2^2 + \rho \sum_{i=1}^{N} \| \boldsymbol{x}_i^* - R_i\boldsymbol{X} \|_2^2 + \langle \boldsymbol{Z}, \boldsymbol{Y} - \boldsymbol{MX} \rangle \tag{3-42}$$

式中：〈·，·〉表示内积；Z 为拉格朗日乘子；μ 为正的尺度参数。

可以采用如下迭代方式进行求解[19]：

$$\boldsymbol{X}^{(l+1)} = \arg\min_{X} L(\boldsymbol{X}, \boldsymbol{Z}^{(l)}, \mu^{(l)}) \tag{3-43}$$

$$\boldsymbol{Z}^{(l+1)}=\boldsymbol{Z}^{(l)}+\mu^{(l)}(\boldsymbol{Y}-\boldsymbol{M}\boldsymbol{X}^{(l+1)}) \tag{3-44}$$

$$\mu^{(l+1)}=\tau\cdot\mu^{(l)} \tag{3-45}$$

式中：τ 为常数，$\tau>1$。

当得到 $\boldsymbol{Z}^{(l)}$ 和 $\mu^{(l)}$ 后，对 $L(\boldsymbol{X},\boldsymbol{Z}^{(l)},\mu^{(l)})$ 求导并使之为零，即 $\partial L(\boldsymbol{X},\boldsymbol{Z}^{(l)},\mu^{(l)})/\partial\boldsymbol{X}=0$，则有

$$\boldsymbol{X}^{(l+1)}=[\mu^{(l)}\boldsymbol{M}^{\mathrm{T}}\boldsymbol{M}+\beta\sum_{i=1}^{N}R_i^{\mathrm{T}}R_i+\rho\sum_{i=1}^{N}R_i^{\mathrm{T}}R_i]^{-1}\cdot$$
$$[\mu^{(l)}\boldsymbol{M}^{\mathrm{T}}\boldsymbol{Y}+\beta\sum_{i=1}^{N}R_i^{\mathrm{T}}R_i(\boldsymbol{D}_h\boldsymbol{\alpha}_i)+\rho\sum_{i=1}^{N}R_i^{\mathrm{T}}R_i\boldsymbol{x}_i^{*}+\boldsymbol{M}^{\mathrm{T}}\boldsymbol{Z}^{(l)}/2] \tag{3-46}$$

当得到 $\boldsymbol{X}^{(l+1)}$ 后，根据式（3-44）和式（3-45）更新 $\boldsymbol{Z}^{(l+1)}$ 和 $\mu^{(l+1)}$，此过程反复迭代直到满足收敛条件，得到最终图像 $\boldsymbol{X}^{*}$。

3.3.3.2 重建算法

根据以上分析，基于图像块稀疏结构相似度邻域约束的超分辨率重建算法具体描述如表 3-5 所列。

表 3-5 SR 重建算法

输入：HR/LR 样本集合 $\{(\boldsymbol{s}_{\mathrm{h}}^{i},\boldsymbol{s}_{\mathrm{l}}^{i})\}_{i=1}^{M}$，双字典 $\boldsymbol{D}_{\mathrm{h}}^{(n)}$ 和 $\boldsymbol{D}_{\mathrm{l}}^{(n)}$，以及系数矩阵 $\boldsymbol{A}$；
输出：重建图像 $\boldsymbol{X}^{*}$。
初始化：设定各参数值，$L>1$，$J>1$，$\gamma>0$，$\beta>0$，$\rho>0$，$\boldsymbol{Z}^{(0)}=\boldsymbol{0}$，$\mu^{(0)}>0$。
步骤 1. 外循环，对输入图像 $\boldsymbol{Y}$ 从左上角开始在部分重叠下逐一取图像块 $\boldsymbol{y}_i(i=1,\cdots,N)$。
步骤 2. 由式（3-37）计算 $\boldsymbol{y}_i$ 的稀疏表示系数 α_y。
步骤 3. 由式（3-36）计算 S-SSIM 并排序，取前 J 个。
步骤 4. 由式（3-38）和式（3-40）计算 $\boldsymbol{x}_i^{*}$。
步骤 5. 内循环。
步骤 5.1 for $l=1,2,\cdots,L$ do；
步骤 5.2 计算式（3-46）；
步骤 5.3 由式（3-44）更新 $\boldsymbol{Z}^{(l+1)}$；
步骤 5.4 由式（3-45）更新 $\mu^{(l+1)}$。
步骤 6. 外循环结束。

3.3.3.3 时间复杂度

在离线学习出双字典 $\boldsymbol{D}_{\mathrm{h}}^{(n)}$、$\boldsymbol{D}_{\mathrm{l}}^{(n)}$ 以及系数矩阵 $\boldsymbol{A}$ 的情况下，表 3-4 算法运行时间主要取决于步骤 3 的 S-SSIM 计算并排序以及步骤 5 的计算。其中，计

算 S-SSIM 的时间复杂度是 $O(N \cdot M)$，M 为样本图像块集的样本个数，N 为待重建图像的图像块个数，对其进行排序的时间复杂度为 $O(N \cdot M \cdot \log M)$；而步骤 5 的时间复杂度主要来自矩阵向量相乘，在 k 次迭代的情况下，其时间复杂度为 $O[N \cdot k \cdot (N \cdot n \cdot J + N \cdot n)]$，其中，$J$ 为邻域个数，n 为图像块按列排列的向量维数。

为提高算法运行时间，在实际重建过程中，采取以下策略：首先，由于重建是逐一图像块进行的，在图像块很小（3×3～7×7）的情况下，会有很多平滑图像块包含很少的结构信息，这部分可以直接采用初始估计即可进行重建；其次，HR/LR 样本图像块模型及其稀疏表示系数虽然是离线训练完成，但是其大小对步骤 3 的时间复杂度影响较大，尤其是在图像块很小的情况下，结构信息不丰富的样本块不仅会增加结构相似性邻域计算及排序时间，而且不合适的邻域会增大逼近误差，故可以减少其规模；最后，步骤 5 的邻域个数及迭代次数也影响重建速度，但是在对重建性能影响不大的情况下，可以通过参数调整以提高重建速度。

3.3.4 实验结果与分析

3.3.4.1 实验说明

本节采用多组标准测试图像进行实验验证，主要进行常见的 2 倍和 3 倍超分辨率重建，并与传统双三次插值方法（简称 Bicubic）、基于稀疏表示方法[7]（简称 Yang）以及与本节相似的稀疏表示下非局部自回归方法[16]（简称 NARM）等进行比较。从主观和客观两个方面比较分析实验结果，主观上主要从视觉效果看重建结果的轮廓边缘的锯齿、模糊以及细节信息等情况，客观上主要从峰值信噪比和结构相似度两个方面进行有参照图像重建质量比较。

实验过程中，对于标准测试图像，其模拟的低分辨率图像是通过高斯模糊（模糊窗口大小为 5×5，标准偏差为 1.0）、添加高斯噪声并进行 2 倍和 3 倍下采样获得。进行下采样时，如果图像大小不是 2 或 3 的整数倍，则进行下采样前将其大小裁剪成 2 或 3 的整数倍，以便减少计算 PSNR 和 SSIM 时的误差。不作特别说明，实验中，HR/LR 样本图像块对数量 $M=20000$，字典大小 $K=1024$，图像块大小为 5×5。

实验环境同 3.2.4 节。

3.3.4.2 实验结果分析

在常用的标准测试图像中，选择其中的 7 幅图像进行超分辨率重建实验，其余的作为训练样本建立 HR/LR 样本图像块对模型并从中学习出离线字典。图 3-17 和图 3-18 分别是 Butterfly 图像和 Girl 图像的 3 倍重建的局部比较结果。

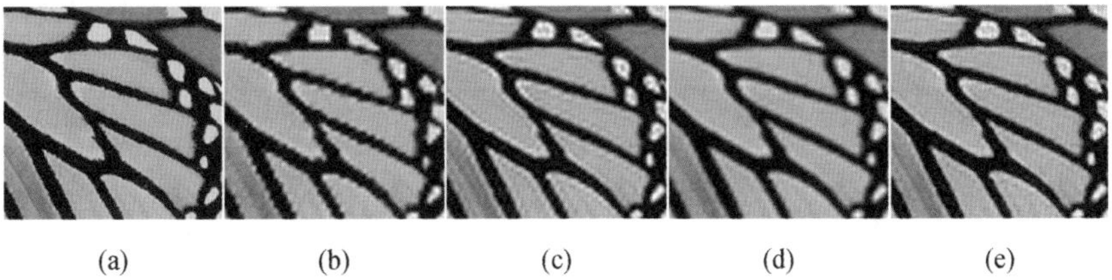

图 3-17 Butterfly 图像重建结果比较

(a) 原始图像；(b) Bicubic；(c) Yang；(d) NARM；(e) 本节方法。

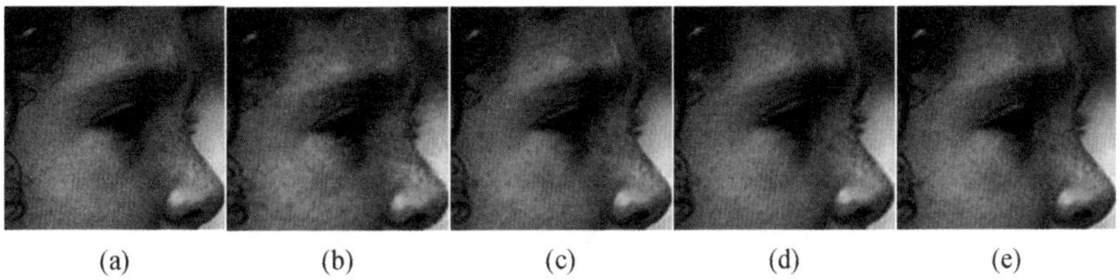

图 3-18 Girl 图像重建结果比较

(a) 原始图像；(b) Bicubic；(c) Yang；(d) NARM；(e) 本节方法。

可以看出，比较双三次插值重建结果，总体来说稀疏表示下的三种重建方法其边缘结构的锯齿效应明显减少，整体边缘轮廓的结构信息保持较为完好，如蝴蝶的黑斑纹理以及女孩的鼻子等边轮廓，有更好的视觉效果。但是 Yang 方法的重建结果纹理边缘及中间的视觉伪影较为明显，而 NARM 方法能够有效消除视觉伪影，但是同时也平滑掉了细节斑纹，如黑纹理中间的小的自然白斑点，女孩的左眼眉毛、头发及面部雀斑等细节信息变得模糊不清。而本节方法则在轮廓结构、细节信息及视觉伪影方面做了较好的平衡，较好地重建出边缘结构和细节信息，从视觉效果看，与原始图像更为接近。

为进一步客观地评价重建方法，对重建结果分别从 PSNR 和 SSIM 进行比较，在 3 倍重建倍率下，评价结果如表 3-6 所列。由表中数据可知，本节方法的客观评价指标有较为明显的提高，平均 PSNR 和 SSIM 比 Yang 的方法分别提高了 0.83dB 和 0.0093dB，比 NARM 方法分别提高了 0.39dB 和 0.0029dB，从客观上验证了本节方法的有效性。

表 3-6 各算法的 PSNR 和 SSIM 值比较

图像	评价指标	Bicubic	Yang	Zeyde	本节方法
Butterfly 图像	PSNR/dB	23.20	23.44	24.04	**24.53**
	SSIM	0.7783	0.7895	0.8012	**0.8048**
Cameraman 图像	PSNR/dB	21.17	21.84	22.18	**22.56**
	SSIM	0.7602	0.7689	0.7735	**0.7801**
Girl 图像	PSNR/dB	30.10	30.47	30.81	**31.17**
	SSIM	0.8362	0.8435	**0.8493**	0.8481
Leaves 图像	PSNR/dB	20.46	21.03	21.51	**21.79**
	SSIM	0.7321	0.7382	0.7490	**0.7534**
Lena 图像	PSNR/dB	29.15	30.02	30.22	**30.67**
	SSIM	0.7946	0.8033	0.8072	**0.8123**
Parthenon 图像	PSNR/dB	23.28	23.48	23.89	**24.12**
	SSIM	0.6634	0.6719	0.6729	**0.6750**
Starfish 图像	PSNR/dB	25.28	25.50	26.22	**26.71**
	SSIM	0.7494	0.7848	**0.7914**	0.7911
平均	PSNR/dB	24.66	25.11	25.55	**25.94**
	SSIM	0.7592	0.7714	0.7778	**0.7807**

3.3.4.3 参数实验与分析

在 3.2.1 节的 HR/LR 样本图像块对模型中，样本数量 M 不仅影响字典训练时间，而且影响重建过程的稀疏结构相似度邻域搜索时间，在离线字典学习下，减少结构信息不丰富的样本，可以有效提高算法运行时间。

图 3-19（a）是 Leaves 图像在不同样本数量下，其运行时间与 PSNR 的变化曲线，重建倍率为 2，为更直观地进行比较分析，将运行时间除以 60（单位为 min），以便与 PSNR 在同一坐标系下进行对比，图 3-19（b）是 PSNR 值随样本数量影响变化的局部放大情况。

可以看出，随着样本数量的增加，重建性能有所提高，提高速度远小于算法运行所耗费时间的增加速度，故可以通过减少样本数量在重建结果与算法运行时间之间达到平衡。但是，减少样本数量会降低算法的鲁棒性，重建过程采用多个邻域进行加权逼近。实验表明，多个邻域加权与单个最大 S-SSIM 预测在大部分情况下重建性能上差距很小，但是算法的鲁棒性可以得到提高。

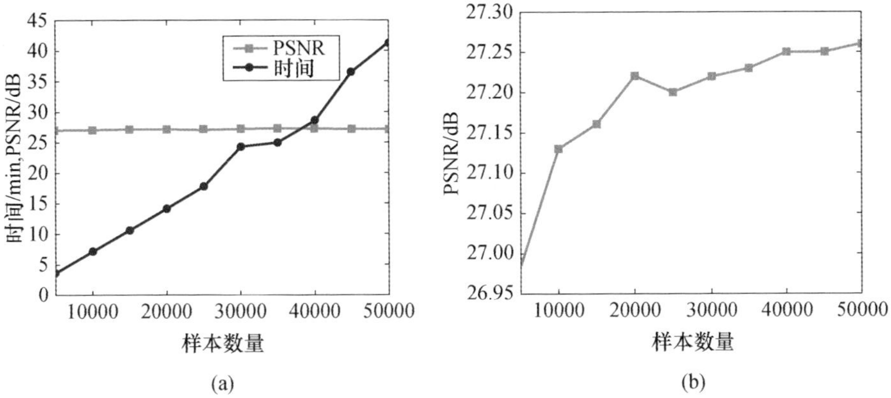

图 3-19　样本数量对运行时间及 PSNR 的影响结果

如果待重建图像是彩色图像，那么只对人眼敏感的亮度通道利用本节方法重建，另外两个通道直接采用双三次插值方法进行处理。在利用本节方法进行重建的过程中，如果是平滑区域的图像块，其结构信息不丰富，那么无须采用本节方法，可以采用双三次插值方法。

图 3-20（a）是 Lena 图像在不同图像块亮度阈值下，重建时间及 PSNR 的变化曲线，重建倍率为 2，与图 3-19 类似，其运行时间除以 60 获得，图 3-20（b）是 PSNR 值随亮度阈值影响变化的局部放大情况。

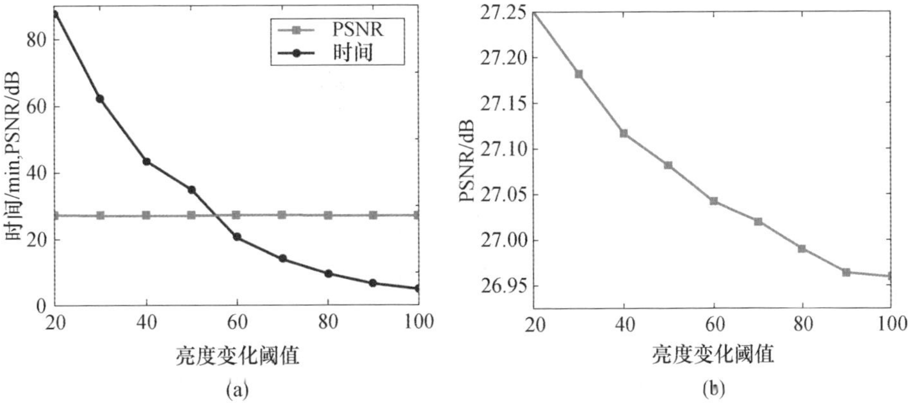

图 3-20　亮度阈值对运行时间和 PSNR 值的影响结果

可以看出，随着图像块亮度阈值 V 的增加（20～100），重建性能有所下降，图中数据从 27.25dB 下降 26.96dB，但是其下降速度远小于算法运行所耗费时间的减少速度，图中数据从 88.87min 减少到 4.97min，故可以设定阈值以减少算法运行时间。3.2.4.2 节的实验结果是在样本数量为 20000、亮度阈值 50 时得到的，依然取得优于同类算法的结果，验证了本节方法的有效性。

3.4 局部样本匹配和多级滤波的快速超分辨率重建

基于稀疏表示的超分辨率的核心思想是假设图像块（向量表示）的稀疏性特征在高/低分辨率字典下保持同构一致性，通过对输入的图像在低分辨率字典下稀疏编码，然后在高分辨率字典下进行线性组合，得到重建图像；而稀疏邻域嵌入是在低分辨率样本空间进行邻域搜索匹配，以对应的高分辨率样本作为估计，然后加权平均得到重建图像。两类方法的时间主要耗费在低分辨率样本空间下的稀疏编码（或邻域搜索匹配）上，如果能够避开从其他图像中构造大样本空间，转而从输入图像本身构造样本并从中学习先验知识，一方面图像自身的先验知识对其重建具有帮助，另一方面会大大降低样本空间，从而可以提高算法速度。

对于输入图像来说，由于纹理和轮廓等结构信息在一定的局部范围内具有分段光滑和结构连续等特性，形成了局部自相似性（self-similarity）样本块，如图 3-21 所示。

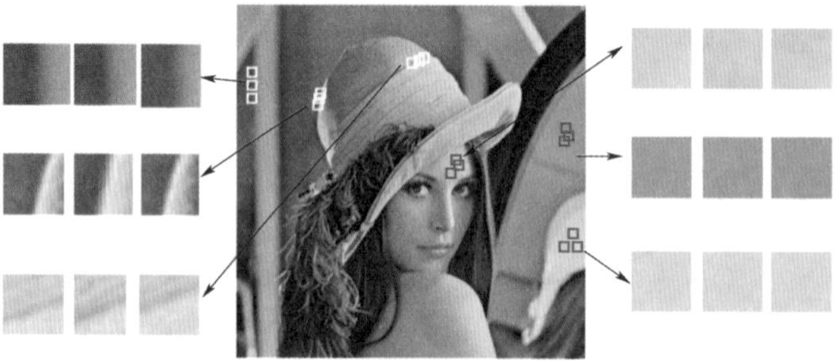

(a) (b) (c)

图 3-21 图像的局部自相似特性

（a）纹理自相似；（b）Lena 图像；（c）平滑自相似。

为便于观察图像块结构，选取的图像块尺寸较大，达到 15×15，而在实际应用中，一般图像块大小介于 3×3～7×7 之间，又由于存在重叠区域，所以其结构相似性比图中更加明显。而在图像的多分辨率结构表示中，假设这些特性在相邻高/低分辨率图像之间是相似的，尤其是在分辨率尺度差异较小的情况下，可以通过低分辨率图像块在不同尺度上的相似性关系建立图像的多尺度分析。该假设已经用于多种图像处理任务，如图像去噪和图像放大等，并取得了较好的效果。

Glasner 等[43]在不同尺度下利用此特性正则化病态的超分辨率重建反问题，提出不同于传统的超分辨率重建框架，Freedman 等[44]对此进行了扩展，使基于学习的超分辨率重建方法能够处理视频序列图像。现有研究表明，输入图像的不同分辨率之间的局部自相似假设可以使相似图像块的搜索匹配局限在一个很小的范围内，从而使快速超分辨率重建成为可能。同时，对于待稀疏编码（或搜索匹配）的大量结构信息不丰富的图像块，如图 3-21（c）所示，一方面人眼对这部分信息不敏感，另一方面即使用复杂的方法作用于此类图像块，其客观质量指标（如 PSNR 或 SSIM 等）提高也有限，无须使用复杂重建方法，只进行插值即可。为此，提出基于局部自相似样本匹配和多级采样滤波的快速超分辨率重建方法，针对样本数据量大的问题和待重建的输入图像块多的问题分别采用不同的方法。主要工作如下：

（1）通过引入原地局部自相似样本，对于放大后的初始低频图像块 $\boldsymbol{y}$，根据该定义在其原始图像 $\boldsymbol{X}_0$ 的低频成分 $\boldsymbol{Y}_0$ 的原始坐标位置附近构造自相似样本 $\boldsymbol{y}_0$，以取代目前普遍从额外大样本中进行邻域搜索和匹配，或者是稀疏编码与线性组合，以此自相似样本与初始估计在广义的稀疏表示意义下，采用多级采样滤波器进行高分辨率图像块估计。

（2）对于高分辨率估计的回归问题，其本质是构建从低分辨率空间到高分辨率空间的映射关系，根据图像结构信息的相邻分辨率之间的不变性，通过原地样本（in-place example）匹配，并考虑图像的奇异结构一致性保持条件，分别设计上采样和下采样滤波器组逐级完成图像缩放，以重建所需的分辨率尺寸。

（3）针对图像中存在大量结构信息不丰富的光滑区域，利用奇异值分解来计算表达图像块局部梯度和边缘方向的能量信息，以寻找纹理丰富区域，通过阈值设定，可以有效地减少无须复杂方法处理的光滑图像块，在保持重建效果的情况下进一步提高重建速度。

3.4.1 超分辨率模型

对于待重建的输入图像 $\boldsymbol{X}_0$，假设其包含了一定的高频内容，如轮廓边缘和纹理结构等，也就是说图像具有锐利的高频结构信息；但是，受成像设备或成像条件所限，其空间分辨率不足，在相邻空间分辨率之间这些图像结构信息具有不变性或者是变化很小，这种先验知识可以用于指导超分辨率重建。为论述方便起见，在后面的描述中以 $\boldsymbol{X}_0$ 表示待重建的输入图像，$\boldsymbol{X}$ 表示超分辨率重建后（倍率为 s）的输出图像，$\boldsymbol{L}_0$、$\boldsymbol{L}$ 分别表示它们的低频成分，$\boldsymbol{H}_0$、$\boldsymbol{H}$ 分别表示它们的高频成分，所以在空间分辨率上，$\boldsymbol{L}_0$、$\boldsymbol{H}_0$ 与 $\boldsymbol{X}_0$ 保持一致，而 $\boldsymbol{L}$、$\boldsymbol{H}$ 与 $\boldsymbol{X}$ 保持一致。$\boldsymbol{x}_0$、$\boldsymbol{l}_0$ 和 $\boldsymbol{h}_0$ 分别表示大小为 $\sqrt{n}\times\sqrt{n}$ 的从 $\boldsymbol{X}_0$、$\boldsymbol{L}_0$ 和 $\boldsymbol{H}_0$ 中采样的图像块，$\boldsymbol{x}$、$\boldsymbol{l}$ 和 $\boldsymbol{h}$ 分别表示大小为 $\sqrt{n}\times\sqrt{n}$ 的从 $\boldsymbol{X}$、$\boldsymbol{L}$ 和 $\boldsymbol{H}$ 中采样的图像块，位置为（i，j），U 和 D 分别表示上采样和下采样滤波操作。本节所提方法的基本原理可以用图 3-22 来表示。整个过程主要分成三个阶段：初始估计与高/低频分离；低频下原地局部自相似样本匹配；高频估计与组合。

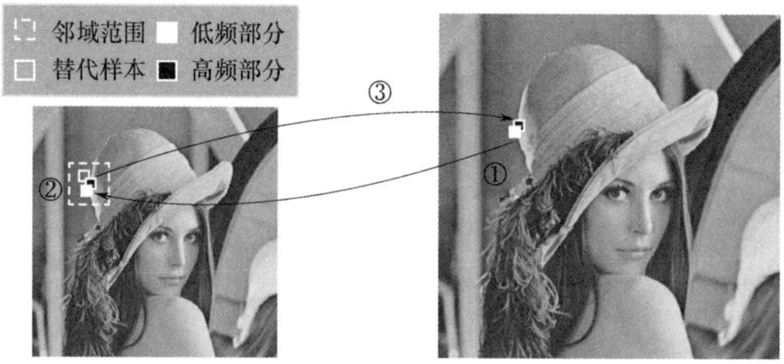

(a)　　(b)

图 3-22　重建原理图

（a）低分辨率图像；（b）高分辨率图像。

1. 初始估计与高/低频分离

在此模型框架下，对于输入图像 $\boldsymbol{X}_0$ 的任意图像块 $\boldsymbol{x}_0$，超分辨率重建的目的是重构其对应的高分辨率图像块 $\boldsymbol{x}$，假设 $\boldsymbol{x}=\boldsymbol{l}+\boldsymbol{h}$，也就是图像块可以看成其低频成分和高频成分的叠加之和，那么低频成分可以表示为 $\boldsymbol{l}=U(x_0)$，也就是由低分辨率图像块利用插值运算进行上采样的结果，也称为初始上采样，$\boldsymbol{L}_1=U(\boldsymbol{x}_0)$。此时重建的关键问题是恢复图像块的高频信息，该部分信息将从低分辨率图像块的局部自相似样本的高频成分中估计。低分辨率图像的高频成分和低频成分可以表示为

$$\boldsymbol{H}_0=\boldsymbol{X}_0-\boldsymbol{L}_0,\boldsymbol{L}_0=U[D(\boldsymbol{X}_0)] \tag{3-47}$$

式中：$\boldsymbol{L}_0$ 为输入图像 $\boldsymbol{X}_0$ 的平滑项。

2. 低频下原地局部自相似样本匹配

对于高分辨率图像的低频图像块 $\boldsymbol{l}=U(\boldsymbol{x}_0)$，通过在低分辨率图像 $\boldsymbol{X}_0$ 相同位置的邻域范围内定义局部自相似样本，也称为原地样本（in-place example)[45]匹配，记为 $\boldsymbol{l}_0(k)$，其对应的高频部分 $\boldsymbol{h}_0(k)=\boldsymbol{x}_0(k)-\boldsymbol{l}_0(k)$。

3. 高频估计与组合

广义稀疏表示是指利用样本集中最有效的少数样本对信号进行分类、识别、编码和重建。当将该思想用于高分辨率图像的高频部分估计时，高频部分可以表示为[46]

$$\boldsymbol{h}=\frac{1}{c}\sum_{k=1}^{K}\mathrm{e}^{-\frac{\|\boldsymbol{l}-\boldsymbol{l}_0(k)\|^2}{\sigma^2}}\boldsymbol{h}_0(k) \tag{3-48}$$

式中：$c=\sum_{k=1}^{K}\mathrm{e}^{-\frac{\|\boldsymbol{l}-\boldsymbol{l}_0(k)\|^2}{\sigma^2}}$ 是归一化参数；σ 为匹配样本的权值，用于衡量各样本与待重建低分辨率图像块的相似程度。

3.4.2 样本匹配与采样滤波

3.4.2.1 原地局部自相似样本匹配

尽管现实世界中自然图像内容千变万化，但可以认为这些图像是由大量简单有限的基本奇异性结构元，如直线、弧线等组成。而这些奇异性结构元对图像分辨率的尺度变化不敏感，也就是具有分辨率尺度不变性，一个高尺度空间分辨率图像包含的奇异性结构元与低尺度空间分辨率是相似的。又由于图像结构信息具有局部连续性，也就是当进行图像块采样时，这些小的图像块之间具有如图3-21所示的局部自相似特性，高分辨率的奇异性结构元在其低分辨率图像的原始位置处具有相似的结构元，空间分辨率尺度变化越小，结构元的相似度越高。对于图像超分辨率重建问题，其关键之处是恢复图像的高频信息，而高频信息主要集中在这些奇异性结构元上，也就是图像的轮廓结构和边缘纹理等部分。

根据结构元在不同尺度分辨率下的不变性，可以在低分辨率图像中与高分辨率图像初始估计的图像块 $\boldsymbol{l}$ 对应位置的局部范围内寻找其相似样本（称为原地局部自相似样本），由式（3-47）得到其相应的高频部分 $\boldsymbol{h}_0$ 和低频部分 $\boldsymbol{l}_0$。该原地局部自相似样本由如下定理给出：

定理3-1（原地局部自相似样本匹配）[45] 对于任意一个初始上采样图像 $\boldsymbol{L}_1=U(\boldsymbol{X}_0)$ 中位置为（i，j）的大小为$\sqrt{n}\times\sqrt{n}$（$\sqrt{n}\geqslant3$）的图像块 $\boldsymbol{l}$，上采样

倍率为 s，$s<\sqrt{n}/(\sqrt{n}-2)$，在$\boldsymbol{X}_0$ 的低频部分$\boldsymbol{L}_0=U[D(\boldsymbol{X}_0)]$ 中位置为（i_0，j_0）处，存在一个与 l 匹配的奇异图像块 $\boldsymbol{l}_0$，该图像块与 $\boldsymbol{l}$ 的对应原始低分辨率位置（i/s，j/s）至少有一个像素的距离，即

$$|i_0-i/s|<1,|j_0-j/s|<1 \tag{3-49}$$

该定理的基本思想可以用图 3-23 来示意，证明如下：

对于给定图像 $\boldsymbol{L}$ 中的中心位置为（i，j）的图像块 $\boldsymbol{l}(\sqrt{n}\times\sqrt{n})$，假设在（$p$，$q$）处有一奇异结构元，此处距离图像块中心（$i$，$j$）有一定位移，表示为 $p=i+t_i$ 和 $q=j+t_j$，其中 t_i，$t_j<\sqrt{n}/2$。令（i'，j'）和（p'，q'）分别表示$\boldsymbol{X}_0$ 低频部分$\boldsymbol{L}_0$ 的对应位置坐标，也就是 $i'=i/s$ 和 $j'=j/s$，以及 $p'=p/s$ 和 $q'=q/s$。

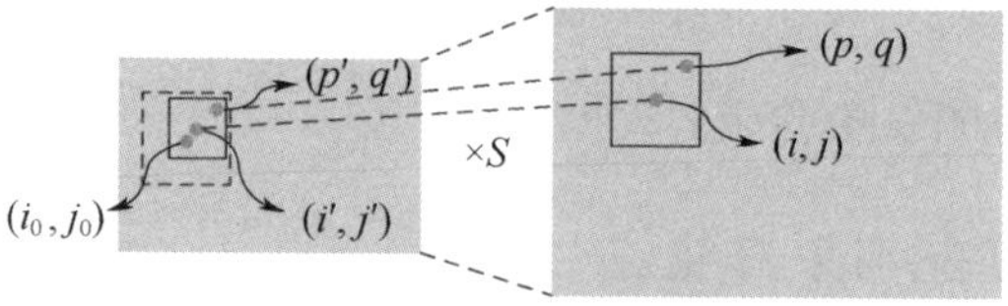

图 3-23　原地局部自相似样本匹配

对于超分辨率重建，关键问题是恢复奇异结构元的高频信息。因此，可以通过奇异点（p，q）与（p'，q'）的匹配来估计高频信息。此时，待估计的奇异图像块 $\boldsymbol{l}_0$的中心坐标位置为 $i_0=p'-t_i$ 和 $j_0=q'-t_j$。在重建倍率为 s 的情况下，有

$$\begin{aligned}|i_0-i'| &= |p'-t_i-i/s| = |p/s-t_i-i/s| \\ &= |i/s+t_i/s-t_i-i/s| \\ &= |(1-s)t_i/s| < (s-1)\sqrt{n}/2s\end{aligned} \tag{3-50}$$

当图像块大小$\sqrt{n}\leqslant 2$ 时，对任意 s，都有 $(s-1)\sqrt{n}/2s\leqslant 1$；在实际超分辨率重建过程中，通常图像块大小$\sqrt{n}\geqslant 3$，此时在 $s\leqslant\sqrt{n}/(\sqrt{n}-2)$ 的情况下，有 $(s-1)\sqrt{n}/2s\leqslant 1$。以常见的$\sqrt{n}=5$ 为例，在 $s\leqslant 5/3$ 的时候，有 $|(1-s)t_i/s|<1$。

与$|i_0-i'|$类似，式（3-50）同样适用于$|j_0-j'|$，这意味着 $\boldsymbol{l}_0$的中心坐标位置限制在（i'，j'）小于一个像素的范数为 1 的城区距离内。这样的匹配过程也称为原地匹配（in-place matching）。

对于上述的原地自相似样本匹配，需要强调该匹配过程的条件是上采样

倍率为 $s<\sqrt{n}/(\sqrt{n}-2)$，也就是两级采样倍率之间缩放倍数越小，其形似块越多，匹配精度越高，文献［45］的实验结果表明，随着两级间的倍率变大，匹配误差也随之增加；同时，在较小的缩放倍率下，与原地自相似样本匹配相比，在整幅图像中搜索相似图像块并不能明显提升匹配精度，两者的匹配相同率达到 80%以上，而在额外的图像库中也是如此，但是由于存储额外的图像样本数据，搜索匹配的时间复杂度和空间复杂度会急剧上升。

3.4.2.2 多级采样滤波器组

超分辨率重建可看成一个回归问题[45]，假设高分辨率和低分辨率图像块空间的映射关系具有某种光滑性，通过泰勒展开式建立一阶回归模型；对于多个原地匹配样本进行加权回归，可以有效减少回归偏差，使得算法对噪声具有鲁棒性。由于原地匹配样本是在重建倍率较小的情况下有效，在重建倍率较大的情况下（如常见的 3 倍或 4 倍），需要利用较小的倍率逐步进行以达到需要的重建结果，此时该回归模型的性能将下降。为此，本节采用非二次滤器组完成对高分辨率图像块的估计[44]，并考虑奇异结构保持和重建一致性问题。

在总放大倍率一定的情况下，两级间使用小的缩放倍率，总的放大次数随之增加，所以本节重建过程不是直接上采样到所需尺度，而是每次一个尺度因子逐步进行，即每次以 $(N+1)/N$ 倍率进行，N 为整数。在没有更进一步的空间相关性情况下，$(N+1)/N$ 转换是由 $N+1$ 个周期内的平移不变式构成，共需要 N 个上采样缩放滤波器和下采样缩放滤波器，以处理 N 个需要填充的目标，分别表示如下：

$$\begin{cases} U=\{u_1,u_2,\cdots,u_N\} \\ D=\{d_1,d_2,\cdots,d_N\} \end{cases} \tag{3-51}$$

对于图像 I 的下采样滤波来说，在 $N+1$ 的分辨率空间里进行 N 次标准平移不变滤波操作，然后从滤波图像中每间隔 $N+1$ 进行二次抽样，以产生所需的 N 个目标值，下采样滤波操作如下：

$$D(I)(n)=(I*\bar{d}_k)\left[\frac{(N+1)}{N}(n-k)+k\right] \tag{3-52}$$

式中：$k=n\bmod N$；“$*$”表示离散卷积操作；d_1，d_2，…，d_N 表示 N 个离散平滑滤波器；$\bar{d}[n]=d[-n]$。

相应地，图像 $\boldsymbol{I}$ 的上采样滤波操作为

$$U(I)(n)=\sum_{k=1}^{N}(\uparrow I*\bar{u}_k)(n) \tag{3-53}$$

式中："↑"表示直接上采样操作，定义为 $(\uparrow I)[(N+1)n]=I[n]$，其余情况为零。

此时，$D(I)(n)$ 和 $U(I)(n)$ 构成不同分辨率之间映射关系的正反向滤波器组（也称为双正交滤波器），也就是通过先上采样滤波再下采样滤波获得，即

$$D[U(I)]=I \tag{3-54}$$

由于不同空间分辨率的图像维度空间不一致，如果将该操作倒序进行，将无法获得不同分辨率空间的恒等映射关系。从形式上来看，式（3-54）可以表达为如下的滤波器形式：

$$\langle u_i[n],d_j[n-(N+1)k]\rangle=\delta_k\cdot\delta_{i-j} \tag{3-55}$$

式（3-55）对所有的 k 值都适用，$1\leqslant i$，$j\leqslant N$，〈·，·〉表示普通的点乘运算，而 δ_k 在 $k=0$ 时值为 1，其他情况下值为 0。所以可以通过该特性，获得图像同一尺度空间下的不同成分（高频和低频），如式（3-47）中的 $\boldsymbol{L}_0=U(D(\boldsymbol{X}_0))$。另外，在实际重建过程中，将重建后的图像进行下采样滤波操作，以此结果与输入图像的一致性作为条件，由于原地局部自相似样本匹配是利用此滤波操作在低频图像中完成的，这可以使重建结果在低分辨率空间具有结构一致性，从而进一步提高重建结果的鲁棒性。

3.4.2.3 奇异结构与一致性保持

在上述的高频信息估计模型以及原地局部自相似样本匹配选择中，准确的奇异结构信息重建依赖于准确的图像块匹配，该匹配过程是从原始上采样图像以及输入图像平滑后的低频成分中完成的。为了得到更为精确的匹配，显然，对于平滑后的低频图像 $\boldsymbol{L}_0=U[D(\boldsymbol{X}_0)]$ 来说，其奇异结构元应该与初始上采样图像 $\boldsymbol{L}_1=U(\boldsymbol{X}_0)$ 中的奇异结构元有相似的形状。事实上，这是在下采样操作 D 上而不是上采样操作 U 加了一个条件，因为 $\boldsymbol{L}_0$ 和 $\boldsymbol{L}_1$ 都是通过 U 操作来实现的，这也意味着它们之间的差异可以认为不是由 U 引起的。在实际应用中，当需要进行下采样图像 $\boldsymbol{X}_{-1}$ 时，如果下采样操作 D 保持了 $\boldsymbol{X}_0$ 中类似于轮廓边缘的奇异结构，这种情况就会出现。

此外，对于重建后的图像 $\boldsymbol{X}$，尤其是在初始上采样阶段，在下采样滤波后应该与原始输入图像 X_0 保持一致，也就是可以认为它们包含了相同的图像信息，即 $D(\boldsymbol{L}_1)=\boldsymbol{X}_0$。又由于 $\boldsymbol{L}_1=U(\boldsymbol{X}_0)$，这种情况也可以归结为满足如式（3-54）的双正交性，该特性会在 D 和 U 之间产生一个非线性关系，使得计

算过程变得困难。可以通过将 3.4.2.2 节的滤波器分解为两个线性子问题来解决，其中，以下采样滤波 D 来刻画图像的物理获取过程，可以在独立于 U 的情况下先进行计算，再在保证双正交特性的情况下进行上采样滤波 D 的计算。为了准确刻画图像的物理获取过程，采样滤波应该在空域均匀一致的尺度下进行，而这可以通过定义一个线性函数实现。

在图像的获取过程中，成像设备都具有有限点扩散函数，以包含模糊抗混叠滤波器，这常常用于限制信号的带宽以近似满足采样定理与传感器采样频率保持一致的要求，这对于 D 和 U 都适用。所以，对于 D 来说，应该设计成低通滤波器以传输低频带宽，而带宽幅度与采样尺度成比例，也就是 $N/(N+1)$。类似地，对于 U 来说，也应具有较低的低频带宽范围。

1. 下采样滤波器 d_j

对于下采样，定义 $\boldsymbol{L}(\boldsymbol{i}')=\boldsymbol{i}'/s,\boldsymbol{i}'\in W_{l+1}$ 是分辨率空间，$s=(N+1)/N$ 为采样倍率，以实现空域均匀一致的尺度要求，也就是

$$D[\boldsymbol{L}(\boldsymbol{i}')](\boldsymbol{i})=D(\boldsymbol{i}'/s)(i)=i \tag{3-56}$$

同时，又希望 D 具有奇异结构保持特性，此时要保证有一个能够描述图像奇异结构信息的线性函数 f 来正确完成两个不同尺度间的映射关系。这样，可以通过最小化 f 的下采样尺度与逻辑尺度之间的距离来实现奇异结构保持：

$$O_1^D=\frac{1}{M}\sum_{\mu,\sigma,i}\left\{D\left[f\left(\frac{i'-\mu}{\sigma}\right)\right](i)-f\left(\frac{si-\mu}{\sigma}\right)\right\}^2 \tag{3-57}$$

式中：f 定义为高斯函数 $f(i)=\mathrm{e}^{-i^2}$，来刻画图像奇异结构；通过偏移量为 μ 的亚像素位移和延伸，延伸距离为 σ；M 为归一化参数。

低频带宽要求描述为

$$O_2^D=\frac{1}{N}\sum_{j=1}^{N}\|\partial d_j\|^2 \tag{3-58}$$

式中：∂ 表示离散求导。

式（3-58）等价于在傅里叶域最小化功率谱 $\|\hat{D}(\omega)\|^2/\omega^2$，也就是拉普拉斯矩阵的特征值。在式（3-56）的约束条件下，综合式（3-57）和式（3-58），可得

$$\begin{gathered}\min O_1^D+\alpha^D O_2^D\\ \text{s.t.}\ D(i'/s)(i)=i\end{gathered} \tag{3-59}$$

式中：α^D 用以对 O_1^D 和 O_2^D 进行优先排序。

对于式（3-59），可以利用拉格朗日乘子法得到一个较小的线性方程式，

通过求解可以得到 d_j。

2. 上采样滤波器 u_i

当获得下采样滤波器 d_j 后，可以通过相似的方法得到上采样滤波器 u_i。不同之处是，当优化一致性条件时忽略奇异结构保持项，此时的双正交特性可以通过将式（3-54）的条件放宽到如下的形式：

$$O_1^U = \frac{1}{M'} \sum_{k} \sum_{i,j=1}^{N} (\langle u_i[n], d_j[n-(N+1)k] \rangle - \delta_k \cdot \delta_{i-j})^2 \tag{3-60}$$

式中：k 的范围是 d_j 和 u_i 的所有重叠部分；M' 是归一化参数。

其低频带宽要求描述为

$$O_2^U = \frac{1}{N} \sum_{j=1}^{N} \| \partial u_i \|^2 \tag{3-61}$$

对于上采样空域均匀一致性尺度的要求，与式（3-56）类似，可以表示为

$$U[\boldsymbol{L}'(i')](i) = U(i's)(i) = i \tag{3-62}$$

式中：$\boldsymbol{L}'(i') = i's$。

此时，u_i 的目标函数为

$$\begin{gathered} \min O_1^U + \alpha^U O_2^U \\ \text{s.t.}\, U(i's)(i) = i \end{gathered} \tag{3-63}$$

求解方法同式（3-59）。可得滤波器组 $U = \{u_1, u_2, \cdots, u_N\}$ 和 $D = \{d_1, d_2, \cdots, d_N\}$。

3.4.3 快速超分辨率算法

3.4.3.1 图像块选择

自然图像中通常存在稀疏非连续的大量光滑区域，由于高阶插值（如双立方插值）操作利用的是图像分段光滑特性，因此尽管插值算法在非连续边缘会产生伪影，但是在平滑区域可以取得较好效果，这使得对图像进行超分辨率重建时，只需要对纹理结构信息丰富的区域使用复杂方法，而对大量光滑区域（图 3-21（c）），采用简单快速的插值类方法即可。为了区别图像块的平滑区域与非平滑区域，常用的依据是亮度变化，但是亮度变化反映的是图像像素值变化，而对于更能够反映图像块结构信息的局部梯度和边缘方向则没有利用。

为此，本节对图像块的梯度矩阵进行奇异值分解，来计算表达图像块局

部梯度和边缘方向的能量信息的奇异值 $s_1 \geqslant s_2 \geqslant 0$，并利用文献［47］中的图像内容无参考衡量标准：

$$R = \frac{s_1 - s_2}{s_1 + s_2}, Q = s_1 \frac{s_1 - s_2}{s_1 + s_2} \tag{3-64}$$

当 R 和 Q 较大时，表示纹理区域；当 R 和 Q 较小时，表示平滑区域。通过选择性处理 R 和 Q 大于预设阈值的图像块，在保持重建效果情况下，进一步提高重建速度。

另外，对于彩色图像，同前述章节的处理方法，首先将其转换到 YC_bC_r 颜色空间，只对其中人眼敏感的 Y 通道采用本节方法进行重建，而另外两个彩色通道（C_b 和 C_r）则直接采用插值方法进行处理，最后转换成 RGB 彩色图像输出。

3.4.3.2 快速超分辨率重建算法

根据以上分析，为了使图像奇异结构特性在重建过程能够得到较好的保持，同时使算法简单，利用 3.3.2.2 节的多次采样滤波器进行重建时，采用缩放倍率加 1 逐步进行。例如，以大小为 5×5 的图像块为例，其缩放滤波器组为 5：4，4：3 和 3：2。当需要进行常见的 3 倍率重建时，利用 5：4，5：4，4：3 和 3：2 逐步进行，当倍率为 4 时，利用 5：4，5：4，4：3，4：3 和 3：2 逐步进行。算法描述如表 3-7 所列。

表 3-7 基于局部样本匹配和多级滤波的快速超分辨率重建算法

输入：滤波器组 $U=\{u_1, u_2, \cdots, u_N\}$ 和 $D=\{d_1, d_2, \cdots, d_N\}$ 低分辨率图像 $\boldsymbol{X}_0$；
输出：重建的图像 $\boldsymbol{X}$。
初始化：缩放倍率 s，邻域范围 r，图像块大小$\sqrt{n}$；
步骤 1. 对输入 $\boldsymbol{X}_0$，利用式（3-53）的滤波器 U 进行倍率为 s 的滤波放大，得到初始高分辨率估计图像 $\boldsymbol{L}=U(\boldsymbol{X}_0)$，$L$ 也被认为是 $\boldsymbol{X}$ 损失了部分高频信息后的低频部分；
步骤 2. 对 $\boldsymbol{X}_0$，先利用式（3-52）进行下采样滤波，再利用式（3-53）进行上采样滤波，得到其平滑后的低频部分 $\boldsymbol{L}_0=U[D(\boldsymbol{X}_0)]$，$\boldsymbol{X}_0$ 的高频部分由 $\boldsymbol{H}_0=\boldsymbol{X}_0-\boldsymbol{L}_0$ 获得；
步骤 3. 对于 $\boldsymbol{L}$ 中的图像块 l，坐标位置为（i，j），利用式（3-64）进行判断，如果是平滑区域，则直接进行双二次插值，转到步骤 5，否则进行步骤 4；
步骤 4. 在图像 $\boldsymbol{L}_0$ 中与（i，j）的对应位置，以（i/s，j/s）为中心的 r 个像素范围内，进行样本匹配，以得到局部自相似样本块 $\boldsymbol{l}_0(k)$；
步骤 5. 由式（3-48）进行高频估计，然后与 l 进行合成 $x=l+h$；
步骤 6. 重复步骤 3～步骤 5，直到更新完毕；
步骤 7. 输出最终图像 $\boldsymbol{X}$。

3.4.4 实验与分析

3.4.4.1 实验说明

本节对表 3-7 所提算法（简称 Proposed）进行实验验证和比较分析。采用标准测试图像以及实际图像进行实验，如图 3-24 所示为一组测试图像。

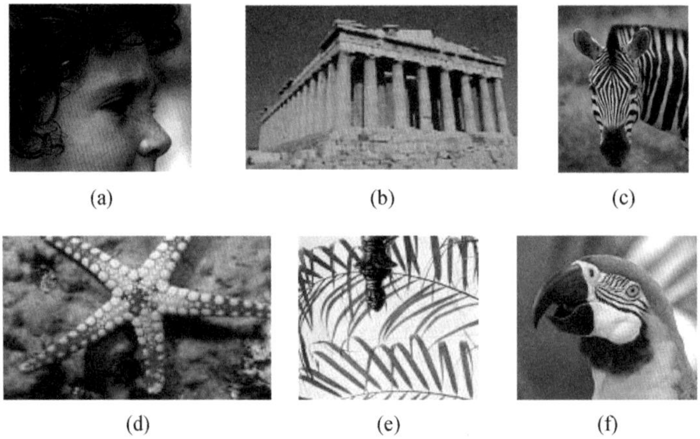

图 3-24　部分标准测试图像

（a）Girl 图像；（b）Parthenon 图像；（c）Zebra 图像；（d）Starfish 图像；（e）Leaves 图像；（f）Parrot 图像。

仿真实验所需的低分辨率图像是通过对高分辨率图像分别进行水平方向和垂直方向的平移、下采样和添加噪声退化生成。验证内容主要有三个方面：一是局部自相似假设是否成立；二是重建模型有效性；三是算法运行效率。

首先验证局部自相似假设是否对图像超分辨率重建问题有效，与目前主流的从额外图像样本中学习先验知识进行超分辨率重建进行比较，对重建结果进行主客观评价。对于重建模型，局部自相似样本和非局部自相似样本同时验证，也就是从整幅图像中进行样本搜索和匹配的重建情况。对于算法运行效率，主要是在重建效果可以接受的情况下，算法运行时间是否比从整幅图像中学习先验知识（搜索相似样本）有明显提高。对比算法主要包括双三次插值方法（简称 Bicubic，这是超分辨率重建评价的标准算法）、主流的从外部图像样本中学习图像先验的方法[16]（简称 NARM）、与本节方法相似的自样本学习算法[44]（简称 ULSE）。

重建结果质量评价从主观和客观两个方面进行：主观视觉效果主要包括图像轮廓、边缘以及纹理等信息，以及这些结构的边缘模糊及锯齿效应等；

客观上主要从峰值信噪比和结构相似度等方面进行比较，计算方法同前述章节。

图像块大小设置为 5×5，重建过程中，重叠区域为 3 个像素，原地匹配近邻区域为 10 个像素，缩放滤波器组为 5∶4，4∶3 和 3∶2。实验采用常见的 3 倍率超分辨率重建。

实验环境同 3.2.4 节。

3.4.4.2 重建结果与分析

图 3-25～图 3-27 分别是 Starfish 图像、Parthenon 图像以及 Leaves 图像的 3 倍超分辨率重建的局部比较结果。

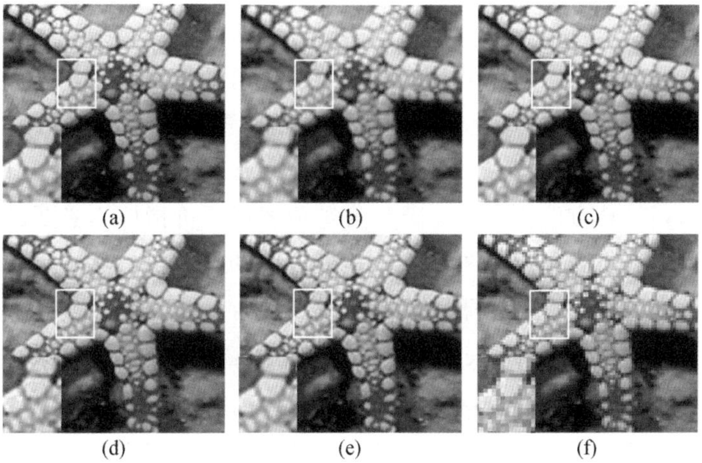

图 3-25 Starfish 图像重建结果比较

（a）原始图像；（b）低分辨率；（c）Bicubic；（d）NARM；（e）ULSE；（f）Proposed。

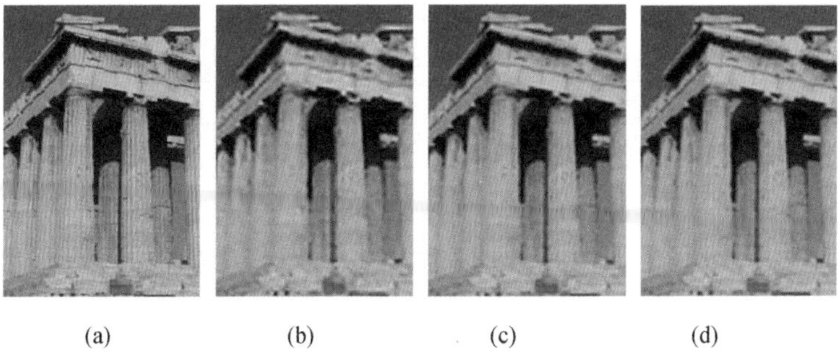

图 3-26 Parthenon 图像重建结果比较

（a）原始图像；（b）NARM；（c）Proposed1；（d）Proposed2。

(a) (b) (c) (d)

图 3-27 Leaves 图像重建结果比较

(a) 原始图像；(b) NARM；(c) Proposed1；(d) Proposed2。

这是因为：一方面 NARM 模型虽然是从外部大样本中学习，但是经过聚类后，采用自适应紧的子字典进行稀疏编码，重建时进行加权融合，所以能够取得更好的结果；另一方面，对于本节方法来说，其先验知识来源于局部自相似样本匹配，当图像纹理结构等细节信息清晰度不高时，此时局部范围内可供匹配的样本也少，其精度相应降低，此时重建性能会下降。

为进一步评价不同算法，对实验结果采用常见的 PSNR 和 SSIM 进行客观比较分析，计算方法同 3.2.4 节，为避免客观评价指标不必要的人为像素误差，下采样前将高分辨率图像大小裁剪成 3 的整数倍，然后进行 3 倍下采样，重建后在同样尺寸下计算其 PSNR 和 SSIM。对于彩色图像，只计算其亮度通道的 PSNR 和 SSIM，表 3-8 是各图像在 3 倍率下的计算结果。

表 3-8 各算法重建的有参考客观评价结果比较

图像	评价指标	Bicubic	NARM	ULSE	Proposed1	Proposed2
Girl 图像	PSNR	28.27	28.91	29.33	**29.56**	29.50
	SSIM	0.6353	0.6421	0.6502	**0.6590**	0.6587
Parthenon 图像	PSNR	24.28	**24.78**	24.73	24.71	24.74
	SSIM	0.7833	**0.8056**	0.8048	0.8050	0.8052
Zebra 图像	PSNR	21.12	**21.57**	21.46	21.51	21.52
	SSIM	0.6821	**0.7355**	0.7327	0.7346	0.7347
Starfish 图像	PSNR	25.51	**27.16**	26.75	26.91	26.89
	SSIM	0.8421	**0.8508**	0.8478	0.8480	0.8479
Leaves 图像	PSNR	20.10	21.32	21.56	**21.78**	21.77
	SSIM	0.6622	0.6752	0.6783	**0.6785**	0.6785
Parrot 图像	PSNR	23.23	24.56	24.77	24.90	**24.91**
	SSIM	0.7626	0.7734	0.7741	0.7779	**0.7780**
平均	PSNR	23.75	24.72	24.77	**24.90**	24.89
	SSIM	0.7279	0.7471	0.7480	**0.7505**	**0.7505**

由表 3-8 中数据可以看出，在大部分图像中，本节方法（包括 Proposed2）都取得了较高的 PSNR 和 SSIM 值，但是也有部分图像，其值低于 NARM 算法，主要集中在纹理结构比较大的图像中，而这与前图的主观视觉效果相一致。由表 3-8 中平均数据可以看出，本节方法高于对比算法。

根据主客观评价结果不难发现，对于具有较细纹理结构的图像，本节方法能够取得更好的重建效果，但是如果图像的轮廓结构比较粗，则重建性能略低于从额外大样本中学习的 NARM 算法。两种情况下，将样本匹配扩展到整幅图像，对于重建效果并无太大提高，甚至有下降可能。

本节方法在有效重建图像的同时，更突出的优势在于运行效率。在基本配置为 Pentium（R）Dual-Core E5500 2.8GHz，2.0G RAM，Windows XP SP3，Matlab 7.9.0（R2009b）的普通计算机上，以图 3-26 中的 Parthenon 图像（大小为 152×96）3 倍率超分辨率重建为例进行实验，算法执行时间如表 3-9 所列，另外，利用经典的稀疏表示方法[7]在重建指标与 NARM 比较接近的情况下需要 112.6s。可以看出，所提方法有较高的运行效率，相对于目前主流的稀疏表示及其相似算法，运行时间大幅度减少。

表 3-9 各算法运行时间比较

方法	Bicubic	NARM	ULSE	Proposed1	Proposed2
运行时间/s	—	498.6	**3.2**	4.1	59.7

参考文献

[1] JIN TIAN, KAI-KUANG MA. A survey on super-resolution imaging [J]. Signal, Image and Video Processing, 2011, 5 (3): 329-342.

[2] PEYMAN MILANFAR. Super-Resolution Imaging [M]. Boca Raton, FL: CRC Press, 2011.

[3] BRUCKSTEIN A M, DONOHO D L, ELAD M. From sparse solutions of systems of equations to sparse modeling of signals and images [J]. SIAM Review, 2009, 51 (1): 34-81.

[4] ELAD M. Sparse and redundant representations: from theory to applications in signal and image processing [M]. New York: Springer-Verlag, 2010.

[5] ELAD M, FIGUEIREDO M A T, MA Y. On the role of sparse and redundant representations in image processing [J]. Proceedings of the IEEE, 2010, 98 (6): 972-982.

[6] YANG J, WRIGHT J, HUANG T S, et al. Image super-resolution as sparse representation of raw image patches [C] //Proceedings of IEEE Conference on Computer Vision and Pattern Recognition (CVPR), 2008, (1): 1-8.

[7] YANG, WRIGHT J, HUANG T, et al. Image superresolution via sparse representation [J]. IEEE Transactions on Image Processing, 2010, 19 (11): 2861-2873.

[8] TSAI R Y, HUANG T S. Multipleframe image restoration and registration [J]. In Advances in Computer Vision and Image Processing, Greenwich, CT: JAI Press Inc., 1984: 317-339.

[9] LEHMANN T M, GONNER C, SPITZE K. Survey: interpolation methods in medical image processing [J]. IEEE Transactions on Medical Imaging, 1999, 8 (11): 1049-1075.

[10] YU J, XIAO C, SU K. A method of gibbs artifact reduction for POCS super-resolution image reconstruction [C] // International Conference on Signal Processing. IEEE, 2006: 577-582.

[11] 肖创柏，禹晶，薛毅. 一种基于 MAP 的超分辨率图像重建的快速算法 [J]. 计算机研究与发展，2009, 46 (05): 872-880.

[12] 苏衡，周杰，张志浩. 超分辨率图像重建方法综述 [J]. 自动化学报，2013, 39 (8): 1202-1213.

[13] FREEMAN W T, JONES T R, PAZSTOR E C. Example-based super-resolution [J]. IEEE Transactions on Computer Graphics & Applications, 2002, 22 (2): 56-65.

[14] YANG J, WANG Z, LIN Z, et al. Coupled dictionary learning for image super-resolution [J]. IEEE Transactions on Image Processing, 2012 (21): 3467-3478.

[15] DONG W, ZHANG L, SHI G, et al. Image deblurring and super-resolution by adaptive sparse domain selection and adaptive regularization [J]. IEEE Transactions on Image Processing, 2011, 20 (7): 1838-1857.

[16] DONG W, ZHANG L, LUKACC R, et al. Sparse representation based image interpolation with nonlocal autoregressive modeling [J]. IEEE Transactions on Image Processing, 2013, 22 (4): 1382-1394.

[17] LI HE, HAIRONG QI, RUSSELL ZARETZKI. Beta process joint dictionary learning for coupled feature spaces with application to single image super-resolution [C] //Proceedings of IEEE Conference on Computer Vision and Pattern Recognition (CVPR), 2013, (1): 345-352.

[18] ZEYDE R, ELAD M, PROTTER M. On single image scale-up using sparse-representations [C] //Curves and Surfaces - 7th International Conference, 2012: 711-730.

[19] KIM K I, KWON Y. Single-image super-resolution using sparse regression and natural image prior [J]. IEEE Transactions on Pattern Analysis & Machine Intelligence

(PAMI), 2010, 32 (6): 1127-1133.

[20] XINBO GAO, KAIBING ZHANG, DACHENG TAO, et al. Image Super-resolution with sparse neighbor embedding [J]. IEEE Transactions on Image Processing, 2012, 21 (7): 3194-3205.

[21] KAIBING ZHANG, XINBO GAO, DACHENG TAO, et al. Multi-scale dictionary for single image super-resolution [C] //Proceedings of IEEE Conference on Computer Vision and Pattern Recognition (CVPR), 2012, (1): 1114-1121.

[22] KAIBING ZHANG, XINBO GAO, DACHENG TAO, et al. Single image super-resolution with non-local means and steering kernal regression [J]. IEEE Transactions on Image Processing, 2012, 21 (11): 4544-4556.

[23] YU D, DENG L. Deep learning and its applications to signaland information processing [J]. IEEE Signal Processing Magazine, 2011, 28 (1): 145-154.

[24] YU D, DENG L, SEIDE F. The deep tensor neural network withapplications to large vocabulary speech recognition [J]. IEEETransactions on Audio, Speech, and Language Processing, 2013, 21 (2): 388-396.

[25] HUTCHINSON B, DENG L, YU D. Tensor deep stacking net-works [J]. IEEE Transactions on Pattern Analysis and MachineIntelligence (PAMI), 013, 35 (8): 1944-1957.

[26] CUI Z, CHANG H, SHAN S G, et al. Deep network cascade for image super-resolution [C] //Proceedings of the 13th European Conference on Computer Vision (ECCV). Zurich, Switzerland: Springer, 2014: 49-64.

[27] DONG C, LOY C C, HE K M, et al. Image super-resolution using deep convolutional networks [J]. IEEE Transactions on Pattern Analysis and Machine Intelligence (PAMI), 2016, 38 (2): 295-307.

[28] KIM J, LEE J K, LEE K M. Accurate image super-resolutionusing very deep convolutional networks [C] //Proceedings of IEEE Conference on Computer Vision and Pattern Recognition (CVPR), 2016: 1646-1654.

[29] SIMONYAN K, ZISSERMAN A. Very deep convolutional networks for large-scale image recognition [EB/OL]. [2014-09-14], arXiv: 1409.1556, https: //arxiv.org/pdf/1409.1556v6.pdf.

[30] WANG Z W, LIU D, YANG J C, et al. Deep net-works for image super-resolution with sparse prior [C] //Proceedings of the 2015 IEEE International Conference on Computer Vision (ICCV). Santiago, Chile: IEEE, 2015: 370-378.

[31] GU S H, ZUO W M, XIE Q, et al. Convolutional sparse coding for image super-resolution [C] //Proceedings of the 2015 IEEE International Conferenceon Computer Vi-

sion (ICCV). Santiago, Chile: IEEE, 2015: 1823-1831.

[32] ELAD M, AHARON M. Image denoising via sparse and redundant representation over learned dictionaries [J]. IEEE Trans on Image Processing, 2006, 15 (12): 3736-3745.

[33] HORN R A, JOHNSON C R. Matrix Analysis [M]. Cambridge: Cambridge University Press, 1985.

[34] TSENG P, YUN S A. Block-Coordinate Gradient Descent Method for Linearly Constrained Nonsmooth Separable Optimization [J]. Journal of Optimization Theory and Applications, 2009, 140 (3): 513-535.

[35] 张贤达. 矩阵分析与应用 [M]. 北京: 清华大学出版社, 2011.

[36] 陈博洋, 郭强, 陈桂林, 等. 超分辨率图像重建引起的噪声放大与滤波 [J]. 红外与毫米波学报, 2011, 30 (1): 15-20.

[37] WANG Z, BOVIK A C, SHEIKH H R, et al. Image quality assessment: from error measurement to structural similarity [J]. IEEE Transactions on Image Processing, 2004, 3 (4): 600-612.

[38] 李志清, 施智平, 李志欣, 等. 基于结构相似度的稀疏编码模型 [J]. 软件学报, 2010, 21 (10): 2410-2419.

[39] 杨春玲, 高文瑞. 基于结构相似的小波域图像质量评价方法的研究 [J]. 电子学报, 2009, 37 (4): 845-849.

[40] YANG M, ZHANG L, YANG J, et al. Regularized robust coding for face recognition [J]. IEEE Transactions on Image Processing, 2013, 22 (5): 1753-1766.

[41] LEE H, BATTLE A, RAINA R, et al. Efficient sparse coding algorithms [J]. In Advances In Neural Information Processing Systems, 2007, 801-808.

[42] LIN Z, CHEN M, WU L, et al. The augmented lagrange multiplier method for exact recovery of corrupted low-rank matrices [EB/OL]. [2013-10-19], arXiv: 1009. 5055v3, https: //arxiv. org /pdf/ 1009. 5055. pdf.

[43] CHAN T M, ZHANG J, PU J, et al. Neighbor embedding based super-resolution algorithm through edge detection and feature selection [J]. Pattern Recognition Letters, 2009, 30 (5): 494-502.

[44] GLASNER D, BAGON S, IRANI M. Super-resolution from a single image [C] // Proceedings of the 2015 IEEE International Conference on Computer Vision (ICCV). Santiago, Chile: IEEE, 2009, (1): 349-356.

[45] FREEDMAN G, FATTAL R. Imag and video upscaling from local self-examples [J]. ACM Transactions on Graphics, 2011, 30 (2), 12: 1-11.

[46] YANG JIANCHAO, LIN ZHE, SCOTT COHEN. Fast Image Super-resolution Based on In-place Example Regression [C] //Proceedings of IEEE Conference on Computer

Vision and Pattern Recognition (CVPR), 2013, (1): 1059-1066.

[47] ZHOU YICHAO, TANG ZHENMIN, HU XIYUAN. Fast Single Image Super Resolution Reconstruction via Image Separation [J]. Journal of Networks, 2014, 9 (7): 1811-1818.

[48] ZHU X, MILANFAR P. Automatic parameter selection for denoising algoirthms using a non-reference measure of image content [J]. IEEE Transactions. on Image Processing, 2010, 19 (12): 3116-3132.

第4章 基于稀疏和低秩表示的目标检测

4.1 目标检测概述

目标检测是计算机视觉领域中一个基础性的研究课题，基于计算机视觉技术的目标检测就是给定一张图像或者一段视频序列，找出其中所涵盖的目标类别及其位置。目标检测分为两类：一类是在序列图像中检测出运动的前景，通常称为运动目标检测；另一类是在单帧图像中检测出类具体的目标，如人脸检测、行人检测、车辆检测和红外小目标检测等，即单帧图像目标检测。这两类目标的检测原理和方法存在很大差异，下面分别对这两类目标检测问题进行介绍。

4.1.1 序列图像目标检测

序列图像目标检测是计算机视觉分析领域中重要的组成部分，它是视频图像的后续处理（跟踪和识别）重要前提条件。运动目标检测主要目的是从视频图像中提取出运动目标并获得运动目标的特征信息，如颜色、形状、轮廓等。提取运动目标的过程实际上是一个图像分割的过程，而运动物体只有在连续的图像序列（如视频）中才能体现出来，运动目标提取的过程是在连续的图像序列中寻找差异，并把由于物体运动表现出来的差异提取出来。

序列图像目标检测技术在科学理论和工程实践中有着广阔的前景：在军事领域，可用于弹道导弹、飞机等重要的军事运动目标的精确制导；在工业领域，可用于工业控制、产品检测等方面；在社会安全方面，可用于智能监控系统中自动完成对人、车辆的实时检测和跟踪；在气象上，可用于天气的预报和云图的分析；在医学方面，可用于生物组织运动分析等。

4.1.1.1 序列图像目标检测的基本框架与组成

序列图像目标检测的关键在于提取出运动目标所在区域特征的同时，尽可能摒弃对运动目标检测无用的信息，如背景和静止目标等。传统的运动目标检测有帧间差分法、背景差分法和光流法，下面分别介绍这三类方法的基本框架与组成。

1. 帧间差分法

帧间差分法是一种基于像素的序列图像目标检测方法，它通过对序列图像中相邻的两帧或三帧图像进行差分运算来获得运动物体轮廓。计算第 k 帧图像与第 $k-1$ 帧图像之间的差别，得到差分后的图像 $\boldsymbol{D}_k$，然后对 $\boldsymbol{D}_k$ 使用图像分割算法进行二值化处理，还可使用数学形态学对其进行滤波处理得到图像 $\boldsymbol{R}_k$，最后对图像 $\boldsymbol{R}_k$ 进行区域连通性分析，若某一连通区域的面积大于设定阈值，则判定为目标，并认为该区域是目标的区域范围，并确定目标的最小外接矩形，如图 4-1 所示。

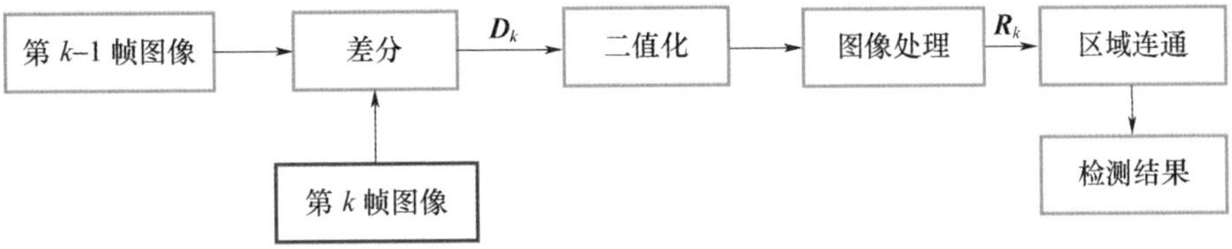

图 4-1 基于帧间差分法的序列图像目标检测

帧差法对包含运动目标的场景有着比较强的鲁棒性，且运算速度快，但该方法不适用于背景变换的序列图像的场景（图像采集设备处于运动状态），也无法识别静止或运动速度很慢的目标，在运动目标表面有大面积灰度值相似区域的情况下，做差分时目标图像会出现孔洞，因此该方法仅适用于简单的运动检测的场景。

2. 背景差分法

背景差分法实现序列图像目标检测主要包括背景建模、目标检测和背景更新三个环节。其中，背景建模和背景更新是背景差分法中的核心问题。背景建模是通过统计学理论建立一个背景模型，背景模型建立的好坏直接影响目标检测的效果。目标检测是将当前检测图像与背景图像进行差分，分割出运动目标，具体检测流程为：首先计算背景估计图像与当前帧图像的差分图像 $\boldsymbol{D}_k$，然后对 $\boldsymbol{D}_k$ 进行二值化和形态学滤波处理，并对所得结果 $\boldsymbol{R}_k$ 进行区域连通性分析，若某一连通的区域的面积大于设定阈值，则判定为目标，且连通区域就是目标的区域范围，从而确定目标的最小外接矩形，如图 4-2 所示。背景更新是因为随着时间的推移，初始的背景图像已经不能适应光照和外部条件造成的场景变化，会出现许多伪运动目标点，影响目标检测的效果，为此在检测运动目标的同时，需要利用检测结果对背景图像进行动态的更新。

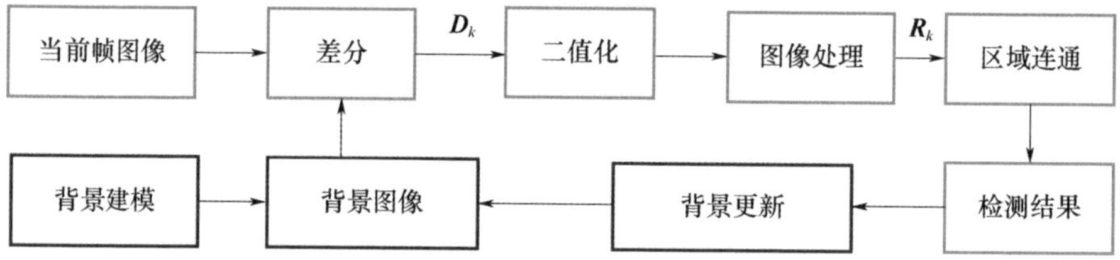

图 4-2　基于背景差分法的序列图像目标检测

背景差分法计算较为简单，同帧间差分一样，背景差分适用于序列图像中背景静止的情况，由于背景图像中没有运动目标，当前图像中有运动目标，将两幅图像相减，显然可以提取出完整的运动目标，解决了帧间差分法提取的目标内部含有“空洞”的问题。

3. 光流法

光流场是用来表征图像中像素点的灰度值发生变化趋势的瞬时速度场，在现实世界中，目标的运动一般是通过视频流中各个像素点灰度分布的变化表征的。光流法检测运动目标基本思想是赋予图像中的每一个像素点一个速度矢量，从而形成该图像的运动场。图像上的点和三维物体上的点在某一特定的运动时刻是一一对应的，根据各像素点的速度矢量特征对图像进行动态的分析。若图像中不存在运动目标，那么光流矢量在整个图像区域则是连续变化的，而当物体和图像背景中存在相对运动时，运动物体所形成的速度矢量必然不同于邻域背景的速度矢量，从而将运动物体的位置检测出来。基于光流法的序列图像目标检测基本框架如图 4-3 所示。

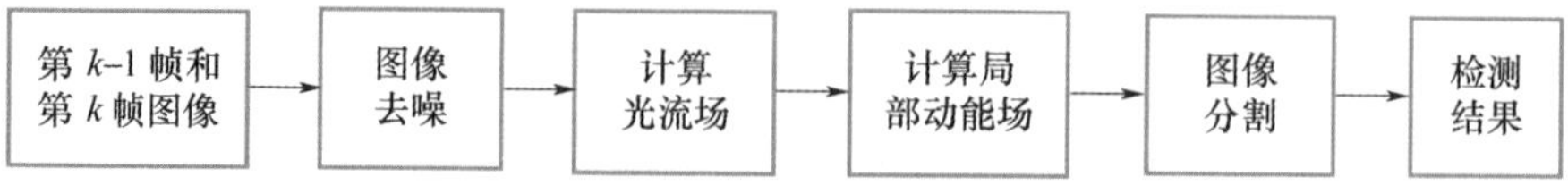

图 4-3　基于光流法的序列图像目标检测基本框架

通过计算光流场得到的像素运动向量是由目标和摄像机之间的相对运动产生的，因此该类检测方法适用于摄像机静止和运动两种场合。但是，光流场的计算过于复杂，而且在实际情况中，由于光线等因素的影响，目标在运动时，其表面的亮度并不是保持不变的，这就不满足光流基本约束方程的假设前提，会导致计算出现很大的误差。

4.1.1.2 序列图像目标检测的发展历程

序列图像目标检测是指通过计算机视觉的方法减除视频中时间和空间上的冗余信息，有效地提取出发生空间位置变化的物体的过程，由于序列图像目标检测通常检测的是序列图像中处于运动状态的目标，因此又称为运动目标检测。序列图像目标检测一直是热门的研究领域，经过几十年来研究人员的努力，序列图像目标检测技术取得了不错的成果，广泛应用于智能监控、多媒体应用等领域。近年来，根据应用场合、技术方法等方面的不同，学者们提出了众多不同的序列图像目标检测的方法，以适应复杂多变的环境。

Jain 等[1]提出了使用帧间差分的方法来提取序列图像中的运动目标。帧差法对包含运动目标的场景有着比较强的鲁棒性，且运算速度快，但该方法一般不能完全检测出运动物体的所有像素点，常在检测到的运动物体内部出现“空洞”现象，因此该方法适用于简单的运动检测的情况。针对帧间差分法的不足，学者们提出了一种基于统计学原理的运动目标检测的思路，先通过统计学理论建立一个背景模型，再利用背景差分法对运动目标与背景的像素点进行分类。Gloyer 等[2]使用中值法建立背景模型，用连续 N 帧图像序列的像素值的中值作为背景模型；但是这种方法耗费内存较大，计算量也不小，而且在光照变化的环境中常常出现偏差。针对这种局限性，Wren 等[3]提出使用单高斯进行背景建模方法，利用阈值判断像素点是否属于前景。然而在现实应用中，背景通常是复杂的多模型情况（如晃动的树叶等），使用单高斯模型往往不能准确地描述背景模型。因此，Stauffer 等[4]提出了经典的混合高斯背景建模法，该方法通常能够很好地适应复杂场景，并通过模型参数的自动计算来调整背景模型；但是由于增加了高斯分布的个数，计算量也增大。十几年来，提出了很多基于混合高斯模型的改进算法，如高斯模型个数自适应的算法，使得算法效率、鲁棒性得以提升。然而，实际情况下的背景往往是快速变化的，有时候并不符合高斯分布，故使用高斯模型进行背景建模会产生问题。为此，Elgammal 等[5]提出了一种无参数的基于核密度估计的运动目标检测方法，该方法不需要对背景的密度分布进行任何假设，而是通过最近的几个图像样本信息利用标准核函数准确地估计出像素点，提取运动目标。试验结果表明：该方法在复杂的户外场景中有较好的适应性，缺点是计算量大，实时性不好。

2009 年，Barnich 等[6]提出视觉背景提取（ViBe）法，该算法直接对每一个像素点按照一定的规则随机地选取一定数量的像素值进行背景建模，然后采用欧几里得距离对像素点进行前景与背景的分类。该算法不需要假定任何的概率模型，并且可以在视频序列的第二帧就进行运动目标的检测，计算速度很快；但是，在一些深色背景、阴影以及背景快速变化的场景中还是会出现一些问题，如“鬼影”现象等。

以上介绍的序列图像目标检测算法均是基于统计学理论的，在这类目标检测法快速发展的同时，学者们还提出了很多种不同理论基础的目标检测法，如基于聚类理论的方法、基于模糊理论的方法、背景预测法、基于神经网络的方法以及光流法等。

基于聚类的序列图像目标检测法的经典算法是 Kim 等[7]提出的 CodeBook 法。CodeBook 没有使用概率模型，而是使用码本对像素进行分类，进而实现前景目标的提取。该方法能够适应一定的复杂场景，但是，由于场景的复杂多变，码本中码字将不断增加，这会导致消耗内存过多，实时性也受到一定的限制。

在 2006 年以前，学者们提出了很多基于“像素”特征的序列图像目标检测的方法，很少有人提出以“区域”或者“帧”为特征的目标检测法。而纹理特征就是一种极易区分图像的区域特征，Heikkila 等[8]首次提出一种基于局部二值模式（local binary pattern，LBP）的纹理直方图来进行背景建模的方法，由于纹理的计算复杂度高，因此这类方法实时性并不好。基于帧的序列图像目标检测方法采用了直接对视频帧进行背景建模的思路，经典的算法有本征背景减除法，该算法利用 PCA 对连续多帧视频进行特征分解，进而提取前景。

以上介绍了多种序列图像目标检测算法，然而没有任何一种算法能胜任所有场景下的检测任务。因此，目标检测的关键在于如何根据现有相关理论，结合实际场景的特点，寻求合适的方法，从而满足实际应用的需求。

4.1.2 单帧图像目标检测

单帧图像目标检测是指对单幅图像中的某一类目标进行检测。该目标检测任务可分为目标分类和目标定位两个关键的子任务。目标分类任务负责判断输入图像中是否有感兴趣类别的物体出现，可以输出一系列带分数的标签表明感兴趣类别的物体出现在输入图像的可能性。目标定位任务负责确定输入图像中感兴趣目标的位置和范围。

单帧图像目标检测是大量高级视觉任务的必备前提，包括活动或事件识别、场景内容理解等，而且目标检测也应用于很多实际任务，如智能视频监控、基于内容的图像检索、机器人导航和增强现实等。

4.1.2.1 单帧图像目标检测的基本框架和组成

单帧图像目标检测包括特征提取、检测模型、搜索方法三个核心组件，这三个方面是影响目标检测鲁棒性、精度和快速性的重要因素。从目标检测的发展历程来看，目标检测算法大体上可以分为基于传统手工特征的时期（2013 年之前）以及基于深度学习的目标检测时期（2013 年至今），如果说前者是“冷兵器时代的智慧”，则后者是借助深度学习力量的技术美学。下面分别介绍传统目标检测与基于深度学习目标检测的基本框架和组成。

传统的目标检测将检测任务看作目标和背景的二分类问题，它包括训练阶段和检测阶段两个阶段。训练阶段的功能是通过对训练样本提取视觉特征，如人脸检测常用的 Haar-Like 特征[9]、行人检测常用 HOG（histogram of oriented gradient）特征[10]，将特征输入到选择的分类器中（如 Adaboost[9,11]、SVM（surpport vector machine）[10]等）进行训练得到目标分类器。

检测阶段分为三个步骤：首先在输入的图像上选择候选的区域，因为目标可能出现在图像的任何位置，而且目标的大小、长宽比也不确定，所以采用不同尺度的滑动窗口策略对整幅图像进行遍历；对这些候选区域提取特征；最后将提取的特征输入到目标分类器中，判断是否存在待检测的目标。传统单帧图像目标检测的流程如图 4-4 所示。

特征提取的作用是从图像中提取出一些有价值的信息，特征提取的好坏对于目标检测的精确度有着至关重要的作用，在传统目标识别中特征提取所占地位丝毫不亚于支持矢量机、Adaboost 这类机器学习算法。在特征选择的过程中需要充分考虑目标的相关性，这样才能提取更加能够描述目标类别的特征。目前的特征种类非常多，如颜色特征、纹理特征、区域特征、边缘特征等，本节不过多介绍这类概念性的内容，下面简单概括一些常用的特征描述子。

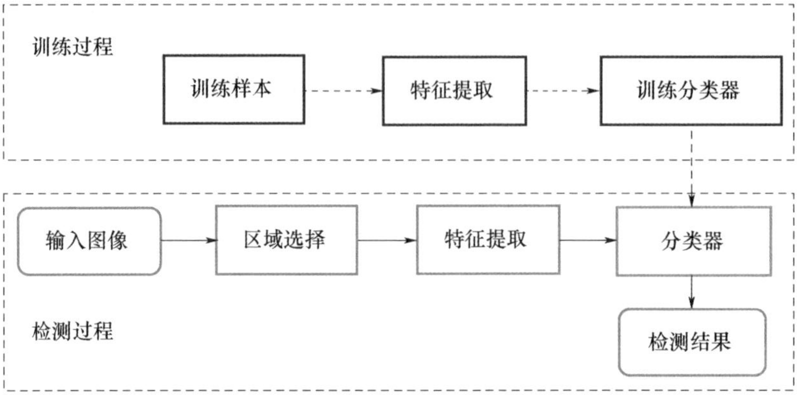

图 4-4　传统单帧图像目标检测算法流程

Haar 特征包括边缘特征、线性特征、中心特征和对角线特征组合成特征模板，反映了图像的灰度变化情况。特征模板内有白色和黑色两种矩形，定义该模板的特征值为白色矩形像素和减去黑色矩形像素和。

角点对应于物体的拐角，在现实世界中普遍存在，如道路的十字路口、丁字路口等，Harris[12]是一种角点特征描述子，应用邻近像素点灰度差值概念，从而进行判断是否为角点。

SIFT（scale-invariant feature transform）特征[8]对旋转、尺度缩放、亮度变化保持不变性，对视角变化、仿射变换、噪声也保持一定程度的稳定性，备受研究人员关注。

LBP 特征[8]是一种纹理特征描述算子，具有旋转不变性和灰度不变性等显著的优点。

HOG 特征[10]是基于统计的特征提取算法，通过统计不同梯度方向的像素而获取图像的特征矢量。

DPM（discriminatively trained part based models）是可变形组件模型[13]，DPM 是 HOG 的扩展，大体思路与 HOG 一致，先计算梯度方向直方图，然后用 SVM 训练得到物体的梯度模型。另外，DPM 检测算法中提出的难例挖掘、边界框回归等思想对后续目标识别甚至深度学习产生深远影响，本书作者也因此一举获得 VOC 挑战赛的终身成就奖。

传统的单帧图像目标检测方法在军事目标的检测上应用广泛，本书作者曾利用 Adaboost 和 Haar 特征实现炮弹炸点检测，取得了较为满意的效果[14]。图 4-5 和图 4-6 给出了该算法流程和实验效果。

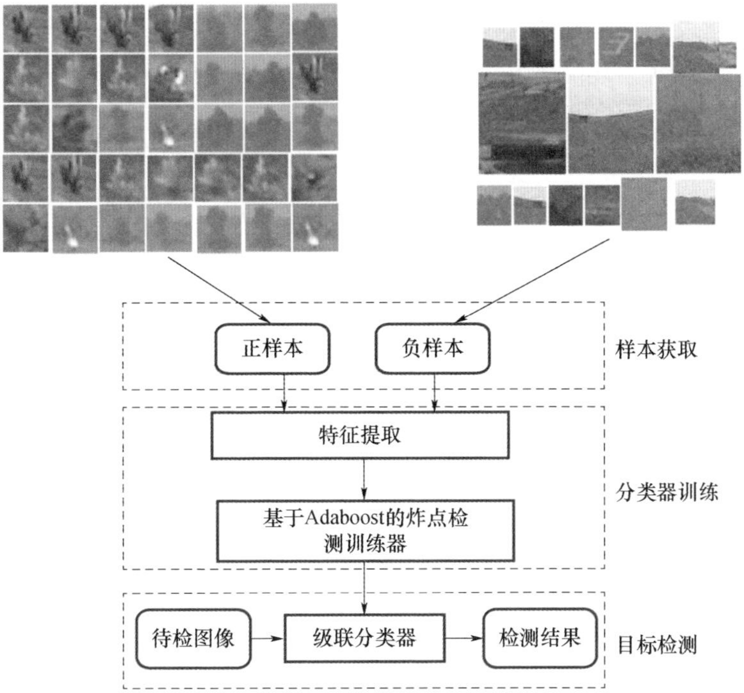

图 4-5 基于 Adaboost 和 Haar 特征的炮弹炸点检测流程

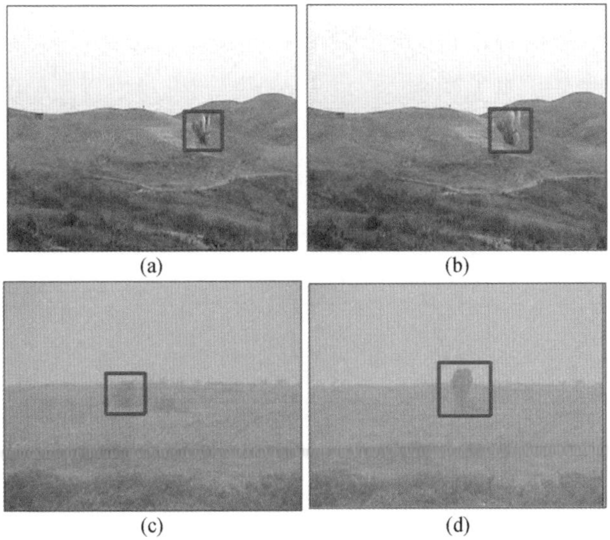

图 4-6 基于 Adaboost 和 Haar 特征的炮弹炸点检测效果图

传统的单帧图像目标检测主要存在两个问题：一是基于滑动窗口的区域选择策略没有针对性，窗口冗余，时间复杂度高；二是手工设计的特征对于多样性的变化没有很好的鲁棒性。

随着深度学习在图像分类中的成功应用，人们提出了基于深度学习的目标检测方法[15]，较好地解决了传统目标检测算法中存在的两个问题。基于深度学习的目标检测过程分成候选框选取、深度卷积神经网络的特征学习、分类和回归三个阶段，其中候选框选择是最为耗时的一个阶段，基于深度学习的目标检测方法摒弃了传统目标检测中滑动窗口的区域选择策略，提出了区域建议（region proposal）策略。区域建议利用图像中的纹理、边缘、颜色等信息，采用图像分割技术，预先在图像中找到目标可能出现的位置，保证选取较少的候选区域的情况下保持较高的召回率，大大降低后续操作的时间复杂度，并且获得的候选区域要比滑动窗口的质量更高。比较常用的区域建议方法有选择性搜索（selective search）和边缘框（edge boxes）等。基于深度学习的目标检测在训练阶段利用卷积神经网络进行特征学习，不使用手工设计特征。基于深度学习的目标检测在候选框选取策略和特征提取两个方面的改进大大提高了目标检测性能。

区域建议策略与滑动窗口策略相比，大大减少了候选框个数，但由于候选框选取是目标检测中最为耗时的阶段，因此在算法实时性方法，包含区域建议的两阶段目标检测算法的实时性较差。为进一步提升目标检测算法的实时性，一阶段（one-stage）的目标检测算法不需要区域建议阶段，直接产生物体的类别概率和位置坐标值，经过单次检测即可直接得到最终的检测结果。一阶段目标检测算法与两阶段目标检测相比，在检测精度上有所下降，但有着更快的检测速度。图 4-7 以 FasterRCNN 为例给出了深度目标检测算法流程图，图 4-8 给出了基于深度学习的军事目标检测效果。

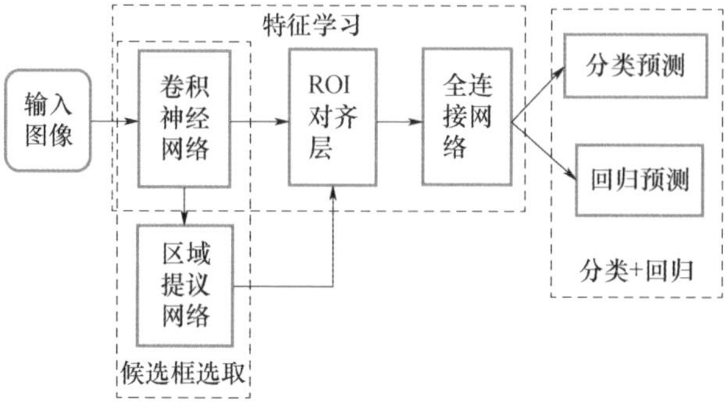

图 4-7　FasterRCNN 目标检测算法流程

(a)

(b)

图 4-8 基于深度学习的军事目标检测效果

(a) 地面军事目标的检测效果；(b) 空中军事目标的检测效果。

4.1.2.2 单帧图像目标检测的发展历程

2001 年，Viola[9] 提出的 AdaBoost 算法框架使用 Haar-like 特征分类，采用滑动窗口搜索策略实现准确有效地定位，第一次实现了人脸的实时检测，该方法的成功之处在于多尺度 Haar 特征的快速计算、有效的特征选择算法以及高效的多阶段处理策略。2005 年，Dalal[10] 提出使用 HOG＋SVM 进行行人检测获得了极大成功。该方法沿用原始的“多尺度金字塔＋滑窗”的思路进行检测，提取的 HOG 特征对图像几何的和光学的形变都能保持很好的不变性，检测器采用线性分类器，较好地兼顾了速度和性能。在该算法框架的基础上，研究人员通过利用级联分类器前一阶段的信息、特征之间的共生特性、更有效的特征设计方法、多类目标的特征共享、分支限界算法等策略来提高该类算法的效果和效率。为检测非刚体形变目标，2010 年，Felzenszwalb[13] 提出可变形部件模型（DPM），其思想是将目标整体的检测问题拆分并转化为对模型各个部件的检测问题，然后将各个部件的检测结果进行聚合得到最终的检测结果。DPM是HOG+SVM的扩展，很好地继承了两者的优点，但是相对复杂，检测速度也较慢，大量研究者在DPM的基础上设计出种种改进的目标检测算法。DPM及其各种改进算法是基于经典手工特征的检测算法发展的顶峰，是深度学习兴起之前目标检测的最佳算法。总的来说，传统目标检测方法效率较高、特征可解释性强，但算法的准确率和泛化性能仍有待提高。

2012年，Krizhevsky提出基于深度学习理论的深度卷积神经网（DCNN）的图像分类算法，使图像分类的准确率大幅提升，深度学习在图像分类算法的成功应用引发了基于深度学习的目标检测的算法的研究热潮，基于深度学习的目标检测随机横空出世[15]迅速盖过了DPM的风头，很多之前研究传统目标检测算法的研究者也开始转向深度学习。

2013年，Sermanet[16]提出的OverFeat是集成了识别、定位和检测任务的DCNN框架，对输入图像采用滑动窗口策略，用分类模型确定每个窗口中目标的类别，然后使用对应类别的定位模型预测目标的候选区域，根据分类分数为每个类选出候选区域进行合并，得到最终的检测结果。在近几年的目标检测和识别竞赛中，基于深度学习的目标检测方法在准确率上已远远超越基于浅层特征的目标检测方法。

按是否需要候选区域（region proposal）[17]可以将基于深度学习的目标检测方法分为两阶段和一阶段目标检测方法。

在两阶段目标检测算法中，最早是R-CNN方法[18]，该方法采用选择性搜索策略（selective search）对一幅图像选取1K～2K个候选区域，对每个候选区域利用CNN提取特征，输入到为每个类训练好的SVM分类器，得到候选区域属于每个类的分数。最后，R-CNN使用非极大值抑制（NMS）方法舍弃部分候选区域，得到检测结果，R-CNN也是最早提出双阶段目标检测的方法。由于R-CNN需要处理的候选区域大大减少，检测效率得到极大提高，但是每一个候选区域均需要单独进行特征提取，存在大量重复运算。2014年，He[18]提出多区域特征共享策略的SPP-Net，整张图像只需进行一次卷积运算，依据每个候选框在原始图片中的位置，在卷积特征图中取出对应区域的卷积特征，利用空间金字塔池化（SPP）层将不同维度的区域特征统一到相同的维度后送入全连接层，实现目标检测。SPP-Net不仅极大节省计算量，而且解决了R-CNN中对候选区域进行裁剪而导致目标尺寸信息丢失的问题。2015年，Girshick[19]提出的Fast R-CNN继承了SPP-Net的区域共享的思想，并利用 RoI-Pooling 将候选区域的特征图像大小进行统一，此外，Fast R-CNN 还设计了多任务损失函数（multi-task loss），将分类任务和边框回归统一到一个框架之内，节省了大量内存。2016 年，Faster R-CNN[20] 创建 RPN 网络替代候选区域算法进行候选框选择，大大降低了候选框生成的运算量，且使整个目标检测真正实现了端到端的计算，将所有的任务都统一在深度学习的框架之下，所有计算都在 GPU 内进行，计算精度都有了大幅度提升，检测速度也提升至准实时检测速度。总的来说，基于候选区域的 R-CNN 系列目标检测方法精度越来越高，速度也越来越快，是当前目标检测最主要的一个分支。但由于需要预先获取候选区域，再对每个区域分类，计算量还是比较大，无法满足实时的检测要求。

一阶段的目标检测方法无须候选区域，直接从图像中回归出目标的位置和类型，在提升检测速度的同时牺牲了一些检测的准确率，其代表性方法是 YOLO 系列[21] 和 SSD[22] 系列。YOLO 将一幅图像分割多个网格，利用目标置信度的阈值对目标窗口进行选择，通过非极大值抑制去除冗余窗口。YOLO 方法舍弃候选区域阶段，加快了速度，但是定位精度比较低。SSD 算法吸收了 YOLO 速度快和 RPN 定位精准的优点，采用了 RPN 中的多参考窗口技术，并进一步提出在多个分辨率的特征图上进行检测，使得定位精度和分类精度与 YOLO 相比都有了大幅度的提高。

总的来说，基于深度学习的目标检测方法准确率和泛化能力较好，但通常需要大量的训练集和强大的 GPU 计算平台的支持。在不损失准确率的情况下提高算法效率，或者在提高准确率的同时兼顾算法效率，逐渐成为目标检测的研究趋势。

4.1.3 本章内容

目标检测是计算机视觉研究的一个热门课题，在智能安防、交通监控等方面应用广泛。几十年来，目标检测技术取得了快速发展，但仍然面临着光照变化、背景干扰、遮挡等难题，传统的目标检测方法并不能达到理想的检测效果。稀疏表示方法符合人类视觉系统的描述方式，实现图像的有效表示，为目标检测提供了新思路。

本章在稀疏与低秩表示框架下，针对运动目标检测和红外小目标检测两个应用展开研究，主要工作包括以下三个方面：

（1）基于稀疏表示与图切的序列图像目标检测算法。在稀疏表示的框架下，提出了一种快速鲁棒的视频序列运动目标检测算法：首先从降低问题规模的角度出发，引入了编码迁移的思想，快速求解检测图像在字典上的表示系数，进而提高了算法的实时性；其次利用目标的空间连续性特点，采用图切算法进行图像分割，提高了算法鲁棒性。该算法适用于处理对实时性要求较高或背景存在干扰的视频序列的运动目标检测问题。

（2）基于岭回归协助稀疏表示的快速鲁棒红外小目标检测方法。基于岭回归协助稀疏表示的快速鲁棒红外小目标检测方法包括字典构造和目标检测两个过程。为了提高小目标检测的鲁棒性，该方法利用小目标样本和背景样本建立超完备字典。为了提高小目标检测的速度，首先利用求解速度较快的岭回归表示重建误差计算样本观测似然值，然后按照观测似然值的降序顺序选取测试样本，自适应地选择候选目标，并利用稀疏表示重建误差计算其观测似然值，实现目标检测。

（3）基于主分量寻踪的红外小目标检测方法。红外小目标图像是由背景、小目标和噪声三部分组成。其中，背景具有低秩结构，小目标具有稀疏性、噪声的能量有限，根据小目标图像以上特点，基于主分量寻踪原理提出一种新的红外小目标检测方法。该方法首先利用主分量寻踪将红外小目标图像分解为低秩矩阵和稀疏矩阵，然后对稀疏图像进行分割实现小目标检测。

4.2 基于稀疏表示与图切的序列图像目标检测

4.2.1 目标检测模型

基于图像的稀疏表示理论和观测噪声模型，一幅待检测图像 $\boldsymbol{y}\in\mathbb{R}^m$ 在超完备字典下可表示为

$$\boldsymbol{y}=\boldsymbol{A}\boldsymbol{x}+\boldsymbol{e} \tag{4-1}$$

式中：$\boldsymbol{A}=\{\alpha_1, a_2, \cdots, \alpha_n\}\in\mathbb{R}^{m\times n}$ $(m\ll n)$，是包含了 n 个样本的训练集，在运动目标检测中，$\boldsymbol{A}$ 是超完备的背景字典；$\boldsymbol{x}=\{x_1, x_2, \cdots, x_n\}$ 为 n 维稀疏系数向量；$\boldsymbol{e}\in\mathbb{R}^m$ 为噪声向量。

为了获得更加准确的检测结果，利用运动目标具有空间连续性这一先验知识，采用图切模型进行目标分割[23-24]。为此，定义的二值向量 $\boldsymbol{s}$ 作为运动目标的掩模，$\boldsymbol{s}=[s_1, s_2, \cdots, s_m]^{\mathrm{T}}$。当 $s_i=1$ 时，y_i 表示背景；当 $s_i=0$ 时，

y_i 表示前景。

如果 y_i 表示背景（$s_i=1$），则它可以表示为背景字典的线性组合。另外，考虑数据采集过程中引入的高斯噪声，有 $y_i=(\boldsymbol{Ax})_i+\boldsymbol{e}_i$，其中 $\boldsymbol{e}_i\in \mathrm{N}(0,\sigma^2)$。它的条件概率密度函数如下：

$$p(y_i \mid s_{i=1},\boldsymbol{x})=\frac{1}{\sqrt{2\pi}\sigma}\exp\left\{-\frac{[y_i-(\boldsymbol{Ax})_i]^2}{2\sigma^2}\right\} \tag{4-2}$$

如果 y_i 表示前景（$s_i=0$），则它的条件概率是均匀分布的，且与系数向量 $\boldsymbol{x}$ 无关。它的条件概率密度函数如下[25]：

$$p(y_i \mid s_{i=0},\boldsymbol{x})=\begin{cases}\dfrac{1}{b-a} & (y_i\in[a,b])\\ 0 & (\text{其他})\end{cases} \tag{4-3}$$

式中：$[a,b]$ 为图像的像素取值区间，在该区间内任意 y_i 值的概率密度相同。

定义图模型 $\boldsymbol{G}=(\boldsymbol{V},\boldsymbol{E})$，其中，$\boldsymbol{V}=\{y_1,y_2,\cdots,y_m\}$ 为图像的 m 个像素，$\boldsymbol{E}$ 为相邻像素之间的边集（本方法采用的是四邻域边集）。用图模型表示 $\boldsymbol{s}$，由于 $\boldsymbol{s}$ 是具有空间连续性的二值向量，可以利用马尔可夫随机场进行建模，基于 Ising 模型[24]，$\boldsymbol{s}$ 的概率分布函数为

$$p(\boldsymbol{s})=\frac{1}{Z_1}\exp\left(-\sum_{(i,j)\in E}\beta_{i,j}\mid s_i-s_j\mid\right) \tag{4-4}$$

式中：$\beta_{i,j}$ 为用于控制 s_i 和 s_j 之间依赖度的常量，$\beta_{i,j}>0$；Z_1 为归一化常量。

另外，为保证解的稳定，需要对系数 $\boldsymbol{x}$ 进行稀疏约束，其概率分布函数[26]为

$$p(\boldsymbol{x})=\frac{1}{Z_2}\exp\left(-\beta\sum_{k=1}^{n}\mid x_k\mid\right) \tag{4-5}$$

由于 $\boldsymbol{x}$ 和 $\boldsymbol{s}$ 满足独立同分布，因此后验概率 $p(\boldsymbol{s},\boldsymbol{x}\mid\boldsymbol{y})$ 表示为

$$\begin{aligned}
p(\boldsymbol{s},\boldsymbol{x}\mid\boldsymbol{y}) &\propto p(\boldsymbol{y}\mid\boldsymbol{s},\boldsymbol{x})p(\boldsymbol{x})p(\boldsymbol{s})\\
&=\left[\prod_{i=1}^{m}p(y_i\mid s_i,\boldsymbol{x})\right]p(\boldsymbol{x})p(\boldsymbol{s})\\
&=\left[\prod_{i=1}^{m}p(y_i\mid s_{i=1},\boldsymbol{x})^{s_i}p(y_i\mid s_{i=0},x)^{1-s_i}\right]p(\boldsymbol{x})p(\boldsymbol{s})\\
&=\left\{\prod_{i=1}^{m}\left[\frac{1}{\sqrt{2\pi}\sigma}\exp\left(-\frac{(y_i-(\boldsymbol{Ax})_i)^2}{2\sigma^2}\right)\right]^{s_i}\left(\frac{1}{b-a}\right)^{1-s_i}\right\}\times\\
&\quad \frac{1}{Z_1}\exp\left(-\beta\sum_{k=1}^{n}\mid x_k\mid\right)\times\frac{1}{Z_2}\exp\left(-\sum_{(i,j)\in E}\beta_{i,j}\mid s_i-s_j\mid\right)
\end{aligned} \tag{4-6}$$

由于 $\boldsymbol{x}$ 和 $\boldsymbol{s}$ 的求解可以通过最大化后验概率 $p(\boldsymbol{s},\boldsymbol{x}\mid\boldsymbol{y})$ 获得，因此也等同于最小化 $-\ln p(\boldsymbol{s},\boldsymbol{x}\mid\boldsymbol{y})$。由式（4-6）推导得

$$-\ln p(\boldsymbol{s},\boldsymbol{x}\mid\boldsymbol{y})=C+\frac{1}{\sigma^2}\boldsymbol{J}(\boldsymbol{s},\boldsymbol{x})$$

式中：C 为常数。

$\boldsymbol{J}(\boldsymbol{s},\boldsymbol{x})$ 定义如下：

$$\boldsymbol{J}(\boldsymbol{s},\boldsymbol{x})=\sum_{i=1}^{m}\left\{s_i\frac{[y_i-(\boldsymbol{Ax})_i]^2}{2}+(1-s_i)\frac{\lambda^2}{2}\right\}+\gamma\sum_{k=1}^{n}|x_k|+\sum_{(i,j)\in E}\lambda_{i,j}|s_i-s_j| \tag{4-7}$$

式中

$$\lambda=(2\sigma^2\ln\tfrac{b-a}{\sqrt{2\pi}\sigma})^{\frac{1}{2}},\gamma=\sigma^2\beta,\lambda_{i,j}=\sigma^2\beta_{ij}$$

4.2.2 目标检测算法

为了保证系数 $\boldsymbol{x}$ 的稀疏约束，并利用目标的空间连续性结构，算法分步迭代求解式（4-7），得到 $\boldsymbol{x}$ 和 $\boldsymbol{s}$ 的最优解。

引理 4-1 给定 $\hat{\boldsymbol{s}}$，则可用基追踪（BP）算法求解 $\boldsymbol{x}$。

证明： 当 $\boldsymbol{s}$ 已知，式（4-7）中的目标函数只需要考虑前两项，最后一项看作常量，因此目标函数的最小化的问题等同于如下目标函数的最小化：

$$F(\boldsymbol{x})=\sum_{s_i\neq 0}\frac{[y_i-(\boldsymbol{Ax})_i]^2}{2}+\gamma\sum_{k=1}^{n}|x_k| \tag{4-8}$$

该问题即为 L_1 范数最小化问题：

$$\hat{\boldsymbol{x}}=\arg\min_{x}\frac{1}{2}\|\boldsymbol{y}-\boldsymbol{Ax}\|_2^2+\gamma\|\boldsymbol{x}\|_1 \tag{4-9}$$

式（4-9）的优化问题可用 BP 算法求解[27]。

在实际应用中，稀疏编码求解的训练集 $\boldsymbol{A}$ 的维数通常在10^8 以上，这显然会给稀疏编码的求解带来巨大的内存开销和计算负担。针对这一问题，本方法利用编码迁移实现稀疏表示系数的快速求解。

Yang 等[28]指出，高、低分辨率图像块相对于各自的过完备字典能够由同一稀疏系数表示出来。因此，对于给定的低分辨率图像，首先求出与之对应的低分辨率字典的稀疏表示系数，然后利用高分辨率字典乘以该稀疏表示系数，即可恢复出对应的高分辨率背景图像，这就是稀疏编码迁移（spare coding transfer，SCT）的思想。

利用相同的采样率，分别对背景字典 $\boldsymbol{A}$ 和待检测图像 $\boldsymbol{y}$ 进行采样，得到

一个维数较低的 $\boldsymbol{A}_{\mathrm{L}}$ 和 $\boldsymbol{y}_{\mathrm{L}}$。求解 $\boldsymbol{y}_{\mathrm{L}}$ 在 $\boldsymbol{A}_{\mathrm{L}}$ 上的稀疏编码系数 $\hat{\boldsymbol{x}}$，该算法的具体描述见表 4-1。

表 4-1 稀疏编码迁移算法

输入：观测图像 $\boldsymbol{y}\in\mathbb{R}^{m}$，背景字典 $\boldsymbol{A}\in\mathbb{R}^{m\times n}$，下采样因子 γ； 输出：稀疏编码系数 $\hat{\boldsymbol{x}}\in\mathbb{R}^{n\times 1}$。
步骤 1. 对检测图像和背景字典进行降维： $\boldsymbol{y}_{\mathrm{L}}=\mathrm{sample}(y,\gamma),\boldsymbol{A}_{\mathrm{L}}=\mathrm{sample}(\boldsymbol{A},\gamma)$； 步骤 2. 求解 $\hat{\boldsymbol{x}}=\arg\min\limits_{x}\frac{1}{2}\parallel\boldsymbol{y}_{\mathrm{L}}-\boldsymbol{A}_{\mathrm{L}}\boldsymbol{x}\parallel_2^2+\lambda\parallel\boldsymbol{x}\parallel_1$。

引理 4-2 给定 $\hat{\boldsymbol{x}}$，$\boldsymbol{s}$ 可以用最大流/最小切算法求解。

证明： 假如 $\boldsymbol{x}$ 已知，式（4-7）目标函数的最小化问题等同于如下目标函数的最小化：

$$G(\boldsymbol{s})=\sum_{i=1}^{m}\left\{|0-s_i|\frac{e_i^{\ 2}}{2}+|1-s_i|\frac{\lambda^2}{2}\right\}+\sum_{(i,j)\in E}\lambda_{i,j}\ |s_i-s_j| \tag{4-10}$$

式中：

$$e_i=y_i-(\boldsymbol{A}\hat{\boldsymbol{x}})_i。$$

式（4-10）所示的目标函数可以被视为一阶二元马尔可夫随机场的能量函数，因此该目标函数的最小化问题是 $\boldsymbol{s}$ 的能量最小化问题，利用图切算法即可求解。

由引理 4-1 和引理 4-2，式（4-7）可分两个步骤求解：首先固定目标掩模向量 $\boldsymbol{s}$，求解背景的稀疏系数 $\boldsymbol{x}$；然后固定 $\boldsymbol{x}$，求解 $\boldsymbol{s}$。循环迭代这两个步骤直至算法满足终止条件，图 4-9 给出了该算法流程，表 4-2 给出了算法的具体实现过程。

为简单起见，在检测之前，假定待检图像中没有目标，根据目标掩模向量 $\boldsymbol{s}$ 的定义，该值初始化为全 1，当检测到目标时，将 $\boldsymbol{s}$ 中与之对应的值置为 0，算法结束时，$\boldsymbol{s}$ 即为运动目标的二值图像。

表 4-2 中的算法终止条件是相邻两次迭代得到的能量差值小于设定的阈值；另外，如果迭代次数超过设定的最大迭代次数，则强行终止。对多组视频序列进行实验，发现表 4-2 算法在迭代 2～3 次即可满足终止条件，说明算法具有较好的收敛性，算法收敛性实验详见后面章节。

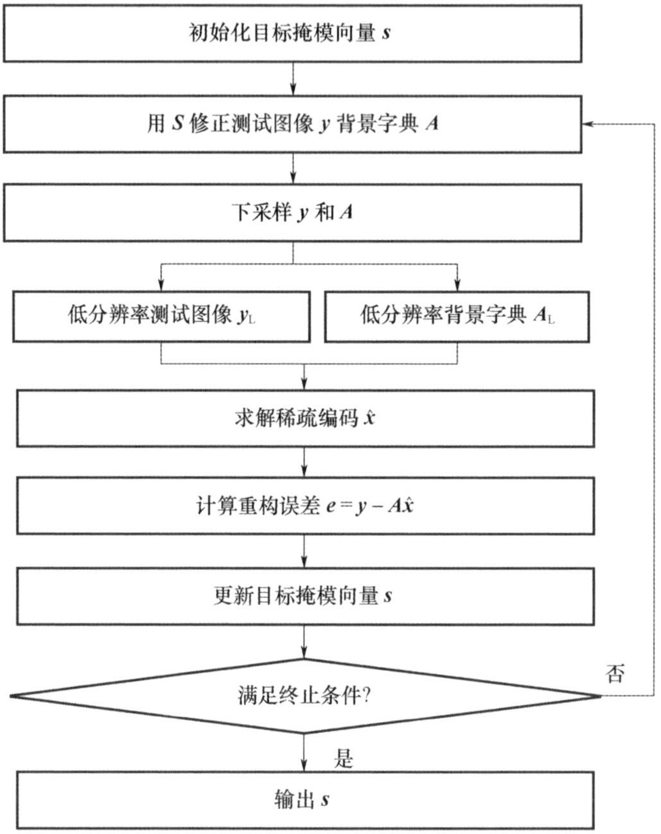

图 4-9　基于编码迁移和图切的序列图像目标检测算法流程

表 4-2　基于编码迁移和图切的序列图像目标检测算法

输入：观测图像 $\boldsymbol{y}\in\mathbb{R}^m$，背景字典 $\boldsymbol{A}\in\mathbb{R}^{m\times n}$，下采样因子 γ；

输出：目标二值化图像 $\boldsymbol{s}\in\mathbb{R}^m$。

步骤 1. 初始化 $\boldsymbol{s}^{(0)}=1_m$，$t=0$，max=20；

repeat

步骤 2. $t=t+1$；

步骤 3. 用 **s** 的值修正 **A** 和 **y**：

$$\boldsymbol{y}^*=\boldsymbol{y}[\boldsymbol{s}^{(t-1)}=1],\boldsymbol{A}^*=\boldsymbol{A}[\boldsymbol{s}^{(t-1)}=1];$$

步骤 4. 用表 4-1 算法求解稀疏编码系数：$\boldsymbol{x}=\mathrm{SCT}(\boldsymbol{y}^*,\boldsymbol{A}^*,\gamma)$；

步骤 5. 计算重构误差 $\boldsymbol{e}=\boldsymbol{y}-\boldsymbol{A}\hat{\boldsymbol{x}}$；

步骤 6. 利用图切算法更新 **s**：

$$\boldsymbol{s}^{(t)}=\arg\min_{s\in\{1,0\}^m}\sum_{i=1}^{m}\left(|0-s_i|\frac{e_i^2}{2}+|1-s_i|\frac{\lambda^2}{2}\right)+\sum_{i,j\in E}\lambda_{ij}|s_i-s_j|;$$

续表

步骤 7. 计算 $\boldsymbol{s}^{(t)}$ 的能量值 $\boldsymbol{E}^{(t)}$： $$\boldsymbol{E}^{(t)}=\sum_{i=1}^{m}\left\{\lvert 0-s_i^{(t)}\rvert\frac{e_i^{\ 2}}{2}+\lvert 1-s_i^{(t)}\rvert\frac{\lambda^2}{2}\right\}+\sum_{(i,j)\in E}\lambda_{i,j}\lvert s_i^{(t)}-s_j^{(t)}\rvert;$$ until abs（$\boldsymbol{E}^{(t)}-\boldsymbol{E}^{(t-1)}$）$<$1e−3 或者 $t>$max； 步骤 8. 令 $\boldsymbol{s}=\boldsymbol{s}^{(t)}$。

4.2.3 实验分析

4.2.3.1 实验说明

用三个代表性的序列图像（Airport、Hall 和 Water surface）以及一个炮弹炸点序列图像（Bomb），对提出的运动目标检测方法进行了实验验证（表 4-3 给出了四个实验数据说明），并从检测准确性和检测时间两方面分别与 BSRDL 算法[29]、PCP 算法[30]和 DECOLOR 算法[31]进行比较。

实验环境是以 Matlab R2010a 为开发工具，在 Intel（R）Forth-Core 2.50GHz CPU，4GB 内存的台式机上实现了本节提出的序列图像目标检测方法。

表 4-3 实验数据说明

实验视频	大小×帧数	描述
Hall	［144×176］×48	场景复杂：运动目标较多 背景动态变化：运行中的手扶电梯
Airport	［144×176］×48	场景复杂：运动目标较多
Water surface	［128×160］×24	背景动态变化：水面波纹的运动
Bomb	［288×352］×30	背景动态变化：视频采集设备抖动带来的背景变化

4.2.3.2 实验结果与分析

基于稀疏表示与图切的序列图像目标检测方法的主要目的是提高目标检测的实时性，同时算法在处理光照变化、背景干扰等复杂环境下的图像序列时具有较高的鲁棒性。下面主要从算法检测的时间和鲁棒性两方面进行实验分析；另外，在本节最后给出算法收敛性实验。

1. 算法实时性实验

表 4-4 给出了四种算法在四组数据上的检测时间，为方便比较，该表中

给出的时间是每一帧图像的检测时间。由于 DECOLOR 算法和 PCP 算法采用是批处理方式，处理的数据是一段图像序列，因此其取值为每一帧的平均检测时间。而本节算法和 BSRDL 算法采用在线处理方式，每次处理一帧图像，其时间为算法实际运行时间。通过表 4-4 中的数据对比可知，本节算法在实时性上优于其他算法，检测时间是 BSRDL 算法的 1/10，这是由于本节算法利用编码迁移的思想，降低了求解问题的规模，从而提高了稀疏编码求解速度。需要说明的是，利用矩阵分解的算法（DECOLOR 和 PCP）采用批处理方式，实际的检测时间为每帧的平均检测时间×视频帧数。

表 4-4　算法运行时间对比　　　　单位：s/帧

实验视频	BSRDL 算法	PCP 算法	DECOLOR 算法	本节算法
Hall	3.1	1.01	2.1	0.28
Airport	2.87	0.53	0.86	0.23
Water surface	2.80	0.49	0.73	0.23
Bomb	5.59	2.68	3.6	0.8

2. 算法鲁棒性实验

图 4-10 给出了四种检测方法对四个图像序列中运动目标检测的结果。从左至右，第一列是原始序列及其对应的 ground truth，第二列是 BSRDL 算法的检测结果，第三列是 PCP 算法检测结果，第四列是 DECOLOR 算法的检测结果，最后一列是本节算法的检测结果。其中，BSRDL 算法和 PCP 算法显示的是对前景进行阈值分割后的结果，在实验中发现，BSRDL 算法和 PCP 算法的检测结果受阈值的影响很大，图 4-10 中 BSRDL 算法和 PCP 算法的检测结果是基于大津法全局阈值分割后的结果。DECOLOR 算法和本节算法的检测结果没有经过任何处理。

从实验结果看，BSRDL 算法和 PCP 算法重建的背景与真实的背景存在差距，特别是 PCP 算法重建的背景出现明显的“鬼影”，以上两种算法虽然能检测到目标，但是检测到的目标区域不完整，存在“空洞”现象。对于复杂场景下的图像序列，例如 Airport 视频中存在手扶电梯的运动，BSRDL 算法和 PCP 算法均将手扶电梯误检为运动的目标，虽然经过形态学处理会消除部分误检的目标，但形态学的处理也会导致真实目标信息的损失，影响算法性能。

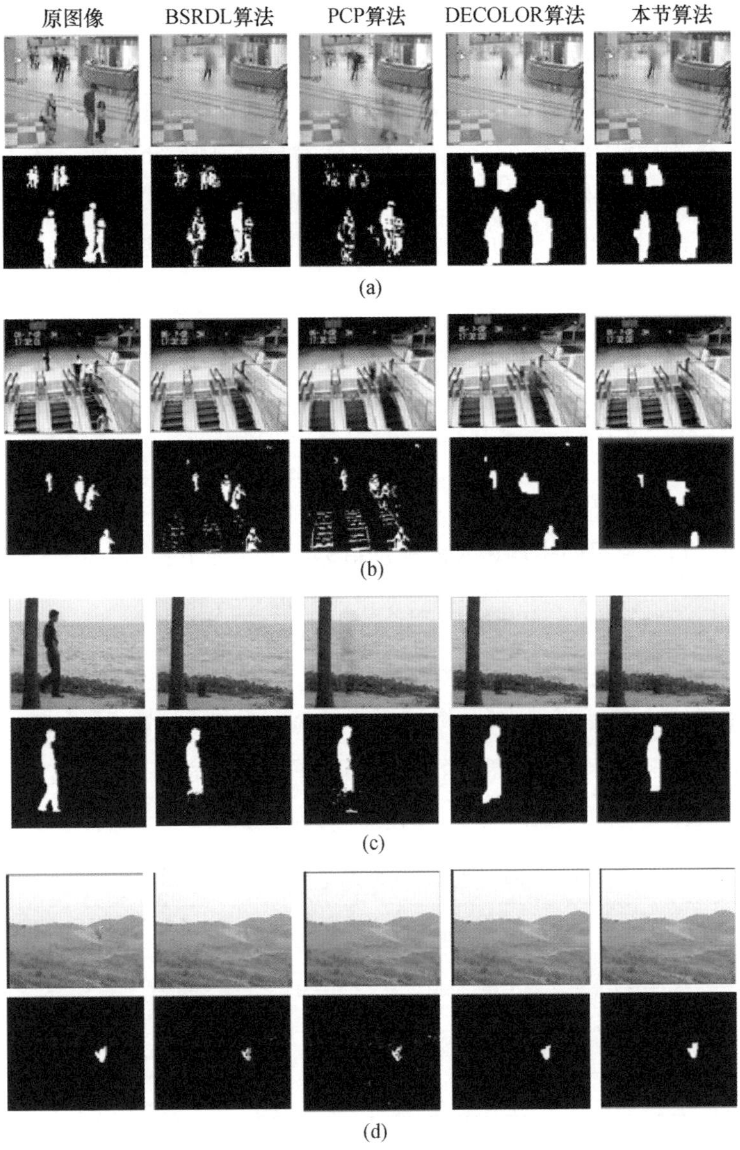

图 4-10　序列图像中运动目标检测结果比较

（a）Hall 视频；（b）Airport 视频；（c）Water surface 视频；（d）Bomb 视频。

从四组实验数据的检测结果来看，本节算法与 DECOLOR 算法检测结果相似，均较好地检测出运动目标，特别是在检测存在背景干扰的视频序列时（例如 Airport 视频和 Water surface 视频），运动的手扶电梯和水面波纹并没有被误检，表现出较好的鲁棒性。

需要说明的是，由于本节算法在实时性和鲁棒性方面的改进，在一定程度上影响了目标检测的精度，例如当视频序列中存在位置较为集中的小目标时，出现了小目标合并现象（如 Airport 视频和 Hall 视频的检测结果）。

为进一步验证算法性能，将运动目标检测作为二分类问题来看待，其中目标对应二分类中的正样本，背景对应负样本，使用准确率（precision）和召回率（recall）对算法的检测性能进行评估比较，准确率和召回率定义如下：

$$\text{precision}=\frac{\text{TP}}{\text{TP}+\text{FP}},\text{recall}=\frac{\text{TP}}{\text{TP}+\text{FN}} \tag{4-11}$$

式中：TP 为正确检测到的目标个数；FP 为漏检的目标个数；FN 为误检的目标个数。

为简单起见，使用平均检测性能（F-measure）进行算法评价，F-measure 是与检测准确率和召回率均相关的评价指标，定义如下：

$$\text{F-measure}=2\,\frac{\text{precision}\cdot\text{recall}}{\text{precision}+\text{recall}} \tag{4-12}$$

F-measure 的值越高，表示检测准确率越高。表 4-5 列出四种检测算法在四组数据上的 F-measure 值，对比发现，DECOLOR 算法与本节算法的 F-measure 值接近，并远远高于 BSRDL 和 PCP 算法的 F-measure 值，特别是对于背景动态变化的图像检测效果的差距尤为明显。

表 4-5　不同方法在四个数据上的 F-measure 值比较

实验视频	BSRDL 算法	PCP 算法	DECOLOR 算法	本节算法
Hall 视频	0.72	0.70	0.92	0.91
Airport 视频	0.55	0.49	0.82	0.80
Water surface 视频	0.90	0.83	0.91	0.91
Bomb 视频	0.80	0.76	0.95	0.95

3. 算法收敛性实验

在 4.2.2 节提到本节算法具有较好的收敛性，下面给出该算法在四组数据集上的收敛性实验，为进一步说明情况，实验中设置算法的迭代次数为 10 次，并记录每一次迭代的能量值 $E^{(t)}$，图 4-11（a）给出了迭代次数与能量变化之间的关系，其中横坐标是迭代次数，纵坐标是相邻两次能量比值（$E^{(t)}/E^{(t+1)}$）。

从实验结果看，算法迭代 2～3 次后，能量比值接近 1，这说明此时能量值趋于稳定，几乎不再发生变化，算法满足终止条件。图 4-11（b）给出随着迭代次数的增加，算法检测性能发生的变化。从四组不同数据集的实验结果看，检测性能在迭代 2～3 次后均趋于稳定，这与能量值稳定时的迭代次数相吻合，说明算法收敛时，检测性能也达到最优。实验结果表明，本节提出的算法适用于处理对实时性要求较高或背景存在干扰的视频序列的运动目标检测问题。

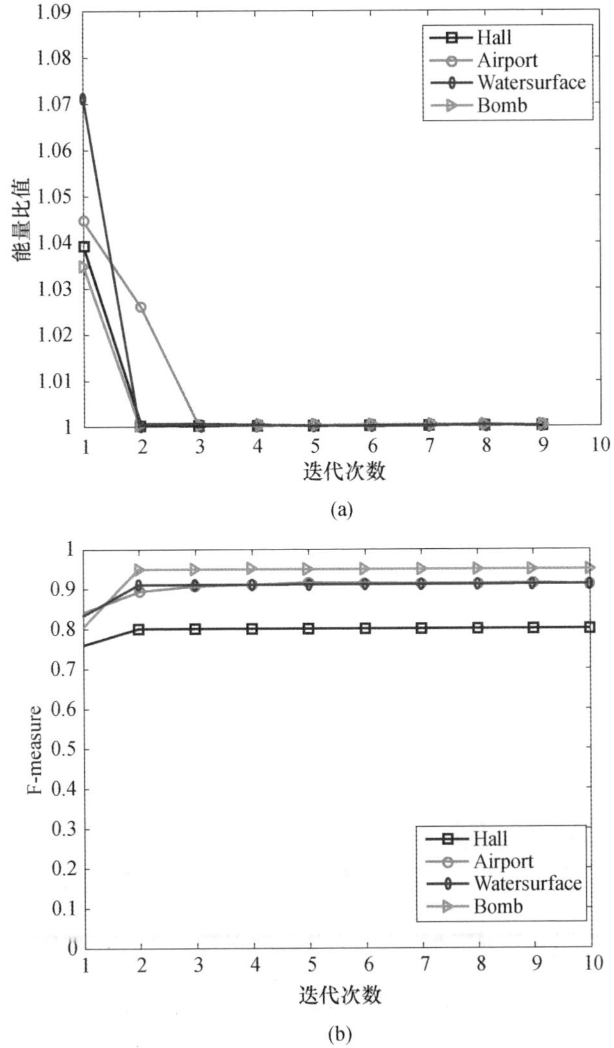

图 4-11　算法收敛性分析

（a）迭代次数与能量变化之间的关系；（b）迭代次数对检测性能的影响。

4.3 岭回归协助稀疏表示红外小目标检测

红外小目标检测可以应用于精确制导、红外预警和卫星遥感等系统中，检测算法的鲁棒性和快速性直接影响这些系统的性能，多年来该课题一直受到国内外学者的广泛关注。由于红外小目标的能量较弱，常被杂波和噪声干扰，并且无纹理和形状等可区分性信息，使得红外小目标检测较难。红外小目标图像具有以下两个方面的特性为红外小目标检测方法提供新思路：

（1）红外小目标图像在超完备样本字典中的表示具有稀疏性；

（2）红外小目标图像的背景具有低秩性、小目标具有稀疏性。

4.3.1 超完备字典构造

为利用二分类模型实现红外小目标检测，将红外小目标作为一类，将背景与噪声的组合作为一类（简称背景）。采用正态分布随机矩阵生成背景样本图像[32]，利用二维高斯模型生成小目标图像[33-34]，并将其与背景图像叠加生成小目标样本图像，进而利用小目标样本与背景样本构造超完备字典。用于红外小目标建模的二维高斯模型如下：

$$I_t(i,j)=I_{\max}\exp\left\{-\frac{1}{2}\left[\frac{(i-x_0)^2}{\sigma_x^2}+\frac{(j-y_0)^2}{\sigma_y^2}\right]\right\} \tag{4-13}$$

式中：$I_{\max}$为目标中心像素的灰度值；（x_0，y_0）为目标区域的中心点坐标；σ_x、σ_y 分别为水平散布参数和垂直散布参数，这两个参数控制着目标像素的散布特性。通过调节以上参数可生成不同亮度、不同位置、不同形状的小目标图像。

如图 4-12（a）所示为利用二维高斯模型生成的部分小目标样本图像，如

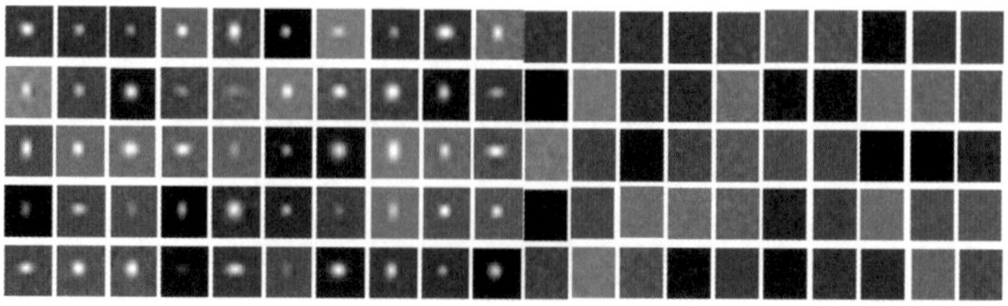

(a) (b)

图 4-12 超完备字典中的部分样本

（a）小目标样本；（b）背景样本。

图 4-12（b）所示为利用正态分布随机矩阵生成的部分背景样本图像。将每一样本图像展开为一维列向量，再将这些列向量组合即可生成超完备字典。

4.3.2 稀疏表示与岭回归

4.3.2.1 稀疏表示

假设利用 4.3.1 节中的方法所构造的超完备字典为

$$\boldsymbol{D} = [\boldsymbol{T},\boldsymbol{B}] = [t_1,\cdots,t_{n/2},b_1,\cdots,b_{n/2}] \in \boldsymbol{P}^{m\times n}$$

式中：$\boldsymbol{T}=[t_1, \cdots, t_{n/2}]$ 为目标样本；$\boldsymbol{B}=[b_1, \cdots, b_{n/2}]$ 为背景样本；$m=w\times h$ 为样本大小；n 为样本数量。

任一红外图像 $\boldsymbol{y}\in \mathbb{R}^m$ 的稀疏表示模型描述如下：

$$\hat{\boldsymbol{\alpha}} = \arg\min_{\alpha}\{\|\boldsymbol{y}-\boldsymbol{D\alpha}\|_2^2+\lambda_1\|\boldsymbol{\alpha}\|_1\} \tag{4-14}$$

式中：λ_1 为正则化参数；$\hat{\boldsymbol{\alpha}}\in \mathbb{R}^n$ 为 $\boldsymbol{y}$ 的稀疏表示系数。

稀疏表示的本质是 l_1 范数正则化最小二乘问题：一方面，正则化项 $\|\boldsymbol{\alpha}\|_1$ 使表示系数 $\hat{\boldsymbol{\alpha}}$ 具有稀疏性，正是由于 $\hat{\boldsymbol{\alpha}}$ 的稀疏性才使得重建误差 $\hat{r}_1=\|\boldsymbol{y}-\boldsymbol{T}\hat{\boldsymbol{\alpha}}_T\|_2$（$\hat{\boldsymbol{\alpha}}_T$ 是与 $\boldsymbol{T}$ 相对应的稀疏编码系数）具有鉴别力[35]；另一方面，正则化项 $\|\boldsymbol{\alpha}\|_1$ 也导致 $\hat{\boldsymbol{\alpha}}$ 的求解速度较慢。尽管一些学者已提出一些求解式（4-14）的算法[36]，但是对于大规模数据问题，式（4-14）的快速求解仍然没有解决。对于测试样本 $\boldsymbol{y}$，观测似然值定义为

$$p(\boldsymbol{y}) = \exp(-\delta\hat{\boldsymbol{r}}_1^2) \tag{4-15}$$

式中：δ 为高斯分布尺度的常数。

4.3.2.2 岭回归

在 4.3.2.1 节的假设下，任一红外图像 $\boldsymbol{y}\in \mathbb{R}^m$ 的岭回归表示模型[37]如下：

$$\hat{\boldsymbol{\beta}} = \arg\min_{\beta}\{\|\boldsymbol{y}-\boldsymbol{D\beta}\|_2^2+\lambda_2\|\boldsymbol{\beta}\|_2\} \tag{4-16}$$

式中：λ_2 为正则化参数；$\hat{\boldsymbol{\beta}}\in \mathbb{R}^n$ 为 $\boldsymbol{y}$ 的岭回归表示系数。

岭回归的本质是 l_2 范数正则化最小二乘问题：一方面，正则化项 $\|\boldsymbol{\beta}\|_2$ 使得重建误差 $\hat{\boldsymbol{r}}_2=\|\boldsymbol{y}-\boldsymbol{T}\hat{\boldsymbol{\beta}}_T\|_2$（$\hat{\boldsymbol{\beta}}_T$ 是与 $\boldsymbol{T}$ 相对应的岭回归编码系数）具有鉴别力；另一方面，正则化项 $\|\boldsymbol{\beta}\|_2$ 使得式（4-16）具有解析解 $\hat{\boldsymbol{\beta}}=\boldsymbol{Py}$，其中，$\boldsymbol{P}=(\boldsymbol{D}^{\mathrm{T}}\boldsymbol{D}+\lambda\cdot\boldsymbol{I})^{-1}\boldsymbol{D}^{\mathrm{T}}$，$\boldsymbol{I}$ 为单位阵。由于 $\boldsymbol{P}$ 独立于 $\boldsymbol{y}$，所以 $\boldsymbol{P}$ 可以预先计算，这使得编码系数 $\hat{\boldsymbol{\beta}}$ 的求解速度较快。对于测试样本 $\boldsymbol{y}$，类似式（4-15）的定义，在此定义似然函数如下：

$$q(\boldsymbol{y}) = \exp(-\delta\hat{\boldsymbol{r}}_2^2) \tag{4-17}$$

4.3.3 红外小目标检测

4.3.3.1 检测方法

在红外小目标图像中，大部分信息为背景，少部分信息为小目标，并且背景样本的似然值较小，而小目标样本的似然值较大。因此，对于任一小目标样本 $\boldsymbol{y}'$ 的似然值 $p(\boldsymbol{y}')$，下式成立：

$$p(\boldsymbol{y}') \geqslant \frac{1}{K}\sum_{i=1}^{K} p(\boldsymbol{y}_i) \tag{4-18}$$

式中：K 为图像中像素的个数；$\boldsymbol{y}_i$ 为图像中第 i 个测试样本。

由式（4-18）可得

$$Kp(\boldsymbol{y}') \geqslant \sum_{i=1}^{K} p(\boldsymbol{y}_i) \geqslant \sum_{i=1}^{j-1} p(\boldsymbol{y}_i) \quad (j \leqslant K+1) \tag{4-19}$$

将式（4-19）两边同时除以 K，可得

$$p(\boldsymbol{y}') \geqslant \frac{1}{K}\sum_{i=1}^{j-1} p(\boldsymbol{y}_i) = \tau_j \tag{4-20}$$

对于同一个测试样本 $\boldsymbol{y}'$，由于其岭回归重建误差 $\hat{\boldsymbol{r}}_2 = \| \boldsymbol{y}' - \boldsymbol{T}\hat{\boldsymbol{\beta}}_t \|_2$ 小于稀疏表示重建误差 $\hat{\boldsymbol{r}}_1 = \| \boldsymbol{y}' - \boldsymbol{T}\hat{\boldsymbol{\alpha}}_T \|_2$，因此有

$$p(\boldsymbol{y}') \leqslant q(\boldsymbol{y}') \tag{4-21}$$

由式（4-20）和式（4-21）可得

$$\tau_j \leqslant q(\boldsymbol{y}') \quad (j = 1, \cdots, K) \tag{4-22}$$

根据 τ_j 的定义可以看出 τ_j 是非递减的，即 $0 \leqslant \tau_1 \leqslant \tau_2 \leqslant \cdots \leqslant \tau_K$，并且满足

$$\tau_{j+1} = \tau_j + \frac{p(\boldsymbol{y}_j)}{K} \tag{4-23}$$

根据上述分析，本节提出岭回归协助稀疏表示红外小目标检测（RSR）方法，它包括两个阶段：在第一阶段，利用岭回归表示重建误差快速计算所有测试样本的似然值 $q(\boldsymbol{y}_i)$；在第二阶段，根据 p（$\boldsymbol{y}_i$）、τ_j 和 q $\boldsymbol{y}_i$）自适应地选择候选目标，并计算其稀疏表示重建误差实现红外小目标检测。综合分析，红外小目标检测方法描述如表 4-6 所列。

表 4-6 RSR 方法：岭回归协助稀疏表示红外小目标检测方法描述

输入：检测图像 $\boldsymbol{I}$，超完备字典 $\boldsymbol{D}$，动态阈值 τ_1；
输出：检测结果图像 $\boldsymbol{I}'$。

续表

/＊阶段 1＊/
for $i=1:K$
步骤 1. 以第 i 个像素为中心，取大小为 $m=w\times h$ 的图像块，并将其展开为 m 维向量 $\boldsymbol{y}_i$；
步骤 2. 利用式（4-16）求 $\boldsymbol{y}_i$ 的编码系数 $\hat{\beta}$；
步骤 3. 抽取编码系数 $\hat{\beta}_T=[\hat{\beta}_1,\cdots,\hat{\beta}_{n/2}]$ 并计算重建误差 $\hat{\boldsymbol{r}}_2=\Vert \boldsymbol{y}_i-\boldsymbol{T}\hat{\beta}_T\Vert_2$；
步骤 4. 利用式（4-17）计算 $q(\boldsymbol{y}_i)$；
end for
步骤 5. 按降序排列似然值 $q(\boldsymbol{y}_i)$，并记下其重排前的索引 $\mathrm{ind}_i(i=1,\cdots,K)$；
/＊阶段 2＊/
$i=1$，$\tau_1=0$，$\hat{\boldsymbol{I}}=0$
while $q_i\geqslant\tau_i$ and $i\leqslant K$ do //q_i 是第 i 个似然值，τ_i 是第 i 个动态阈值
步骤 6. 利用式（4-14）求第 ind_i 个图像块 $\boldsymbol{y}'$ 的表示系数 $\hat{\boldsymbol{\alpha}}$；
步骤 7. 抽取编码系数 $\hat{\boldsymbol{\alpha}}_T=[\hat{\alpha}_1,\cdots,\hat{\alpha}_{n/2}]$，并计算重建误差 $\hat{\boldsymbol{r}}_1=\Vert \boldsymbol{y}'-\boldsymbol{T}\hat{\boldsymbol{\alpha}}_T\Vert_2$；
步骤 8. 利用式（4-15）计算 $p(\boldsymbol{y}')$；
步骤 9. $\tau_{i+1}=\tau_i+p(\boldsymbol{y}')/K$；
步骤 10. 令 $\hat{\boldsymbol{I}}(\mathrm{ind}_i)=p(\boldsymbol{y}')$；
步骤 11. $i=i+1$；
end while
步骤 12. 对图像 $\hat{\boldsymbol{I}}$ 进行迭代阈值分割得到检测结果图像 $\boldsymbol{I}'$。

4.3.3.2 复杂性分析

由 4.3.2 节的分析可知，式（4-16）可以用 $\hat{\beta}=\boldsymbol{P}\boldsymbol{y}$ 求解，且 $\boldsymbol{P}$ 独立于 $\boldsymbol{y}$。在字典 $\boldsymbol{D}$ 已知时，可以提前计算 $\boldsymbol{P}$，因此式（4-16）的时间复杂度为 $O(dn)$，其中，d 和 n 分别是字典样本的维数和个数。文献［34］利用 PCG（preconditioned conjugate gradients）算法[38]求解式（4-14），PCG 算法的时间复杂为 $O(d^2+dn)$。由 RSR 方法可知：该方法的时间复杂度取决于式（4-14）和式（4-16）的时间复杂度。假设在该方法的第二阶段，自适应选择的候选目标数为 N，则 RSR 方法的时间复杂度为 $O[K\times dn+N\times(d^2+dn)]$，而通过大量实验发现 $N\ll K$，因此 RSR 方法求解模型的时间可以忽略，其时间复杂度为 $O(K\times dn)$。

图 4-13 给出了大小为 202×160 的目标图像以及其似然值 q 与动态阈值 τ 的曲线，从图 4-13（b）可以看出：在第 11 个候选目标以后，q 的值开始小

于τ，RSR 方法只需要对前 10 个候选样本求解式（4-14），其求解时间基本可以忽略。而 SR 方法的时间复杂度为 $O[K\times(d^2+dn)]$。由上述分析可知，RSR 方法的时间复杂度小于 SR 方法的时间复杂度。

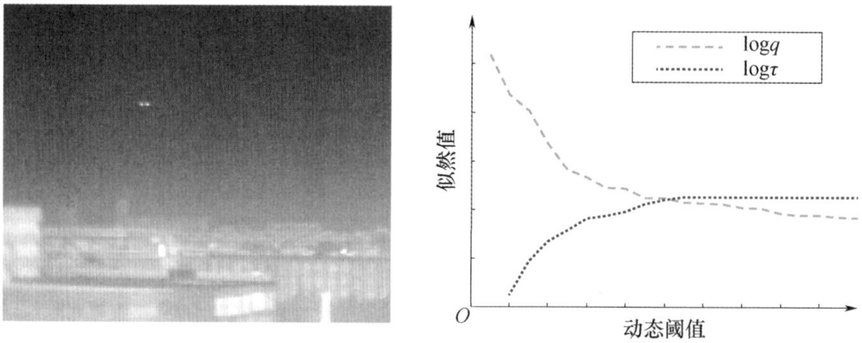

(a)　　　　(b)

图 4-13　检测图像以及似然值 q 与动态阈值 τ 的曲线

（a）检测图像；（b）似然值 q 与动态阈值 τ 的曲线。

4.3.4　实验与分析

4.3.4.1　实验说明

为验证 RSR 方法的有效性，选择多帧红外图像来进行实验，并与 SR 方法进行比较。实验中，目标样本大小为 11×11，字典 $\boldsymbol{D}$ 中包含 100 个目标样本和 100 个背景样本，高斯分布尺度 $\sigma=40$，λ_1 和 λ_2 取值分别为 0.01、0.1；SR 方法的超完备字典包含 40 类共 200 个目标样本，其他参数设置和文献［34］相同。

4.3.4.2　结果分析

图 4-14 是一组实验结果，三帧大小均为 202×160 的天空、地空和海空背景下的红外图像及其灰度的三维显示，均包含一个小目标。

从图 4-14（a）可以看出：这三帧红外图像的背景较复杂，第一帧图像的小目标位于云层之中，且云层和天空之间变化显著；第二帧图像的小目标尺寸较小，几乎为点状；第三帧图像中目标和背景的灰度相近且存在较强的噪声。图 4-14（b）、（c）分别为 SR 方法和 RSR 方法的检测结果及其对应的三维显示图。从图 4-14（b）和（c）可以看出：SR 方法虽然也能检测出目标，但背景没有得到很好的抑制，存在较多的噪声；RSR 方法则较好地抑制了噪声和背景。

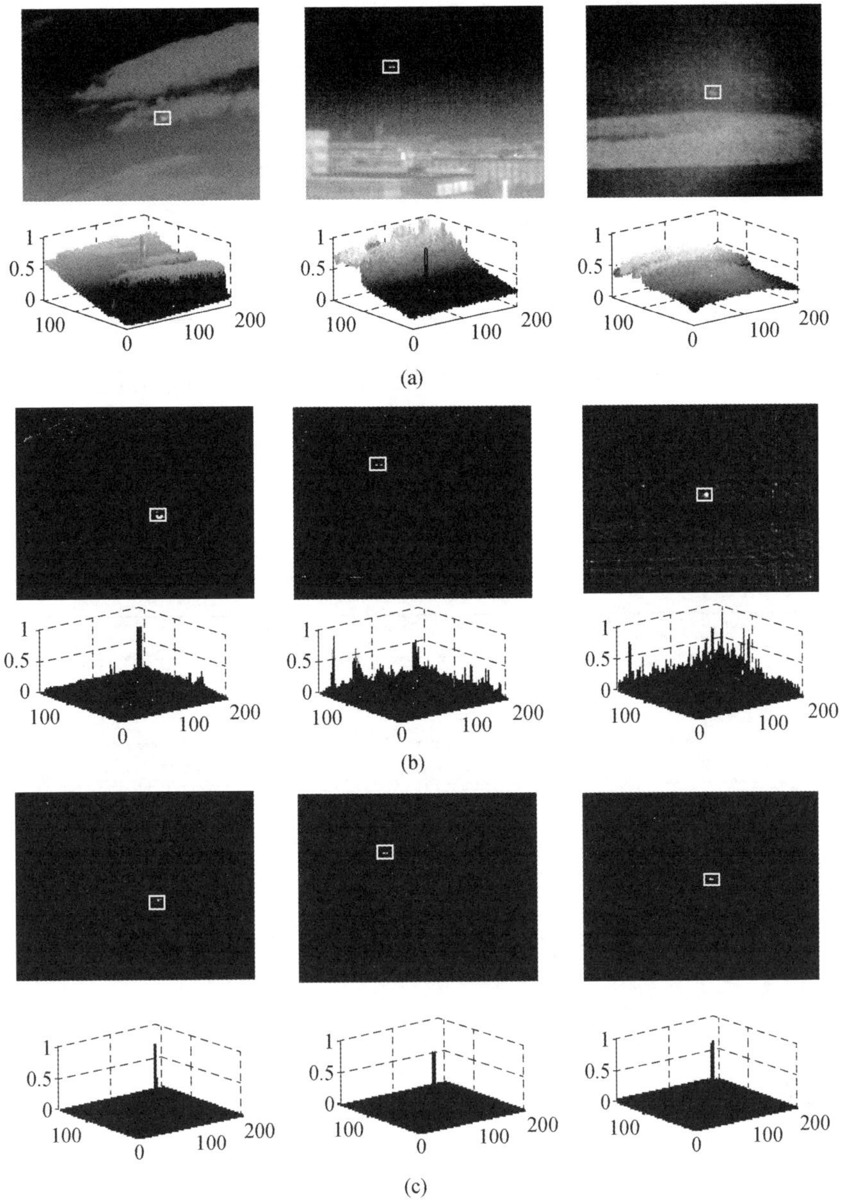

图 4-14 不同方法的检测结果

(a) 实验图像及三维显示；(b) SR 检测结果；(c) RSR 检测结果。

为了进一步衡量 RSR 方法对红外小目标检测的有效性，利用局部信噪比（LSNR）和局部信噪比增益（LSNRG）两项指对两种方法进行比较。表 4-7 给出了 SR 方法和 RSR 方法对图 4-14（a）中的三个红外小目标进行检测后的

LSNR 和 LSNRG，RSR 方法的两项指标均是最优的。

表 4-7 不同方法对图 4-14（a）中三个小目标进行检测后的 LSNR 和 LSNRG

目标	LSNR		LSNRG	
	SR 方法	RSR 方法	SR 方法	RSR 方法
1	2.38	25.5	1.51	18.2
2	1.83	31.8	0.68	23.63
3	2.14	27. 23	1.65	21.72

为验证 RSR 方法的检测效率，采用天空背景、地空背景和海空背景三类图像进行实验，实验中每类选取 100 帧图像。表 4-8 给出了 SR 方法和 RSR 方法在三类样本上的平均检测时间，可以看出 RSR 方法的检测速度明显快于 SR 方法。

表 4-8 两种检测方法的运行时间对比

组别	运行时间/s	
	SR 方法	RSR 方法
天空背景	57.13	1.63
地空背景	54.68	1.71
海空背景	58.65	1.79

4.4 基于主分量寻踪的红外小目标检测

4.4.1 基于主分量寻踪检测红外小目标模型

在观测噪声服从高斯分布时，经典 PCA 给出了观测矩阵的最优低秩表示，但是在观测矩阵受到损坏时，经典 PCA 的有效性受到破坏。为了克服经典 PCA 的这一不足，提出了 PCP[39]。PCP 的目的是求解已知观测矩阵 $\boldsymbol{M} \in \mathbb{R}^{m\times n}$ 的低秩与稀疏矩阵，该模型表示如下：

$$\boldsymbol{M}=\boldsymbol{L}+\boldsymbol{S} \tag{4-24}$$

式中：$\boldsymbol{L}$、$\boldsymbol{S}$ 分别为低秩矩阵与稀疏矩阵。

在十分宽泛的条件下，式（4-24）可以通过最小化矩阵核范数（矩阵奇异值的和）和 l_1 范数的组合精确求解。

式（4-24）的解受限于观测矩阵仅包含低秩与稀疏分量，但是现实观测数据还会受到噪声的污染，此时观测模型如下：

$$\boldsymbol{M}=\boldsymbol{L}+\boldsymbol{S}+\boldsymbol{Z} \tag{4-25}$$

式中：$\boldsymbol{Z}$ 为噪声项，它可能存在于数据矩阵的每一项。

为了求解式（4-25）中的低秩矩阵 $\boldsymbol{L}$ 与稀疏矩阵 $\boldsymbol{S}$，已经证明 PCP 方法在与文献给出的相同条件下，利用凸优化可以稳定求解式（4-25）。

4.4.2 基于主分量寻踪检测红外小目标方法

红外小目标图像 $f(x, y)$ 通常可描述为如下模型：

$$f(x,y)=f_{\mathrm{B}}(x,y)+f_{\mathrm{T}}(x,y)+n(x,y) \tag{4-26}$$

式中：$f_{\mathrm{B}}(x, y)$ 为背景图像；$f_{\mathrm{T}}(x, y)$ 为小目标图像；$n(x, y)$ 为测量噪声图像。它们具有如下特点：

（1）由于背景图像 $f_{\mathrm{B}}(x, y)$ 的各行或者各列形成的向量具有较强的灰度空间相关性，使得列向量或行向量张成的空间是一个有限的低维线性子空间，因此如果将背景图像 $f_{\mathrm{B}}(x, y)$ 作为一个矩阵 $\boldsymbol{B}$，则矩阵 $\boldsymbol{B}$ 具有低秩结构，即矩阵 $\boldsymbol{B}$ 的秩较小。选择 200 个大小为 320×240 的红外小目标背景图像，对每一个背景图像进行奇异值分解，并计算这些红外背景图像的每一个奇异值的均值。

图 4-15（a）给出了部分红外背景图像样本，以及这些背景图像的奇异值均值随奇异值索引变化的曲线。从图 4-15（b）可以看出，红外背景图像的主要能量集中在前面少数几个奇异值上，这一现象表明红外背景图像具有低秩结构。

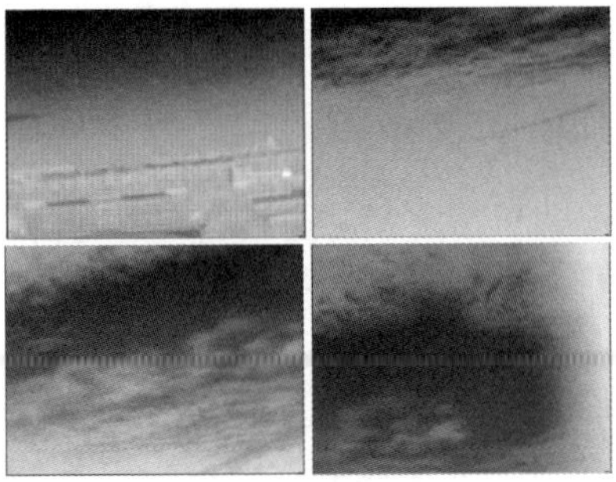

(a)

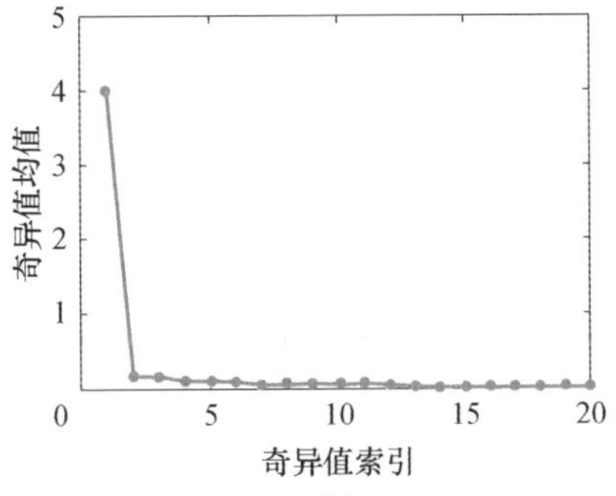

(b)

图 4-15 红外背景图像及其奇异值均值曲线

（a）红外背景图像样本；（b）背景图像的奇异值。

(2) 由于红外小目标的面积较小，因此如果将小目标图像 $f_T(x, y)$ 作为一个矩阵 $\boldsymbol{E}$，则矩阵 $\boldsymbol{E}$ 具有稀疏性，即矩阵 $\boldsymbol{E}$ 的非零项较少。

(3) 由于红外成像机制本身的制约，观测噪声 $n(x, y)$ 是覆盖所有像元的，并且其能量是有限的，即如果将噪声图像 $n(x, y)$ 作为一个矩阵，则噪声会影响该矩阵的每一项，但其能量有限。

假设矩阵 $\boldsymbol{D}$ 表示红外小目标图像 $f(x, y)$，根据上述分析可知红外小目标检测与背景估计问题可以建模为如下优化问题：

$$\begin{gathered}\min_{\boldsymbol{E},\boldsymbol{B}} \operatorname{rank}(\boldsymbol{B}) \\ \text{s. t.}\ \|\boldsymbol{D}-\boldsymbol{B}-\boldsymbol{E}\|_F \leqslant \delta,\ \|\boldsymbol{E}\|_0 \leqslant k\end{gathered} \tag{4-27}$$

式中：rank(·) 表示矩阵的秩；$\|\cdot\|_F$ 为矩阵的 Frobenius 范数；δ 为大于 0 的常数；$\|\cdot\|_0$ 为矩阵的 l_0 范数（矩阵中非零项的个数）；k 为常数，表示稀疏矩阵 $\boldsymbol{E}$ 中非零像素的最大数目。

式（4-27）所示的优化问题易于写成如下拉格朗日形式：

$$\begin{gathered}\min_{\boldsymbol{B},\boldsymbol{E}} \operatorname{rank}(\boldsymbol{B}) + \lambda\|\boldsymbol{E}\|_0 \\ \text{s. t.}\ \|\boldsymbol{D}-\boldsymbol{B}-\boldsymbol{E}\|_F \leqslant \delta\end{gathered} \tag{4-28}$$

式中：$\lambda>0$ 为加权参数，用于平衡矩阵 $\boldsymbol{B}$ 的秩和矩阵 $\boldsymbol{E}$ 的稀疏性。

尽管矩阵的秩与 l_0 范数具有非凸性，这使得式（4-28）所示的优化问题成为 NP-hard 问题，并且矩阵的秩与 l_0 范数是离散值函数，使得式（4-28）的解可能不稳定。文献［39］已经证明了式（4-28）所示的优化问题可以利用最小化矩阵核范数与 l_1 范数的组合进行稳定精确求解，其优化模型如下：

$$\begin{gathered}\min_{\boldsymbol{B},\boldsymbol{E}} \|\boldsymbol{B}\|_* + \lambda\|\boldsymbol{E}\|_1 \\ \text{s. t.}\ \|\boldsymbol{D}-\boldsymbol{B}-\boldsymbol{E}\|_F \leqslant \delta\end{gathered} \tag{4-29}$$

式中：$\|\cdot\|_*$、$\|\cdot\|_1$ 分别为矩阵的核范数和 l_1 范数；参数 λ 取值为 $1/\sqrt{m}$（m 为矩阵 $\boldsymbol{D}$ 的行数）。利用增广拉格朗日乘子算法求解式（4-29）。

综上所述，基于主分量寻踪的红外小目标检测方法描述如下：

(1) 利用红外小目标图像 $f(x, y)$ 构建数据矩阵 $\boldsymbol{D}$。

(2) 利用式（4-29）将数据矩阵 $\boldsymbol{D}$ 分解为低秩矩阵 $\boldsymbol{B}$ 和稀疏矩阵 $\boldsymbol{E}$。

(3) 将稀疏矩阵 $\boldsymbol{E}$ 作为图像，并对其进行图像分割得到红外小目标。

4.4.3 实验与分析

为了验证提出方法（PCP 方法）的有效性，以 Matlab 2010 为开发工具实现了提出的方法，并与 SPCA 方法和 SR 方法进行了比较。实验中，SPCA 方法和 SR 方法的参数设置及训练样本的生成分别与文献［26］和文献［27］相同。

图 4-16 给出了三帧典型的红外小目标图像和利用 PCP 方法得到的检测结果图像，图中矩形是目标标示，三帧图像分别是天空、海天和陆地背景下的红外小目标图像。从原始图像的三维显示可以看出：小目标的能量较弱，几乎被背景杂波和噪声淹没，特别是第一幅图像，背景云层较多，目标与背景极其相似。图 4-16（c）和（d）分别是 PCP 方法的检测结果及其三维显示图。从图 4-16（c）和（d）可以看出，PCP 方法能够很好地抑制背景和凸显目标。

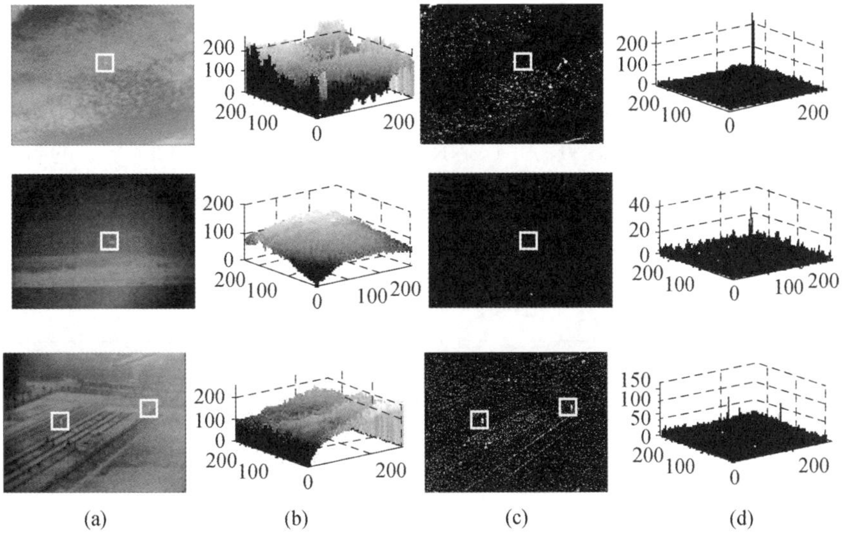

图 4-16　红外小目标图像及其检测结果

（a）原始图像；（b）原图的三维显示；（c）稀疏图像；（d）稀疏图的三维显示。

为了进一步验证 PCP 方法的性能，将 PCP 方法与 SPCA 方法和 SR 方法进行了比较，实验对比结果如图 4-17 所示，其中，虚线矩形框标注的是漏检的小目标，实线框矩形框标注的是被正确检测到的小目标。从图 4-17 中的检测结果可以看出，相比于 SPCA 方法和 SR 方法，PCP 方法检测性能最好。

为了定量比较这三种检测方法的性能，选择 LSNR 和 LSNRG 两个量化指标评价这三种检测方法。较大的 LSNR 表明，该局部区域内，目标相对于背景更为显著，其检测的效果也更好。较大的 LSNRG 表明，检测方法对于 LSNR 的提升更明显，检测性能也更好。表 4-9 给出了 SPCA、SR、PCP 三种检测方法对图 4-17（a）中的测试图像进行检测后的 LSNR 和 LSNRG 值

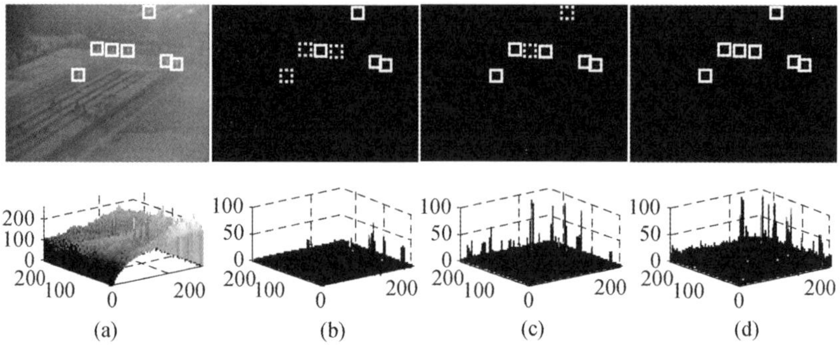

图 4-17　三种算法的检测结果比较

(a) 测试图像；(b) SPCA 方法；(c) SR 方法；(d) PCP 方法。

(指标最优值用黑体标示)。从表 4-9 可以看出：在三种检测方法中，基于 PCP 方法检测结果的 LSNR 和 LSNRG 均较大，这说明 PCP 方法的性能较优。另外，实验结果表明，在检测时间方面，PCP 方法要远远优于 SR 方法，与 SPCA 方法相当。

表 4-9　客观评价指标

目标	LSNR			LSNRG		
	SPCA	SR	PCP	SPCA	SR	PCP
1	1.78	1.90	2.83	1.95	2.49	2.76
2	1.13	2.32	3.52	1.24	2.37	3.56
3	1.50	1.85	3.73	1.47	1.51	2.61
4	1.06	2.53	3.25	1.09	2.24	3.56
5	1.85	3.14	3.26	1.62	2.81	2.95
6	1.43	2.74	2.97	1.27	3.16	3.87
7	1.17	3.88	3.59	1.24	3.50	4.02

红外小目标图像由背景、小目标和噪声三部分组成，其中，背景具有低秩结构，小目标具有稀疏性，而噪声的能量有限。根据小目标图像以上特点，基于主分量寻踪原理，提出基于 PCP 的红小目标检测方法。该方法首先利用主分量寻踪将红外小目标图像分解为低秩矩阵和稀疏矩阵，然后对稀疏图像进行分割实现小目标检测。对提出的红外小目标方法进行了实验验证，并与现有方法进行了比较，实验结果表明，与现有方法相比，PCP 方法具有较优的检测性能。

参考文献

[1] JAIN R, NAGEL H H. On the analysis of accumulative difference pictures from image sequences of real world scenes. [J] . IEEE Transactions on Pattern Analysis & Machine Intelligence, 1979, 1 (2): 206-214.

[2] GLOYER B, AGHAJAN H K, SIU K Y, et al. Video-basedfreeway-monitoring system using recursive vehicle tracking [J] . Proc Spie, 1995, 2421: 173-180.

[3] WREN C R, AZARBAYEJANI A, DARRELL T, et al. Pfinder: Real-time tracking of the human body [J] . IEEE Transactions on Pattern Analysis & Machine Intelligence, 1997, 19 (7): 780 - 785.

[4] STAUFFER CHRIS, GRIMSON W E L. Adaptive background mixture models for real-time tracking [J] . Proc CVPR, 1999, 2: 246-252.

[5] ELGAMMAL A, HARWOOD D, DAVIS L. Non-parametric model for background substraction [J] . Proceedings of the Computer Vision, 2000: 751-767.

[6] BARNICH O, VANOGENBROECK M. ViBE: A powerful random technique to estimate the background in video sequences [C] // IEEE International Conference on Acoustics, Speech & Signal Processing. 2009: 945-948.

[7] KIM K, CHALIDABHONGSE T H, HARWOOD D, et al. Background modeling and subtraction by codebook construction [C] // Image Processing, 2004. ICIP′04. 2004 International Conference on. IEEE, 2004: 3061-3064 Vol. 5.

[8] HEIKKILA M, PIETIKAINEN M, SCHMID C. Description of interest regions with local binary patterns [J] . Pattrern Recognition, 2009, 42 (3): 425-436.

[9] VIOLA P, JONES M. Rapid Object detection using a boosted cascade of simple features [C] // Computer Vision and Pattern Recognition, 2001: 511-518.

[10] DALAL N, TRIGGS B. Histograms of oriented gradients for human detection [C] // IEEE Computer Society Conference on Computer Vision and Pattern Recognition. San Diego, CA: IEEE Computer Society Press, 2005: 886-893.

[11] LOWE D G. Distinctive image features from scale-invariant keypoints [J] . International Journal of Computer Vision, 2004, 60 (2): 91-110.

[12] HARRIS C, STEPHENS M. A Combined comer and edge detector [C] //Alvcy Vision Conference. Manchester: University of Manchester, 1988 : 147-152.

[13] FELZENSZWALB P F, GIRSHICK R B, MCALLESTER D, et al. Object detection with discriminatively trained part-based models [J] . IEEE Transactions on Pattern

Analysis & Machine Intelligence，2010，32（9）：1627-1645.

[14] 秦晓燕，王晓芳，陈萍，等．基于 Adaboost 算法的炮弹炸点检测［J］．兵工学报，2012（06）：44-49.

[15] SZEGEDY C，TOSHEV A，ERHAN D. Deep neural networks for object detection [J]. Advances in Neural Information Processing Systems，2013，26：2553-2561.

[16] SERMANET P，EIGEN D，ZHANG X，et al. Overfeat：Integrated recognition，localization and detection using convolutional networks [C] //International Conference on Learning Representations，Banff，Canada，Apr 14 - 16，2014.

[17] GIRSHICK R，DONAHUE J，DARRELL T，et al. Rich feature hierarchies for accurate object detection and semantic segmentation [C] // IEEE Conference on Computer Vision and Pattern Recognition. Columbus，OH：IEEE Computer Society Press，2014：580-587.

[18] HE K，ZHANG X，REN S，et al. Spatialpyramid pooling in deep convolutional networks for visual recognition [J] . IEEE Trans Pattern Anal Mach Intell，2014，37 (9)：1904-1916.

[19] GIRSHICK R. Fast R-CNN [A] . IEEE Conference on Computer Vision and Pattern Recognition [C] . Boston，Massachusetts：IEEE Computer Society Press，2015：1440-1448.

[20] REN S，HE K，GIRSHICK R，et al. Faster R-CNN：Towards real-time object detection with region proposal networks [J] . IEEE Transactions on Pattern Analysis & Machine Intelligence，2015，39（6）：1137.

[21] REDMON J，DIVVALA S，GIRSHICK R，et al. You only look once：unified，real-time object detection [C] // IEEE Conference on Computer Vision and Pattern Recognition. IEEE Computer Society，2016：779-788.

[22] LIU W，ANGUELOV D，ERHAN D，et al. SSD：single shot multibox detector [C] //European Conference on Computer Vision. Amsterdam：Springer，2016：21-37.

[23] SCHICK A，BAUML M，STIEFELHAGEN R. Improving foreground segmentations with probabilistic superpixel markov random fields [C] //Proceedings of IEEE Computer Society Conference on Computer Vision and Pattern Recongnition Workshops. Providence，RI：IEEE Press，2012：27-31.

[24] LI S Z. Markov random field modeling in image analysis [M] . London：Springer，2009.

[25] 平岡和幸，堀玄．程序员的数学 2　概率统计［M］．陈筱烟，译．北京：人民邮电出版社，2015.

[26] ELAD MICHAEL. Sparse and redundant representations from theory to application in signal and image processing [M] . NewYork：Springer，2010.

[27] CHEN S S, DONOHO D L, SAUNDERS M A. Atomic decomposition by basis pursuit [J]. SIAM Journal on Scientific Computing, 2001, 20 (1): 33-61.

[28] YANG J, WRIGHT J, HUANG T, et al. Image super-resolution via sparse representation [J]. IEEE Transactions on Image Processing, 2010, 19 (11): 2861-2873.

[29] ZHAO CONG, WANG XIAO-GANG, CHAM WAI-KUEN. Background subtraction via robust dictionary learning [J]. EURASIP Journal on Image and Video Processing, 2011, 2011 (2): 1-12.

[30] Candes E J, Li X D, Ma Y, et al. Robust principal component analysis? [J]. Journal of the ACM, 2011, 58 (3): 1-37.

[31] ZHOU XIAO-WEI, YANG CAN, YU WEI-CHUAN. Moving object detection by detecting contiguous outliers in the low-rank representation [J]. IEEE Transactions on Pattern Analysis and Machine Intelligence, 2013, 35 (3): 597-610.

[32] ANDERSON KL, LLTIS RA. A tracking algorithm for infrared images based on reduced sufficientstatistics [J]. IEEE Transactions on Aerospace and Electronic Systems, 1997, 33 (2): 464.472.

[33] LIU ZHIJUN, CHEN CHAOYANG, SHEN XUBANG, et al. Detection of small objects in image data based on the nonlinear principal component analysis neural network [J]. Optical Engineering, 2005, 44 (9): 093604.1-093604.9.

[34] 赵佳佳，唐峥远，杨杰，等. 基于图像稀疏表示的红外小目标检测算法 [J]. 红外与毫米波学报，2011，30 (2): 156-161.

[35] YANG J, WRIGHT J, HUANG T, et al. Image super-resolution via sparse representation [J]. IEEE Transactions on Image Processing, 2010, 19 (11): 2861-2873.

[36] YANG A Y, SHANKAR S S, GANESH A, et al. Fast l1-Minimization algorithms and an application in robust face recognition: areview [C] //Proceedings of the International Conference on Image Processing, Hong Kong, China, September 26-29, 2010: 1849-1852.

[37] HASTIE T, TIBSHIRANI R, FRIEDMAN J. The elements of statistical learning data mining, inference and prediction [M]. California: Springer, 2008.

[38] KIM S J, KOH K, LUSTING M, et al. A method for large-scale l1-regularized least squares [J]. IEEEJournal on Selected Topics in Signal Processing, 2007, 1 (4): 606-617.

[39] ZIHAN ZHOU, XIAODONG LI, JOHN WRIGHT, et al. Stable principal component pursuit [C] //International Symposium on Information Theroy Proceedings. Austin: IEEE Press, 2010: 1518-1522.

第5章 基于稀疏与低秩表示的目标跟踪

5.1 目标跟踪概述

视觉跟踪是计算机视觉领域中的基础研究课题，是视频分析中的一项重要技术，主要目的是利用视频序列数据估计目标的状态。视觉跟踪具有广阔的应用前景，在视频监控、车辆导航、人机交互、智能交通、运动分析和姿态估计等民用领域，以及视觉制导、目标定位和火力控制等军事领域，均有重要的应用价值。

5.1.1 组成与框架

视觉跟踪主要研究从视频数据到目标状态的估计问题，其组成与框架如图 5-1 所示，主要包括特征提取、表观模型、模型更新和状态估计四个核心组件。

5.1.1.1 特征提取

视觉跟踪中使用的特征主要有灰度、颜色、Haar 特征、HOG 特征和深度特征等。灰度特征易于计算，在视觉跟踪中使用广泛，但是灰度特征对光照变化较敏感。颜色特征在视觉跟踪中也较为普遍，直到现在仍然受到一些研究者的青睐。与灰度特征相比，颜色特征虽然在一定程度上提高了目标与背景的可分性，但是对于远距离的目标，颜色信息难以获取，这限制了它在实际跟踪系统中的应用。

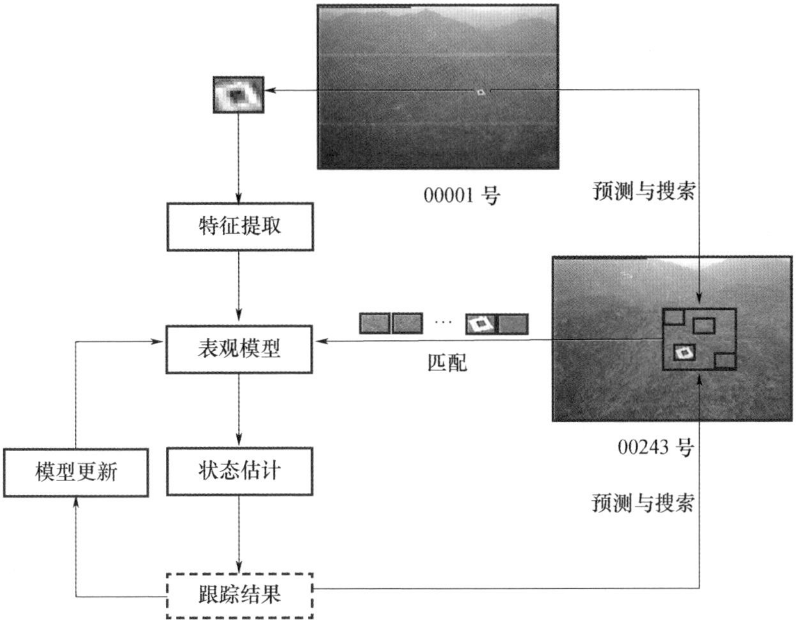

图 5-1 视觉跟踪组成与框架

近年来，受 CNN 特征在图像分类中优异表现启发，人们将 CNN 特征应用到视觉跟踪中。CNN 特征不但能够描述目标的轮廓信息，而且包含目标的语义信息，视觉跟踪对复杂背景的鲁棒性也因此得到了较大提升，但是 CNN 特征的计算速度较慢。

5.1.1.2 表观模型

在视觉跟踪中，目标特征的表示模型称为表观模型。表观模型用于目标的匹配或判别，它直接关系到最优化视觉跟踪的目标函数和贝叶斯滤波视觉跟踪的观测似然，是影响视觉跟踪性能的一个重要方面。视觉跟踪表观模型的发展经历了“产生式模型”和“判别式模型”两个发展阶段。

产生式模型仅使用目标信息构建目标的特征表示，并用其搜索目标在图像中的最佳匹配估计目标的状态。产生式模型主要有灰度模板、概率密度估计和孪生网络三种。产生式模型具有计算效率高的优点，但是它对复杂背景的鲁棒性较差。判别式模型把视觉跟踪看作二分类问题来建模求解，它不但利用目标表观信息，而且利用目标的背景信息，对复杂背景表现更为鲁棒，逐渐占据了在视觉跟踪中的主流地位。判别式模型主要有 online boosting、结构化 SVM、深度学习和相关滤波四种。

5.1.1.3 模型更新

在视觉跟踪过程中，目标的姿态变化和几何形变等内在因素，以及光照变化、视角变化和目标遮挡等外在因素，都会引起目标表观变化。目标表观变化是视觉跟踪面临的难题之一。解决目标表观变化的方法是模型更新。基于目标表观变化具有平滑性的假设，模型更新利用在线学习和跟踪结果更新表观模型以适应目标表观的变化。模型更新的最大问题是“模型漂移”，即由于目标遮挡和观测误差等原因，随着目标跟踪的推进表观模型中会引入越来越多的非目标信息，进而导致跟踪失败。为了解决模型漂移问题，人们提出了基于半监督的 online boosting 的模型更新、多示例学习模型更新，PN 学习模型更新。

5.1.1.4 状态估计

状态估计又称为目标搜索，用于目标状态参数的估计，对目标跟踪的速度至关重要。视觉跟踪中的搜索策略有全局搜索、最优化方法和随机搜索三类。全局搜索在目标的状态空间中逐点匹配，以最优匹配作为目标状态的估计。由于全局搜索要在目标状态空间中逐点匹配，导致该方法的速度较慢。

为了提高视觉跟踪的速度，一些研究者提出了最优化目标搜索方法，其中具有代表性的方法是基于 MeanShift 的最优化搜索方法。全局搜索与最优化方法的共同不足之处是对目标遮挡鲁棒性较差。为了解决目标遮挡问题，研究者提出了贝叶斯滤波目标搜索方法，粒子滤波是其中的代表性方法。粒子滤波能够处理任意的非线性和非高斯问题，所以它极大地提高了视觉跟踪的性能，目前它已经成为视觉跟踪的基本框架。粒子滤波的主要问题是需要大量的粒子来近似后验分布，导致速度较慢，使得在实际跟踪系统中的应用中受到限制。

5.1.2 发展历程

5.1.2.1 视觉跟踪的发展历程

根据不同的分类标准，视觉跟踪可以分为不同的类别，主流的分类标准是表观模型。根据表观模型的不同，视觉跟踪方法分为产生式视觉跟踪和判别式视觉跟踪两类。

基于灰度模板的目标跟踪是最基本的产生式视觉跟踪，它比较简单直接，在视觉跟踪中使用较早。受到 PCA 在人脸识别中应用的启发，Black 首次提出基于 PCA 的产生式视觉跟踪方法，该方法基于子空间常量假设导致它不能适应目标表观的变化，为此 Ross 等[1]提出增量子空间跟踪方法。灰度模板与子空间模型对目标遮挡的鲁棒性较差。受稀疏表示在人脸识别中应用启发，Mei[2]首次提出基于稀疏表示的灰度模板目标跟踪。该模型使用 L_1 范数正则化提升了目标遮挡情况下视觉跟踪的鲁棒性，但是该模型对跟踪误差比较敏感。灰度模板对目标旋转和几何形变鲁棒性较差，为此 Jepson[3] 和 Comaniciu[4]分别提出基于有参密度估计和无参密度估计的视觉跟踪方法。近年来，出现了利用孪生网络实现产生式跟踪的发展方向。Tao[5]借鉴以图搜图的思想，离线训练孪生网络跟踪目标。该方法在学习中更关注广义目标表观变化，在线跟踪时不进行模型的更新。Bertinetto[6]提出一种端到端的全卷积孪生网络学习目标相似性函数，提高了视觉跟踪的速度。为了适应目标表观的变化，Guo[7]利用快速变换学习训练动态孪生网络模型跟踪目标。

概括来说，产生式跟踪具有计算效率高的优点，但是它对复杂背景的鲁棒性较差。为了克服产生式跟踪对复杂背景鲁棒性不足的问题，随着机器学习的发展，尤其是 boosting 在人脸检测中的成功应用，启发一些学者提出判别式跟踪方法。

Helmut[8]是较早提出将分类思想应用于视觉跟踪，利用 online boosting 动态选择 Haar 特征跟踪目标，提升了对复杂背景的鲁棒性。该方法的发表引发了对判别式模型视觉跟踪的研究热潮，其中比较有代表性的有多示例学习和结构化 SVM。Hare[9]认识到视觉跟踪输出的结构性和训练样本的重要性，基于此用结构化 SVM 作为表观模型跟踪目标，取得了 2013 年第一届 VOT 的冠军。上述方法[8-9]在约束环境下取得了不错的跟踪效果，但是他们使用的均是手工编制的特征，难以应对视觉跟踪面临的诸多挑战。Wang 等较早认识到这一问题，首次提出基于深度学习的判别式跟踪，自此开启了基于深度学习的视觉跟踪的新时代。深度模型的魅力之一来自于对大量训练数据的有效学习，而视觉跟踪仅仅提供第一帧目标信息作为训练数据。这种情况下，在跟踪开始，针对当前目标从头训练一个深度模型困难重重。目前，基于深度学习的视觉跟踪主要采用四种思路来解决这个问题：一是利用辅助图像数据预训练深度模型，在线跟踪时微调[10-11]；二是利用在大规模分类数据集上预训练的 CNN 提取特征跟踪目标[12-13]；三是在大规模分类数据集上预训练 CNN 的基础上设计新的网络跟踪目标；四是利用跟踪序列预训练深度网络模型，在线跟踪时微调。

判别式跟踪的另一个重要分支是判别性相关滤波。Bolme 等首次将相关滤波应用于视觉跟踪，提出基于单通道灰度特征的相关滤波方法。由于它利用快速傅里叶变换（FFT）求解，具有速度快的优点，能够满足视觉跟踪的快速性要求，因此受到较多学者的关注。在此基础上，Rui[14]提出基于循环移位的稠密采样方法，并利用 FFT 快速训练分类器跟踪目标。Henriques[15]进一步提出基于多通道 HOG 特征的判别性相关滤波（DCF/KCF），其核心是内核岭回归和基于循环移位的密集采样，它具有封闭解并且可以利用 FFT 求解。自此，判别性相关滤波成为视觉跟踪一个基本框架，受到较多研究者的青睐。

5.1.2.2 基于稀疏与低秩表示的视觉跟踪的发展历程

2009 年，受稀疏编码解决人脸识别中遮挡问题的启发，Mei 等[2]首次提出了基于稀疏编码的视觉跟踪方法，即 L_1 跟踪。L_1 跟踪采用的是基于子空间的产生式外观模型，并通过小模板表示系数的稀疏性较好地解决了跟踪过程中目标的局部遮挡问题。随后，为了提高 L_1 跟踪的鲁棒性和速度，国内外学者对其提出了很多改进方法。

在提高鲁棒性方面，Jia 等[16]提出基于结构局部稀疏外观模型的鲁棒视觉跟踪方法，该方法在使用队列池方法的同时利用局部信息和空间信息，达到了对目标进行精确定位和排除遮挡干扰的目的。Zhong 等[17]提出了一种使用整体模板和局部表述的鲁棒外观模型，该模型采用稀疏判别分类器（sparsity-based discriminative classifier，SDC）和稀疏产生式模型（sparsity-based generative model，SGM）相应地解决提取目标和遮挡的问题，从而提高了跟踪方法适应目标剧烈变化的能力。

为了更好地适应实际应用的需要，Zhang 等[18]提出了一种基于 l_1 正则化稀疏表示的视觉跟踪方法，该方法通过将基于区块分割的协方差特征引入到稀疏表示框架中，有效地提高了跟踪方法的判别能力和对遮挡干扰的鲁棒性。Wang 等[19]提出了基于在线鲁棒非负字典学习（online robust non-negative dictionary learning）的视觉跟踪方法，通过该字典学习算法得到的字典不仅能够较好地捕捉目标的实时变化，而且对遮挡和背景干扰具有较强的适应能力。Xing 等[20]提出了一种多寿命字典学习模型（multi-lifespan dictionary model），并采用在线字典学习（online dictionary learning，ODL）算法对字典进行更新，有效地缓解了模型漂移问题，提高了跟踪的鲁棒性。Bozorgtabar 等[21]提出了一种在判别多任务稀疏学习框架下的视觉跟踪方法，该方法使用适应性字典表示目标，并采用条件随机域（conditional random field，CRF）方法排除背景干扰，达到了提高跟踪鲁棒性的目的。Fan 等[22]通过在字典学习模型中引入分类误差项和核心编码正则化项，将目标与背景训练样本的标签信息引入字典学习的过程中，进而得到一个高质量的判别结构字典。该字典可以有效地提取被跟踪目标。Ma 等[23]利用联合模糊状态估计和多任务反转稀疏学习框架进行视觉跟踪，提高了跟踪方法克服运动模糊干扰的能力。Yoon 等[24]利用多跟踪器对目标进行跟踪，该方法中的不同跟踪器从不同的角度对目标外观进行表示，并且不同的跟踪器在跟踪过程中可以相互影响，从而有效地提高了跟踪方法克服不良干扰的能力。

针对字典判别能力不足的问题，薛模根等[25]采用判别式字典学习进行视觉跟踪，通过在字典学习模型中引入背景信息，有效地提高了排除背景干扰的能力，并提高了跟踪的鲁棒性。为了进一步提高基于稀疏编码的视觉跟踪方法克服背景干扰的能力，吉训生等[26]通过在传统稀疏表示模型中引入判别函数，达到了降低背景信息的影响、提高跟踪鲁棒性的目的。

在提高跟踪速度方面，Liu 等[27]提出了一种基于两阶段稀疏优化的快速鲁棒跟踪方法，该方法基于动态组稀疏（dynamic group sparsity，DGS）原理，通过将图像特征进行降维，达到了减小计算量，提高跟踪速度的目的。随后，Mei 等[28]提出了基于有界粒子重采样（bounded particle resampling，BPR）的 L_1 跟踪方法，该方法通过计算最小误差界排除了大量观测似然较低的候选采样，达到了简化计算和保持跟踪精度的目的。Bao 等[29]在稀疏表示模型中添加小模板表示系数的 l_2 范数约束，并由此进行遮挡检测，还利用 APG 算法求解 l_1 最小化问题，有效地提高了跟踪的鲁棒性和速度。Zhang 等[30]将 L_1 跟踪进行了推广，提出了多任务跟踪（multi-tack tracking，MTT）的概念，该方法通过将稀疏表示模型表示系数项的 l_1 范数约束推广为稀疏诱导混合范数约束，并结合 APG 算法计算表示系数，有效地提高了跟踪的鲁棒性和速度。为了减小 l_1 最小化造成的计算消耗，Wang 等采用将目标字典和小模板表示系数分开计算的方式，并分别使用高效的计算方法对两种表示系数进行求解，实现了跟踪速度的提高。

5.1.3 本章内容

字典学习与稀疏编码作为稀疏和低秩表示的两个核心问题，都对视觉跟踪效果和性能产生重要影响。从字典学习的角度看，模板更新是在线的字典学习问题，所以在线鲁棒字典学习为鲁棒模板更新提供了思路。另外，稀疏编码算法对视觉跟踪的性能至关重要，同时，由于目标遮挡和目标观测误差等原因，使得表观模型中逐渐引入非目标信息（离群数据），也就是子空间跟踪易受到模型漂移的影响而导致跟踪失败的不足。本章针对这些问题展开研究，主要工作包括以下 5 个方面：

（1）为了提高 L_1 跟踪的速度，降低模型漂移的发生，提出基于稀疏稠密结构表示与在线鲁棒字典学习的快速鲁棒跟踪方法。提出的基于稀疏稠密结构的鲁棒表示模型对小模板系数和目标模板系数分别进行 l_1 范数和 l_2 范数正则化，保证对遮挡目标跟踪的鲁棒性，同时又增强了对离群模板的鲁棒性。在模型求解上基于块坐标优化原理，利用岭回归和软阈值操作快速求解候选目标的表示系数，提高了目标跟踪的速度。为进一步降低模型漂移的发生，提出一种鲁棒字典学习算法用于模板更新。在多个标准测试图像序列上对所提方法进行了实验，实验结果验证了所提跟踪方法的有效性。

（2）提出稀疏度约束与动态组结构的两阶段稀疏编码视觉跟踪算法。稀疏编码算法对视觉跟踪的性能至关重要。尽管一些学者已经提出一些稀疏编码算法用于视觉跟踪，但是 L_1 跟踪对离群模板（目标模板中的离群数据）较敏感，一旦目标模板中引入离群数据将会导致跟踪失败，这一问题并没有解决。另外，L_1 跟踪中的小模板系数具有空间连续性稀疏结构，但是现有 L_1 跟踪方法并未利用这一特殊的稀疏结构。基于这两个方面，本节利用块坐标优化原理提出一种称为“稀疏度约束与动态组结构稀疏编码”的两阶段稀疏编码算法用于视觉跟踪。在粒子滤波框架下，利用提出的稀疏编码算法实现了目标跟踪方法。

（3）基于 Fisher 判别准则的在线判别式字典学习视觉跟踪算法。对视觉跟踪研究现状的深入分析可以发现，复杂背景是视觉跟踪面临的挑战之一，复杂背景下目标跟踪的鲁棒性较弱，表观模型的辨别力是提高复杂背景下视觉跟踪性能首先要考虑的问题。针对此问题，一方面，受到在线字典学习 ODL 和 Fisher 判别式字典学习（fisher discrimination dictionary learning，FDDL）的启发，本节以 Fisher 判别准则为基础提出了用于视觉跟踪模板更新的在线判别式字典学习算法，该算法采用块坐标下降法 BCD 在线更新目标模板，利用替换操作在线更新背景模板；另一方面，利用该算法得到目标样本编码系数的均值，定义候选目标编码系数与它的距离为系数误差，在粒子滤波框架下，以候选目标的重构误差与系数误差的组合作为观测似然跟踪目标。

(4) 粒子滤波框架下在线鲁棒判别式字典学习的目标跟踪。从视觉跟踪整体分析可以看出，无论是在线的产生式模型还是在线的判别式模型，均存在模型漂移问题，即由于目标遮挡和目标观测误差等原因，使得表观模型中逐渐引入非目标信息（离群数据），从而导致跟踪失败。为了解决模型漂移问题，同时满足视觉跟踪的鲁棒性和判别性要求，本章首先提出了一种在线鲁棒判别式字典学习模型。一方面，该模型使用 l_1 范数作为损失函数降低了模板对离群数据的敏感度；另一方面，通过增大模板重构背景样本的误差提高了模板对目标和背景的判别能力。然后，求解该模型设计了在线学习算法用于视觉跟踪模板更新。在上述两个方面的基础上，以粒子滤波为框架完成了在线鲁棒判别式字典学习视觉跟踪。

(5) 基于主分量寻踪的子空间鲁棒目标跟踪方法。针对子空间跟踪易受到模型漂移的影响而导致跟踪失败的不足，提出一种新的基于主分量寻踪的子空间跟踪方法。在表观模型方面，该方法利用多个模板张成的子空间和 PCP 求解候选目标的误差分量，在粒子滤波框架下，以候选目标的误差分量作为观测似然估计目标状态。与现有模型的不同在于：一方面，该模型利用了子空间产生式模型中观测噪声由高斯噪声和拉普拉斯噪声两部分组成这一先验知识；另一方面，利用 PCP 求解候选目标的误差分量，对模板中的离群数据具有鲁棒性，即使目标模板中存在离群数据，也能稳定跟踪目标。在模板更新方面，本章提出的方法根据当前跟踪结果与目标模板的相似性，在线选择跟踪结果或其低秩分量更新目标模板，适应了目标表观变化并降低了模型漂移的发生。

5.2 基于稀疏稠密结构表示与在线鲁棒字典学习的目标跟踪

5.2.1 稀疏稠密结构鲁棒表示模型

L_1 跟踪用 l_1 范数正则化最小二乘模型求解候选目标的稀疏表示系数，在粒子滤波框架下，以候选目标在目标模板上的重建误差作为观测似然跟踪目标。L_1 跟踪对目标遮挡具有鲁棒性的原因在于对表示系数的稀疏性约束。然而表示系数的稀疏性约束给 L_1 跟踪带来了两个不足：一方面，由于一次跟踪要求解较多 l_1 最小问题，使得 L_1 跟踪的速度较慢，为了提高 L_1 跟踪的速度，现有方法用低分辨图像跟踪目标，降低了目标跟踪的精度；另一方面，表示系数的稀疏性约束使得 L_1 跟踪对模板中的离群数据较敏感，当目标模板中引入离群数据时，易发生跟踪失败。

文献［31］的研究结果表明，表示系数的稀疏性不是提高人脸识别性能的真正原因，在使用过完备非正交字典表示人脸时，编码系数的 l_2 范数约束也能保证较好的人脸识别性能。从上述分析可知：为了保证 L_1 跟踪对目标遮挡的鲁棒性，要对小模板系数施加 l_1 范数约束；为了保证 L_1 跟踪对离群模板的鲁棒性，要对目标模板系数进行 l_2 范数约束。据此，本节提出稀疏稠密结构鲁棒表示模型

$$\min_{\boldsymbol{a},\boldsymbol{e}} \frac{1}{2}\|\boldsymbol{y}-\boldsymbol{T}\boldsymbol{a}-\boldsymbol{I}\boldsymbol{e}\|_2^2+\lambda_1\|\boldsymbol{a}\|_2^2+\lambda_2\|\boldsymbol{e}\|_1 \tag{5-1}$$

式中：$\boldsymbol{y}\in\mathbb{R}^d$ 为候选目标；$\boldsymbol{T}=[\boldsymbol{t}_1, \boldsymbol{t}_2, \cdots, \boldsymbol{t}_n]\in\mathbb{R}^{d\times n}$ 为目标模板，$\boldsymbol{I}\in\mathbb{R}^{d\times d}$ 为小模板，是单位阵；$\boldsymbol{a}$ 为目标模板系数，是候选目标 $\boldsymbol{y}$ 在目标模板 $\boldsymbol{T}$ 上的表示系数；$\boldsymbol{e}$ 为小模板系数，是候选目标 $\boldsymbol{y}$ 在小模板 $\boldsymbol{I}$ 上的表示系数；$\|\cdot\|_1$ 和 $\|\cdot\|_2$ 分别表示 l_1 范数和 l_2 范数；λ_1、λ_2 为正则化参数。

稀疏稠密结构鲁棒表示模型式（5-1）有以下优点：首先，模型式（5-1）对小模板系数 $\boldsymbol{e}$ 进行 l_1 范数约束，使得 $\boldsymbol{e}$ 具有稀疏性，这保证了对遮挡目标跟踪的鲁棒性；其次，对目标模板系数 $\boldsymbol{a}$ 进行 l_2 范数约束，使得目标模板系数 $\boldsymbol{a}$ 具有稠密性，这样目标跟踪不依赖于少数几个模板，而是所有模板共同作用的结果，提高了跟踪方法对模板中离群数据的鲁棒性，即使模板中存在离群数据，也能稳定跟踪目标；最后，基于块坐标优化原理，利用岭回归和软阈值操作可以建立模型式（5-1）的快速求解算法，从而提高目标跟踪的速度。

5.2.2 稀疏稠密结构鲁棒表示快速算法

优化问题式（5-1）不存在解析解，本节提出一个快速算法求解式（5-1）得到最优解 $\boldsymbol{a}_{\mathrm{opt}}$ 和 $\boldsymbol{e}_{\mathrm{opt}}$。

引理 5-1　给定 $\boldsymbol{e}_{\mathrm{opt}}$，则

$$\boldsymbol{a}_{\mathrm{opt}}=(\boldsymbol{T}^{\mathrm{T}}\boldsymbol{T}+\lambda_1\boldsymbol{I})^{-1}\boldsymbol{T}^{\mathrm{T}}(\boldsymbol{y}-\boldsymbol{e}_{\mathrm{opt}})$$

证明： 假如 $\boldsymbol{e}_{\mathrm{opt}}$ 已知，则优化问题式（5-1）等价于 $\min\limits_{\boldsymbol{a}}\frac{1}{2}\|(\boldsymbol{y}-\boldsymbol{e})-\boldsymbol{T}\boldsymbol{a}\|_2^2+\lambda_1\|\boldsymbol{a}\|_2^2$。此问题是 l_2 范数正则化最小二乘问题，目标函数对 $\boldsymbol{a}$ 求导数并令其

等于零，即可得

$$a_{opt} = (T^{T}T + \lambda_1 I)^{-1} T^{T}(y - e_{opt})$$

引理 5-2 给定a_{opt}，则

$$e_{opt} = S_{\lambda_2}(y - Ta_{opt})$$

式中：$S_{\tau}(x)$ 为软阈值操作，且有

$$S_{\tau}(x_i) \approx \mathrm{sgn}(x_i)\max\{|x_i| - \tau, 0\}$$

其中：sgn(•) 为符号函数。

证明： 假如a_{opt}已知，则优化问题式（5-1）等价于 $\min\limits_{e} \frac{1}{2}\|e-(y-Ta_{opt})\|_2^2 + \lambda_2\|e\|_1$。此问题是凸优化问题，由文献［17］可知，其全局最优解可以通过软阈值操作 $S_{\tau}(x)$ 得到，即$e_{opt} = S_{\lambda_2}(y - Ta_{opt})$。

由引理 5-1 和引理 5-2，并结合块坐标优化原理可建立如表 5-1 所列的迭代算法求解优化问题式（5-1）的最优解。

表 5-1 稀疏稠密结构鲁棒表示快速算法

输入：候选目标 y，目标模板 T，正则化参数 λ_1 和 λ_2；
输出：a_{opt}和e_{opt}。
步骤 1. 初始化$e_0 = 0$，$i = 0$；
步骤 2. 计算投影矩阵 $P = (T^{T}T + \lambda_1 I)^{-1} T^{T}$；
repeat
步骤 3. 计算$a_{i+1} = P(y - e_i)$；
步骤 4. 计算$e_{i+1} = S_{\lambda_2}(y - Ta_{i+1})$；
步骤 5. $i \leftarrow i+1$；
until 收敛或中断
步骤 6. 令$a_{opt} = a_i$ 和$e_{opt} = e_i$。

5.2.3 在线鲁棒字典学习算法

假设 1～k 时刻目标的图像观测$\ddot{Y}_k = [\hat{y}_1, \hat{y}_2, \cdots, \hat{y}_k]$，其中，$\hat{y}_i$ 是零均值和单位方差向量。$D \triangleq \{T \in R^{p \times q}\ \mathrm{s.t.}\ \forall j = 1, \cdots, q, t_j^{T} t_j \leqslant 1\}$ 是有界的闭凸集，则提出的在线鲁棒字典学习模型如下：

$$\{\hat{T}, \hat{a}_i\} = \arg\min_{T \in D} \frac{1}{k}\sum_{i=1}^{k}(\|W^{1/2}(\hat{y}_i - Ta_i)\|_2^2 + \lambda\|a_i\|_2^2) \tag{5-2}$$

式中：W 为对角阵，其值$W_{j,j}$是$\hat{y}_i$ 的第 j 个像素的权值；其他符号与式（5-1）

相同。

式（5-2）的求解包括编码和字典更新两个阶段。在编码阶段，固定字典 $\boldsymbol{T}$ 求解编码系数 $\hat{\boldsymbol{a}}_i$。字典 $\boldsymbol{T}$ 已知，式（5-2）是 l_2 范数正则化最小二乘问题，用 $\mathrm{IR^3C}$（iteratively reweighted regularized robust coding）算法求解 $\hat{\boldsymbol{a}}_i$。在字典更新阶段，固定编码系数 $\hat{\boldsymbol{a}}_i$ 更新字典 $\boldsymbol{T}$。可用块坐标共轭梯度下降算法逐行求解式（5-3）得到字典 $\boldsymbol{T}$：

$$\boldsymbol{T}(j,:) = \arg\min_{t} \frac{1}{k}\sum_{i=1}^{k} w_i^j \left(\hat{y}_{i,j} - \boldsymbol{t}\boldsymbol{\alpha}_i\right)^2 \tag{5-3}$$

式中

$$w_i^j = 1/\sqrt{[\hat{y}_{i,j} - \boldsymbol{T}(j,:)\boldsymbol{\alpha}_i]^2 + \delta}$$

其中：δ 为小的正常量（δ=0.0001）。

定义

$$\boldsymbol{A}_{k-h}^j = \sum_{i=1}^{k-h} w_i^j \boldsymbol{\alpha}_i \boldsymbol{\alpha}_i^{\mathrm{T}}, \boldsymbol{B}_{k-h}^j = \sum\nolimits_{i=1}^{k-h} w_i^j x_{ij} \boldsymbol{\alpha}_i^{\mathrm{T}}$$

式中：h 为最小批数据量。

提出的在线鲁棒字典学习算法如表 5-2 所列。

表 5-2　在线鲁棒字典学习算法

输入：字典 $\boldsymbol{T}_{k-h}$，批数据 $\hat{\boldsymbol{y}}_i$，$\boldsymbol{A}_{k-h}^j$，$\boldsymbol{B}_{k-h}^j$（$i=k-h+1$，…，k，$j=1$，…，p）；
输出：字典 $\boldsymbol{T}_t$。
repeat
步骤 1. 令 $\boldsymbol{T}=\boldsymbol{T}_{k-h}$，用 $\mathrm{IR^3C}$ 算法求解 $\hat{\boldsymbol{y}}_i$ 的编码系数 $\boldsymbol{\alpha}_i$ 和权值 w_i^j；
for $j=1$：p do
步骤 2. 计算 $\boldsymbol{A}_k^j = \boldsymbol{A}_{k-h}^j + \sum_{i=t-k+1}^{k} w_i^j \boldsymbol{\alpha}_i \boldsymbol{\alpha}_i^{\mathrm{T}}$；
步骤 3. 计算 $\boldsymbol{B}_k^j = \boldsymbol{B}_{k-h}^j + \sum_{i=k-h+1}^{k} w_i^j x_{ij} \boldsymbol{\alpha}_i^{\mathrm{T}}$；
步骤 4. 求解式（5-3）得到 $\boldsymbol{T}(j,:)$；
步骤 5. 计算 $w_i^j=1/\sqrt{[\hat{y}_{i,j}-\boldsymbol{T}(j,:)\boldsymbol{\alpha}_i]^2+\delta}$；
end for
until 收敛或中断
步骤 6. 输出 $\boldsymbol{T}_k$，$\boldsymbol{A}_k^j$ 和 $\boldsymbol{B}_k^j$。

5.2.4 目标跟踪方法

给定第 i 个粒子的图像观测 $\boldsymbol{y}_k^i$，用表 5-1 算法求解下式：

$$\min_{\boldsymbol{a}_k^i,\boldsymbol{e}_k^i} \frac{1}{2} \| \boldsymbol{y}_k^i - T_k \boldsymbol{a}_k^i - \boldsymbol{e}_k^i \|_2^2 + \lambda_1 \| \boldsymbol{a}_k^i \|_2^2 + \lambda_2 \| \boldsymbol{e}_k^i \|_1 \tag{5-4}$$

在此基础上，定义观测模型为

$$p(\boldsymbol{y}_k^i \mid \boldsymbol{x}_k^i) = \frac{1}{\Gamma}\exp[-\alpha d(\boldsymbol{y}_k^i;\boldsymbol{T}_k)] \tag{5-5}$$

式中：α 为高斯核尺度参数；Γ 为归一化常量；$d(\boldsymbol{y}_k^i;\boldsymbol{T}_k)$ 为图像观测$\boldsymbol{y}_k^i$ 与目标$\boldsymbol{T}_k$ 之间的距离，且有

$$d(\boldsymbol{y}_k^i;\boldsymbol{T}_k) = \frac{1}{2} \| \boldsymbol{y}_k^i - T_k \boldsymbol{a}_k^i - \boldsymbol{e}_k^i \|_2^2 + \lambda_2 \| \boldsymbol{e}_k^i \|_1 \tag{5-6}$$

以粒子滤波为框架，将动态模型、观测模型和在线鲁棒字典学习相结合建立跟踪方法，如表 5-3 所列。

表 5-3 基于稀疏稠密结构表示与在线鲁棒字典学习的跟踪方法

输入：目标初始状态$\boldsymbol{x}_0$ 和目标序列图像；
输出：k 时刻目标状态$\boldsymbol{x}_k$。
步骤 1. 初始化：初始化目标模板$\boldsymbol{T}_0$；
步骤 2. 粒子采样：用动态模型采样粒子；
步骤 3. 观测似然计算：利用表 5-1 所列算法求解粒子的表示系数，并用式（5-5）计算其观测似然；
步骤 4. 状态估计：利用最大后验概率准则估计 $\boldsymbol{k}$ 时刻的目标状态$\boldsymbol{x}_k$；
步骤 5. 模板更新：利用表 5-2 所列算法更新目标模板$\boldsymbol{T}_k$；
步骤 6. 如果已到最后一帧，则结束跟踪，否则转至步骤 2。

5.2.5 实验结果与分析

5.2.5.1 实验说明

实验环境以 Matlab R2010a 为开发工具，在 Inter（R）Forth-Core 2.50GHz CPU，4GB 内存的台式机上实现了本节提出的跟踪方法（简称 L_1L_2 跟踪）。

用 8 个具有挑战性的图像序列对 L_1L_2 跟踪进行了实验验证，并与 IVT 跟踪[1]、VTD 跟踪[32]、L_1 APG 跟踪[29]和 SP 跟踪[33]进行了比较。实验中，目标的真实状态和其他 4 个跟踪方法在这 8 个测试序列上的跟踪结果由标准测试数据库得到。L_1L_2跟踪的粒子数为 600，正则化参数 λ_1 和 λ_2 分别为 0.001、0.1，模板大小和个数分别为 32×32 和 16，每隔 5 帧进行一次模板更新。

5.2.5.2 实验结果

图 5-2（a）和（b）给出了 5 个跟踪方法对遮挡目标的跟踪结果。由

图 5-2（a）可以看出，对于存在严重遮挡的 Faceocc1 序列，L_1L_2 跟踪和 L_1APG 跟踪的结果较优。由图 5-2（b）可以看出，对于 Faceocc2 序列，L_1L_2 跟踪和 VTD 跟踪的结果较好，尤其是目标同时存在遮挡和 in-plane 旋转时，L_1L_2 跟踪的结果最优。图 5-2（c）和（d）给出了 5 个跟踪对光照变化目标的跟踪结果。由图 5-2（c）可以看出，对于存在光照变化、out-plane 旋转和尺度变化等诸多挑战的 david 序列，L_1L_2 跟踪和 SP 跟踪的结果优于其他 3 种跟踪方法。由图 5-2（d）可以看出，对于存在较大光照和尺度变化的 Car4 序列，L_1L_2 跟踪、IVT 跟踪和 SP 跟踪能够稳定跟踪目标，但是其他 2 个跟踪方法由于光照的变化导致了跟踪漂移。图 5-2（e）和（f）给出了 5 个跟踪方法对复杂背景下目标的跟踪结果。Cardark 序列的背景较复杂，同时也存在较大光照变化，由图 5-2（e）可以看出，对于 Cardark 序列，L_1L_2 跟踪、L_1APG 跟踪和 SP 跟踪能够稳定的跟踪目标，其他 2 个跟踪方法发生了跟踪漂移。Football 序列的背景复杂，同时也存在 out-plane 旋转、遮挡和 in-plane 旋转等挑战，由图 5-2（f）可以看出，对于 Football 序列，L_1L_2 跟踪的结果最优。图 5-2（g）和（h）给出了 5 个跟踪方法对快速运动目标的跟踪结果。由图 5-2（g）可以看出，对于目标的快速运动而导致目标模糊的 Jumping 序列，L_1L_2 跟踪和 SP 跟踪的结果最优。由图 5-2（h）可以看出，对于 Jogging 序列，存在运动模糊、遮挡和变形等困难，L_1L_2 跟踪能够稳定地跟踪目标。

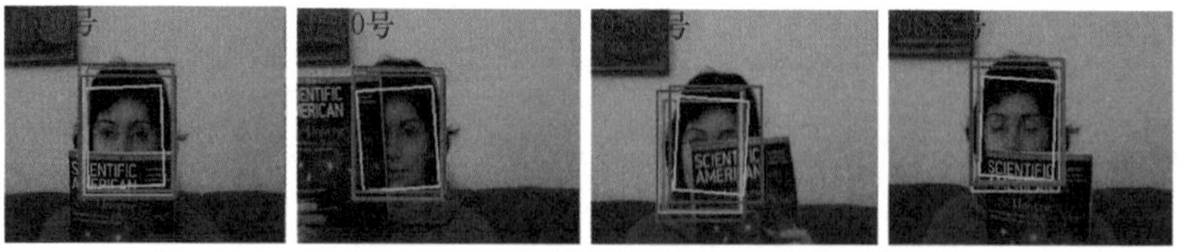

(a)

(b)

(c)

图 5-2　目标跟踪结果

(a) Faceocc1；(b) Faceocc2；(c) David；(d) Car4；(e) Cardark；
(f) Football；(g) Jumping；(h) Jogging。

本节利用跟踪成功率曲线下面积和成功率均值定量评价跟踪方法的性能。假设目标的真实矩形区域和目标的跟踪结果矩形区域分别是 $\boldsymbol{r}_a$ 和 $\boldsymbol{r}_t$，则重叠得分定义为 $S=|r_t \cap r_a|/|r_t \cup r_a|$，其中 $\cap$ 和 $\cup$ 分别表示区域的交集和并集。如果跟踪方法在一帧图像上的重叠得分 S 大于重叠阈值 t_0，则认为该跟踪方法在这一帧图像上跟踪成功。据此定义跟踪方法在一个图像序列上的跟踪成功率：成功跟踪的图像帧数与序列图像总帧数的比值。给定一系列重叠

阈值即可得到跟踪成功率曲线和成功率均值。

图 5-3 和表 5-4 分别给出了 5 种跟踪方法在 8 个图像序列上的跟踪成功率曲线和成功率均值。由图 5-3 和表 5-4 可以看出，本节提出的 L_1L_2 跟踪方法优于其他 4 个跟踪方法。

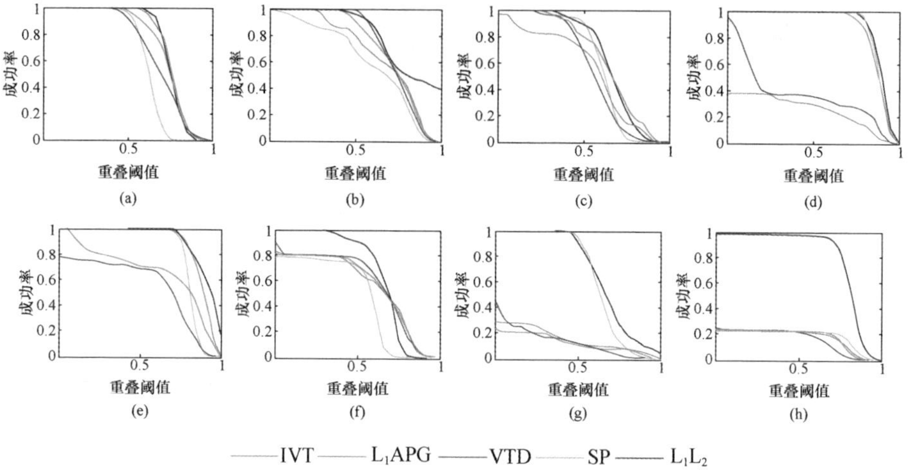

图 5-3 跟踪成功率曲线

(a) Faceocc1；(b) Faceocc2；(c) David (d) Car4；(e) Cardark；(f) Football；(g) Jumping；(h) Jogging。

表 5-4 跟踪成功率均值

图像序列	IVT 跟踪方法	L_1APG 跟踪方法	VTD 跟踪方法	SP 跟踪方法	L_1L_2 跟踪方法
Faceocc1	0.716	**0.740**	0.676	0.616	**0.742**
Faceocc2	0.717	0.678	**0.725**	0.608	**0.796**
David	**0.637**	0.534	0.556	0.604	**0.650**
Car4	0.857	0.246	0.365	**0.862**	**0.876**
Cardark	0.653	**0.864**	0.534	0.808	**0.867**
Football	0.549	0.544	**0.559**	0.454	**0.652**
Jumping	0.121	0.149	0.128	**0.530**	**0.536**
Jogging	0.176	0.174	0.154	**0.184**	**0.780**

5.2.5.3 复杂性分析

假设 $\boldsymbol{U}\in\mathbb{R}^{d\times n}$ 为 IVT 跟踪和 SP 跟踪使用的特征基，$\boldsymbol{T}\in\mathbb{R}^{d\times n}$ 为 L_1 跟踪使用的目标模板，$P\in\mathbb{R}^{d\times n}$ 为表 5-1 算法中的投影矩阵，k_1 为表 5-1 算法的迭代次数，则这 4 个跟踪方法的计算复杂度如表 5-5 所列。IVT 跟踪最耗时部

分是用特征基 $\boldsymbol{U}$ 计算表示系数，该计算是矩阵向量乘，其时间复杂度为 $O(dn)$；L_1 跟踪最耗时部分是利用 PCG（preconditioned conjugate gradients）算法计算表示系数，PCG 算法的基本计算是矩阵向量乘，其时间复杂度为 $O(d^2+dn)$；SP 跟踪最耗时部分是用特征基 $\boldsymbol{U}$ 计算表示系数，其时间复杂度为 $O(k_1dn)$；L_1L_2 跟踪最耗时部分是用投影矩阵计算表示系数（表 5-1 算法中的步骤 3），该计算是矩阵向量乘，其时间复杂度为 $O(k_2dn)$，其中，k_2 为表 5-1 算法中的迭代次数。

由上述分析可知：这 4 个跟踪方法的计算复杂度级别相同，都是变量多项式的复杂度。表 5-5 中第 3 和 4 列分别给出了在相同软、硬件环境下，$d=16\times16$ 和 $d=32\times32$，$n=16$ 时，求解一个样本表示系数的计算时间。可以看出，L_1L_2 跟踪的速度比 IVT 跟踪慢，但是快于 SP 跟踪和 L_1 跟踪。

表 5-5 计算复杂度与计算时间

跟踪方法	计算复杂度	计算时间（16×16）/ms	计算时间（32×32）/ms
IVT 跟踪	$O(dn)$	0.056	0.104
L_1 跟踪	$O(d^2+dn)$	17.20	358.0
SP 跟踪	$O(k_1dn)$	0.237	0.571
L_1L_2 跟踪	$O(k_2dn)$	0.145	0.349

5.2.5.4 讨论

与 L_1L_2 跟踪最相近的是 SP 跟踪，它们均继承了 L_1 跟踪对小模板系数的稀疏性约束，这保证了对遮挡目标跟踪的鲁棒性。但是本节方法与 SP 跟踪有以下不同：

（1）使用的模板基不同，L_1L_2 跟踪用过完备基表示目标，SP 跟踪用正交基表示目标。过完备基比正交基具有更优的表示能力已在人脸识别中得到证实。

（2）模板更新方法不同，L_1L_2 跟踪用过完备基表示目标，可以用在线鲁棒字典学习算法更新模板，这抑制了离群数据对模板更新的影响，从而降低“模型漂移”的发生。SP 跟踪用正交基表示目标并用增量主分量分析更新特征基，不可避免地会引起“模型漂移”，从而降低目标跟踪的精度，甚至导致跟踪失败。

图 5-4 和图 5-5 分别给出了 SP 跟踪的模板更新方法与 L_1L_2 跟踪的模板更新方法对 Faceocc1 序列跟踪在第 600 帧时的模板更新结果。可以看出，与 SP 跟踪的模板更新方法相比，L_1L_2 跟踪的模板更新方法的结果受离群数据的影响较小。

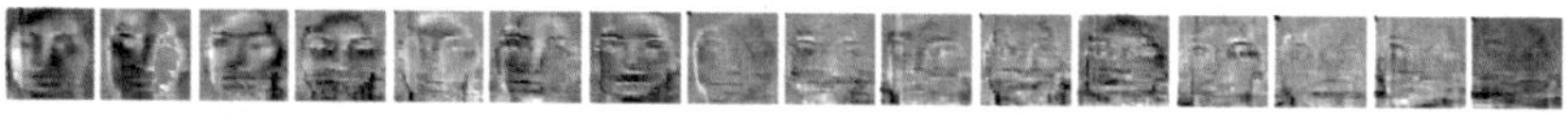

图 5-4　SP 跟踪的模板更新结果

图 5-5　L_1L_2 跟踪的方法模板更新结果

(3) L_1L_2 跟踪对目标模板系数进行 L_2 范数约束，提高了对模板中离群数据的鲁棒性，即使模板中存在离群数据仍能稳定跟踪目标。

正是由于上述三个方面的原因，使得 L_1L_2 跟踪精度优于 SP 跟踪。

5.3　基于稀疏度约束与动态组结构稀疏编码的鲁棒目标跟踪

5.3.1　L_1 跟踪鲁棒性分析

L_1 跟踪的本质是子空间跟踪，子空间跟踪有传统子空间跟踪和 L_1 跟踪两类。传统子空间跟踪以 $\boldsymbol{y}=\boldsymbol{Ta}+\boldsymbol{n}$（其中 $\boldsymbol{n}$ 为高斯噪声）为产生式模型，这与视觉跟踪的情况不符，导致它对目标遮挡的鲁棒性较差。在视觉跟踪中，由于目标遮挡使得观测噪声符合拉普拉斯分布。为此，文献［2］以 $\boldsymbol{y}=\boldsymbol{Ta}+\boldsymbol{e}$，(其中 $\boldsymbol{e}$ 为拉普拉斯噪声）为产生式模型提出了 L_1 跟踪。$\boldsymbol{y}=\boldsymbol{Ta}+\boldsymbol{e}$ 可以写成 $\boldsymbol{y}=\boldsymbol{Dc}$，其中 $\boldsymbol{D}=[\boldsymbol{T},\ \boldsymbol{I}]$，$\boldsymbol{c}=[\boldsymbol{a};\ \boldsymbol{e}]$。$L_1$ 跟踪假设遮挡仅占目标的小部分区域，所以好的候选目标噪声向量 $\boldsymbol{e}$ 仅有少部分非零项，即 $\boldsymbol{e}$ 具有稀疏性，因此 $\boldsymbol{y}=\boldsymbol{Dc}$ 具有稀疏解。据此，L_1 跟踪求解候选目标的稀疏编码系数 $\boldsymbol{c}$，以候选目标在目标模板 $\boldsymbol{T}$ 上的重建误差 $\boldsymbol{y}-\boldsymbol{Ta}$ 计算观测似然跟踪目标。正是上述原因，使得 L_1 跟踪对目标遮挡具有鲁棒性。

5.3.2　稀疏度约束与动态组稀疏编码算法

L_1 跟踪对目标遮挡具有鲁棒性的原因是式（1-24）中对编码系数 $\boldsymbol{c}$ 的稀疏性约束。但是编码系数的稀疏性约束使得 L_1 跟踪对目标模板 $\boldsymbol{T}$ 中的离群数据较敏感，当目标模板中引入离群数据时，易于引起跟踪失败。

我们研究发现，L_1 跟踪对模板中离群数据敏感是候选目标在 $\boldsymbol{T}$ 上的编码系数的稀疏度过小造成的。编码系数的稀疏度过小使得候选目标的重建误差仅取决于 $\boldsymbol{T}$ 中少数几个模板，甚至是某一个模板。L_1 跟踪用候选目标在 $\boldsymbol{T}$ 上的重建误差计算观测似然跟踪目标，所以当目标模板中引入背景样本时易产生跟踪失败。另外，由 5.3.1 节的分析可知，为了保证对遮挡目标跟踪的鲁棒性，对小模板系数 $\boldsymbol{e}$ 进行 l_1 范数正则化是必须的。由于目标遮挡使得小模板系数具有不可预知的空间连续性结构，即小模板系数具有动态组稀疏结构，现有 L_1 跟踪及其改进方法并没有利用小模板系数这一性质。

基于这两个方面，本节提出稀疏度约束与动态组稀疏编码算法求解目标模板系数和小模板系数。为了方便描述，将式（1-24）重写为

$$\min_{\boldsymbol{a},\boldsymbol{e}} \frac{1}{2} \| \boldsymbol{y} - \boldsymbol{T}\boldsymbol{a} - \boldsymbol{e} \|_2^2 + \lambda_1 \| \boldsymbol{a} \|_1 + \lambda_2 \| \boldsymbol{e} \|_1 \tag{5-7}$$

式中：λ_1、λ_2 为正则化参数；其他符号与式（1-24）相同。

引理 5-3 给定最优解 $\boldsymbol{e}_{\text{opt}}$，则可用正交匹配追踪算法求解最优解 $\boldsymbol{a}_{\text{opt}}$，且 $\boldsymbol{a}_{\text{opt}}$ 的稀疏度可控。

证明： 假如 $\boldsymbol{e}_{\text{opt}}$ 已知，则优化问题式（5-7）可表示为 $\min\limits_{\boldsymbol{a}} \frac{1}{2} \| \tilde{\boldsymbol{y}} - \boldsymbol{T}\boldsymbol{a} \|_2^2 + \lambda_1 \| \boldsymbol{a} \|_1$，其中 $\tilde{\boldsymbol{y}} = \boldsymbol{y} - \boldsymbol{e}$。此问题等价于 L_0 最小化问题：$\min\limits_{\boldsymbol{a}} \| \boldsymbol{a} \|_0$（s. t $\| \tilde{\boldsymbol{y}} - \boldsymbol{T}\boldsymbol{a} \|_2^2 < \varepsilon$）。其最优解 $\boldsymbol{a}_{\text{opt}}$ 可用表 5-6 所列正交匹配追踪算法求解。由于正交匹配追踪算法可以指定编码系数的稀疏度，因此 $\boldsymbol{a}_{\text{opt}}$ 的稀疏度可控。由表 5-6 可知，在目标模板确定时，可以通过设置算法中参数 k 控制候选目标在目标模板上的编码稀疏度。

表 5-6 正交匹配追踪算法

输入：观测向量 $\boldsymbol{u} \in \mathbb{R}^m$，编码矩阵 $\boldsymbol{M} = [\boldsymbol{m}_1, \boldsymbol{m}_2, \cdots, \boldsymbol{m}_n] \in \mathbb{R}^{m \times n}$，稀疏度 k； 输出：编码系数 $\boldsymbol{c} \in \mathbb{R}^n$。

步骤 1. 初始化余量 $\boldsymbol{r}_0 = \boldsymbol{u}$，支集索引 $\Omega = \varnothing$；
for $i = 1$ to k do
步骤 2. $\kappa = \arg\max_j \langle \boldsymbol{r}_{i-1}, \boldsymbol{m}_j \rangle$，$j = 1, \cdots, n$；
步骤 3. $\Omega = \Omega \cup \{\kappa\}$；
步骤 4. $\boldsymbol{c}_i = \arg\max_c \| \boldsymbol{M}_\Omega \boldsymbol{c} - \boldsymbol{u} \|_2$；
步骤 5. $\boldsymbol{r}_i = \boldsymbol{u} - \boldsymbol{M}_\Omega \boldsymbol{c}$；
end for
步骤 6. $\boldsymbol{c} = \boldsymbol{c}_k$。

算法中$\boldsymbol{M}_{\Omega}$表示由支集索引Ω中元素指示的编码矩阵$\boldsymbol{M}$中的列向量形成的矩阵，即假设$\Omega=\{1, 2, \cdots, l\}$，则$\boldsymbol{M}_{\Omega}=[\boldsymbol{m}_1, \boldsymbol{m}_2, \cdots, \boldsymbol{m}_l]$。

引理 5-4 给定$\boldsymbol{a}_{\text{opt}}$，则可用动态组稀疏编码算法求解$\boldsymbol{e}_{\text{opt}}$，且$\boldsymbol{e}_{\text{opt}}$具有动态组稀疏结构。

证明： 假如$\boldsymbol{a}_{\text{opt}}$已知，则优化问题式（5-7）可表示为$\min\limits_{e}\frac{1}{2}\|\hat{\boldsymbol{y}}-\boldsymbol{I}\boldsymbol{e}\|_2^2+\lambda_2\|\boldsymbol{e}\|_1$，其中$\hat{\boldsymbol{y}}=\boldsymbol{y}-\boldsymbol{T}\boldsymbol{a}_{\text{opt}}$。此问题等价于$L_0$最小化问题：$\min\limits_{e}\|e\|_0$（s. t $\|\hat{\boldsymbol{y}}-\boldsymbol{I}\boldsymbol{e}\|_2^2<\varepsilon$）。考虑到$\boldsymbol{e}$的动态组稀疏结构，其最优解$\boldsymbol{e}_{\text{opt}}$可用表 5-7 所示动态组稀疏编码算法求解，其中，DGS 算法描述如表 5-8 所列。由表 5-7 可知，动态组稀疏编码算法用外循环动态设置稀疏度k，用内循环求解稀疏度为k的组稀疏编码，即用算法求解得到的$\boldsymbol{e}_{\text{opt}}$具有动态组稀疏结构。

表 5-7 动态组稀疏编码算法

输入：观测向量$\boldsymbol{u}\in\mathbb{R}^m$，编码矩阵$\boldsymbol{M}=[\boldsymbol{m}_1, \boldsymbol{m}_2, \cdots, \boldsymbol{m}_n]\in\mathbb{R}^{m\times n}$，稀疏度范围$[k_1, k_2]$；

输出：编码系数$c\in\mathbb{R}^n$。

步骤 1. 初始化余量$\boldsymbol{r}_0=\boldsymbol{u}$，支集索引$\Omega=\varnothing$，稀疏度$k=k_1$，$i=0$，$f_0=0$；

repeat

  步骤 2. $i=i+1$；

  步骤 3. $j=0$；

  repeat

    步骤 4. $j=j+1$；

    步骤 5. $\boldsymbol{v}=\boldsymbol{M}^{\mathrm{T}}\boldsymbol{r}_j$；

    步骤 6. $\Omega_v=\mathrm{DGS}(\boldsymbol{v}, k)$，DGS 算法见表 5-8；

    步骤 7. $\Omega=\Omega\cup\Omega_v$；

    步骤 8. $\boldsymbol{b}=\arg\max_x\|\boldsymbol{M}_{\Omega}x-\boldsymbol{u}\|_2$；

    步骤 9. $\Omega_b=\mathrm{DGS}(\boldsymbol{b}, k)$；

    步骤 10. $\Omega=\Omega_{\Omega_b}$；

    步骤 11. $\boldsymbol{c}_j=\arg\max_c\|\boldsymbol{M}_{\Omega}\boldsymbol{c}-\boldsymbol{u}\|_2$；

    步骤 12. $\boldsymbol{r}_j=\boldsymbol{u}-\boldsymbol{M}_{\Omega}c_j$；

  until $\|\boldsymbol{r}_j\|_2\geqslant\|\boldsymbol{r}_{j-1}\|_2$

  步骤 13. $\boldsymbol{c}_i=\boldsymbol{c}_j$

  步骤 14. $k=k+\Delta k$；

  步骤 15. $f_i=0.5\|\boldsymbol{M}\boldsymbol{c}_i-\boldsymbol{u}\|_2+\|\boldsymbol{c}_i\|_1$；

until $\mathrm{abs}(f_i-f_{i-1})\leqslant 0.001$

步骤 16. $\boldsymbol{x}=\boldsymbol{x}_i$。

表 5-8 DGS 算法

输入：信号 $\boldsymbol{x}\in R^n$，稀疏度 k；

输出：$\boldsymbol{x}$ 的支集 $\text{supp}\{\boldsymbol{x}, k\}$。

步骤 1. 邻域权重 $\boldsymbol{w}=[\mathbf{0.5}, \mathbf{0.5}, \mathbf{0.5}, \mathbf{0.5}]$，其中 $\mathbf{0.5}=[0.5, 0.5, \cdots, 0.5]^{\mathrm{T}}$；

步骤 2. 计算 $\boldsymbol{x}$ 中每一元素的 4 邻域索引得到 $\boldsymbol{N}_x\in\mathbb{R}^{n\times 4}$；

for $i=1$ to n do

　步骤 3. 计算 $\boldsymbol{z}(i)=\boldsymbol{x}^2(i)+\sum_{t=1}^{4}\boldsymbol{w}^2(i,t)\boldsymbol{N}_x{}^2(i,t)$；

end for

步骤 4. 令 $\text{supp}\{\boldsymbol{x}, k\}$ 为 $\boldsymbol{z}(i)$ 中前 k 个最大值对应的索引值。

由引理 5-3 和引理 5-4，并结合块坐标优化原理可知，式（5-7）可分两个步骤求解：首先固定小模板系数 $\boldsymbol{e}$，求解目标模板系数 $\boldsymbol{a}$；然后固定小模板系数 $\boldsymbol{a}$，求解目标模板系数 $\boldsymbol{e}$。这样循环迭代这两个步骤直至算法收敛。假设 OMP(•，•）表示表 5-6 的正交匹配追踪算法，AdaDGS(•，•）表示表 5-7的动态组稀疏编码算法，则本节提出的稀疏度约束与动态组稀疏编码算法如表 5-9 所列。

表 5-9 稀疏度约束与动态组稀疏编码算法

输入：候选目标 $\boldsymbol{y}$，目标模板 $\boldsymbol{T}$，稀疏度 k，稀疏度范围 $[k_1, k_2]$；

输出：$\boldsymbol{a}_{\text{opt}}$ 和 $\boldsymbol{e}_{\text{opt}}$。

步骤 1. 初始化 $\boldsymbol{e}_0=0$，$i=0$，$f_0=0$，$\text{maxLN}=20$；

repeat

　步骤 2. $i=i+1$；

　步骤 3. $\bar{\boldsymbol{y}}=\boldsymbol{y}-\boldsymbol{e}_{i-1}$；

　步骤 4. $\boldsymbol{a}_i=\text{OMP}(\boldsymbol{T}, \bar{\boldsymbol{y}}, k)$；

　步骤 5. $\hat{\boldsymbol{y}}=\boldsymbol{y}-\boldsymbol{T}\boldsymbol{a}_i$；

　步骤 6. $\boldsymbol{e}_i=\text{AdaDGS}(\boldsymbol{I}, \hat{\boldsymbol{y}}, k_1, k_2)$；

　步骤 7. $f_i=0.5\|\boldsymbol{y}-\boldsymbol{T}\boldsymbol{a}_i-\boldsymbol{e}_i\|_2^2+\|\boldsymbol{a}_i\|_1+\|\boldsymbol{e}_i\|_1$；

until $\text{abs}(f_i-f_{i-1})\leqslant 0.001$ 或者 $i\geqslant\text{maxLN}$

步骤 8. 令 $\boldsymbol{a}_{\text{opt}}=\boldsymbol{a}_i$ 和 $\boldsymbol{e}_{\text{opt}}=\boldsymbol{e}_i$。

由于一次跟踪要用该算法求解多个粒子的编码系数，所以算法的收敛条件直接影响目标跟踪的精度和实时性。本节用连续两次迭代目标函数的差值和最大循环次数作为其收敛条件。实验发现循环迭代 5 次左右算法即可收敛。

5.3.4 节实验结果表明，算法的收敛条件能够保证较高的跟踪精度和实时性。

5.3.3 目标跟踪方法

本节利用粒子滤波跟踪目标。对于任一粒子$\boldsymbol{x}_t^i$，首先用表 5-6 的正交匹配追踪算法求解式（5-8）得到其图像观测$\boldsymbol{y}_t^i$ 的编码系数$\boldsymbol{e}_t^i$ 和$\boldsymbol{a}_t^i$：

$$\min_{\boldsymbol{a}_t^i,\boldsymbol{e}_t^i} \frac{1}{2} \| \boldsymbol{y}_t^i - \boldsymbol{T}_t\boldsymbol{a}_t^i - \boldsymbol{e}_t^i \|_2^2 + \lambda_1 \| \boldsymbol{a}_t^i \|_1 + \lambda_2 \| \boldsymbol{e}_t^i \|_1 \tag{5-8}$$

然后用下式计算其观测似然：

$$p(\boldsymbol{y}_t^i \mid \boldsymbol{x}_t^i) = \frac{1}{\Gamma}\exp\left[-\alpha\left(\frac{1}{2} \| \boldsymbol{y}_t^i - \boldsymbol{T}_t\boldsymbol{a}_t^i - \boldsymbol{e}_t^i \|_2^2 + \lambda_2 \| \boldsymbol{e}_t^i \|_1\right)\right] \tag{5-9}$$

式中：α 为高斯核尺度参数；Γ 为归一化常量。

利用粒子滤波将运动模型和观测似然相结合，建立基于稀疏度约束与动态组结构稀疏编码的跟踪方法，如表 5-10 所列。

表 5-10　基于稀疏度约束与动态组结构稀疏编码的跟踪方法

输入：目标初始状态$\boldsymbol{x}_0$ 和目标序列图像；
输出：t 时刻目标状态 $\hat{\boldsymbol{x}}_t$。
步骤 1. 初始化：初始化目标模板$\boldsymbol{T}_0$；
步骤 2. 采样粒子：用运动模型式采样粒子$\boldsymbol{x}_t^i$，并得到其图像观测$\boldsymbol{y}_t^i$，$i=1, 2, \cdots, N$；
步骤 3. 计算观测似然：用表 5-9 所列算法求解粒子$\boldsymbol{y}_t^i$ 的编码系数$\boldsymbol{a}_t^i$ 和$\boldsymbol{e}_t^i$，并用式（5-9）计算粒子$\boldsymbol{x}_t^i$ 观测似然，$i=1, 2, \cdots, N$；
步骤 4. 估计目标状态：用最大后验概率准则估计目标状态 $\hat{\boldsymbol{x}}_t$，即 $\hat{\boldsymbol{x}}_t = \arg\max_{x_t^i} p(x_t^i \mid y_{1:t}) = \arg\max_{x_t^i} p(y_t^i \mid x_t^i)p(x_t^i \mid x_{t-1}^i), i = 1,2,\cdots,N$;
步骤 5. 更新模板：用文献［2］中的算法 1 更新目标模板 $\boldsymbol{T}_t$；
步骤 6. 如果已到最后一帧，则结束跟踪，否则转至步骤 2。

该方法采用与 IVT 跟踪相同的方法初始化目标模板$\boldsymbol{T}_0$，即前 n 帧利用候选目标与当前模板均值向量的差计算观测似然跟踪目标，利用前 n 帧的跟踪结果初始化目标模板$\boldsymbol{T}_0$。在目标跟踪过程中，用文献［2］中的算法 1 更新目标模板$\boldsymbol{T}_t$。

5.3.4 实验结果与分析

5.3.4.1　实验说明

算法实现和实验环境同 5.2.5 节。用 4 个具有挑战性的图像序列对提出的跟踪方法进行了实验验证，并与 IVT 跟踪[29]、L_1APG 跟踪[29]、MTT 跟踪[30]和 LSS 跟踪[34]进行了比较。实验中，目标的真实状态和其他 4 个跟踪方法在这 4 个测试序列上的跟踪结果由标准测试数据库得到。本节跟踪方法的粒子数为 600，正则化参数 λ_1 和 λ_2 的值均取 1，稀疏度 k 为 8，模板为 16，Faceocc2、David、Football 和 Jumping 序列的模板大小分别是 22×26、16×22、20×20 和 16×22，每隔 5 帧进行一次模板更新。

5.3.4.2 实验结果

图 5-6（a）给出了 5 个跟踪方法对遮挡目标的跟踪结果。由图 5-6（a）可以看出，对于 Faceocc2 序列，本节跟踪方法和 LSS 跟踪的跟踪结果较好，尤其是目标同时存在遮挡和 in-plane 旋转时，本节跟踪方法的结果最优。图 5-6（b）给出了 5 个跟踪方法对光照变化目标的跟踪结果。由图 5-6（b）可以看出，对于存在光照变化、out-plane 旋转和尺度变化等诸多挑战的 David 序列，本节跟踪方法和 IVT 跟踪的结果优于其他 3 种跟踪方法。图 5-6（c）给出了 5 个跟踪方法对复杂背景下目标的跟踪结果。Football 序列的背景复杂，同时存在 out-plane 旋转、遮挡和 in-plane 旋转等挑战，由图 5-6（c）可以看出，对于 Football 序列，本节跟踪方法的结果最优。图 5-6（d）给出了 5 个跟踪方法对快速运动目标的跟踪结果。由图 5-6（d）可以看出，对于目标的快速运动而导致目标模糊的 Jumping 序列，本节跟踪方法和 LSS 跟踪的结果最优。

(a)

(b)

(c)

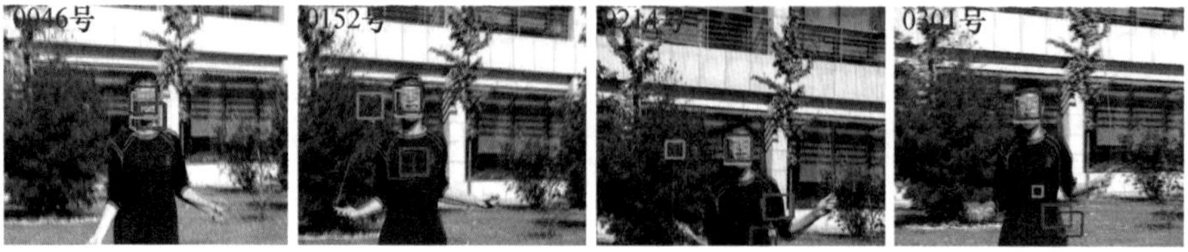

(d)

IVT L1APG MTT LSS 本节方法

图 5-6 目标跟踪结果

(a) Faceocc2；(b) David；(c) Football；(d) Jumping。

本节利用跟踪精度定量评价跟踪方法的性能。假设目标的真实矩形区域和跟踪结果矩形区域分别是 $\boldsymbol{r}_a$ 和 $\boldsymbol{r}_t$，则中心位置误差定义为 $\boldsymbol{r}_a$ 和 $\boldsymbol{r}_t$ 中心位置之间的欧几里得距离（单位为像素）。跟踪精度定义为中心位置误差小于给定位置误差阈值的图像帧数与序列图像总帧数的比值。给定一系列位置误差阈值即可得到跟踪精度曲线。图 5-7 给出了 5 种跟踪方法对 4 组图像序列的跟踪精度曲线，其中，中心位置误差阈值为 0～50 像素。由图 5-7 可以看出，本节跟踪方法优于其他 4 个跟踪方法。

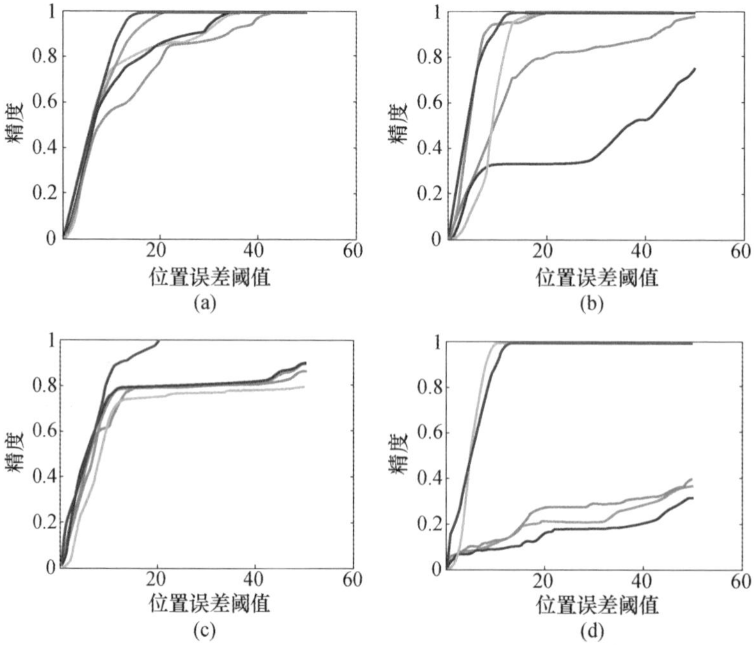

IVT L1APG MTT LSS 本节方法

图 5-7 跟踪精度曲线

(a) Faceocc2；(b) David；(c) Football；(d) Jumping。

5.3.4.3 鲁棒性分析

由上述实验可知，本节跟踪方法与 L_1 跟踪及其改进方法相比，具有较强的鲁棒性与较高的跟踪精度。其原因在于本节跟踪方法与 L_1 跟踪及其改进方法使用的稀疏编码算法不同。一方面，本节提出的稀疏编码算法求得的模板系数的稀疏度可控，能够保证模板编码系数的稀疏度不过于稀疏，这样目标跟踪不依赖于少数几个模板，而是较多模板共同作用的结果，即使模板中存在离群数据，仍能稳定跟踪目标，这提高了跟踪方法对模板中离群数据的鲁棒性；另一方面，本节提出的稀疏编码算法不但使用了小模板系数的稀疏性，而且使用了小模板系数的空间连续性结构，这样既保证了跟踪方法对遮挡的鲁棒性，又进一步提高了跟踪精度。

5.3.4.4 复杂性分析

假设 $\boldsymbol{U} \in \mathbb{R}^{d\times n}$ 是 IVT 跟踪和 LSS 跟踪使用的特征基，$\boldsymbol{T} \in \mathbb{R}^{d\times n}$ 是 L_1 APG 跟踪、MTT 跟踪和本节方法使用的目标模板，k 是 LSS 回归算法、APG 算法和本节算法 1 的迭代次数，N 是这 5 个跟踪方法使用的粒子数。IVT 跟踪、L_1 APG 跟踪、MTT 跟踪和 LSS 跟踪的时间复杂度如表 5-11 所列。与其他 4 个跟踪方法一样，本节跟踪方法的时间复杂度取决于粒子数与计算单个粒子观测似然的时间复杂度。单个粒子观测似然的时间复杂度由表 5-9 的稀疏度约束与动态组稀疏编码算法的时间复杂度确定，该算法的最耗时部分是其第 3 步，其时间复杂度为 $O(kdn)$，所以本节跟踪方法的时间复杂度为 $O(Nkdn)$。

由上述分析可知，这 5 个跟踪方法的时间复杂度级别相同，都是变量多项式的复杂度。表 5-11 中的第 3 列给出了在相同软、硬件环境下，$d=32\times32$，$n=16$ 和 $N=600$ 时，进行一次跟踪的计算时间。由表 5-11 可以看出，本节跟踪方法的速度比 IVT 跟踪和 LSS 跟踪慢，但是比 L_1 APG 跟踪和 MTT 跟踪的速度快。

表 5-11 计算复杂度与计算时间

跟踪方法	计算复杂度	计算时间/s
IVT 跟踪	$O(Ndn)$	0.128
L_1 APG 跟踪	$O(Nkdn)$	2.274
MTT 跟踪	$O(Nkdn)$	1.304
LSS 跟踪	$O(Nkdn)$	0.268
本节跟踪	$O(Nkdn)$	0.547

5.4 基于 Fisher 准则的在线判别式字典学习的目标跟踪

对视觉跟踪研究现状的深入分析可以发现，复杂背景是视觉跟踪面临的挑战之一，复杂背景下目标跟踪的鲁棒性较弱，表观模型的辨别力是提高复杂背景下视觉跟踪性能首先要考虑的问题。针对此问题，一方面，受到在线字典学习和 Fisher 判别式字典学习（fisher discrimination dictionary learning, FDDL）[35]的启发，本节以 Fisher 判别准则为基础提出了用于视觉跟踪模板更新的在线判别式字典学习算法。该算法采用块坐标下降（BCD）法在线更新目标模板，利用替换操作在线更新背景模板。另一方面，利用该算法得到目标样本编码系数的均值，定义候选目标编码系数与它的距离为系数误差，在粒子滤波框架下，以候选目标的重构误差与系数误差的组合作为观测似然跟踪目标。实验结果表明，与现有跟踪方法相比，本节跟踪方法具有较强的鲁棒性和较高的跟踪精度。

5.4.1 Fisher 在线判别式字典学习模型

为了适应目标表观的变化，在视觉跟踪中需要利用跟踪结果更新目标模板。显而易见，在线字典学习的学习方式非常符合视觉跟踪的要求。从字典学习的角度看，视觉跟踪模板更新是在线的字典学习问题。由文献［35］可知，FDDL 学得的字典具有较强的判别能力。据此，结合视觉跟踪的特点，本节提出如下式所示的 Fisher 在线判别式字典学习模型：

$$\min_{(\boldsymbol{D},\boldsymbol{X}_i)}\frac{1}{nN}\sum_{i=1}^{n}\left[\|\boldsymbol{A}_i-\boldsymbol{D}\boldsymbol{X}_i\|_F^2+\lambda_1\|\boldsymbol{X}_i\|_1+\sum_{j=1}^{2}r(\boldsymbol{A}_{i,j},\boldsymbol{D},\boldsymbol{X}_{i,j})+\lambda_2 f(\boldsymbol{X}_i)\right]$$
$$\text{s.t.}\ \|\boldsymbol{d}\|_2=1,\forall\boldsymbol{d}\tag{5-10}$$

式中：训练样本集 $\{\boldsymbol{A}_1, \cdots, \boldsymbol{A}_n\}$ 由 n 个样本子集组成，每个样本子集 $\boldsymbol{A}_i(i=1, \cdots, n)$ 包含目标样本 $\boldsymbol{A}_{i,1}$ 和背景样本 $\boldsymbol{A}_{i,2}$ 两部分，共 N 个训练样本，即 $\boldsymbol{A}_i=[\boldsymbol{A}_{i,1}, \boldsymbol{A}_{i,2}]$ $(i=1, \cdots, n)$；$\boldsymbol{D}=[\boldsymbol{D}_1, \boldsymbol{D}_2]$ 为模板字典，$\boldsymbol{D}_1$、$\boldsymbol{D}_2$ 分别为目标模板和背景模板；$\boldsymbol{X}_i=[\boldsymbol{X}_{i,1}, \boldsymbol{X}_{i,2}]$ $(i=1, \cdots, n)$ 为样本子集 $\boldsymbol{A}_i$ 在模板字典 D 上的编码系数，$\boldsymbol{X}_{i,1}$、$\boldsymbol{X}_{i,2}$ 分别为 $\boldsymbol{A}_{i,1}$、$\boldsymbol{A}_{i,2}$ 在模板字典 D 上的编码系数；λ_1、λ_2 为调节常数；$\boldsymbol{d}$ 为模板字典 D 的任意原子，满足归一化约束。

由式（5-10）可知，Fisher 在线判别式字典学习模型包括稀疏表示项、判别保证项和判别系数项三个部分。稀疏表示项为前两项，使用模板字典 D 对每个样本子集进行稀疏表示，即 $\boldsymbol{A}_i \approx \boldsymbol{D}\boldsymbol{X}_i (i=1, \cdots, n)$，其中，$\lambda_1$ 为正则化系数，用于平衡重构误差与稀疏度。下面对判别保证项 $\boldsymbol{r}(\boldsymbol{A}_{i,j}, \boldsymbol{D}, \boldsymbol{X}_{i,j})$ 和判别系数项 $f(\boldsymbol{X}_i)$ 进行详细说明。

5.4.1.1 判别保证项

将编码系数 $\boldsymbol{X}_{i,j}(j=1, 2)$ 分解为 $\boldsymbol{X}_{i,j}=[\boldsymbol{X}_{i,j}^1; \boldsymbol{X}_{i,j}^2]$，其中，$\boldsymbol{X}_{i,j}^1$、$\boldsymbol{X}_{i,j}^2$ 分别为编码系数 $\boldsymbol{X}_{i,j}$ 关于目标模板 $\boldsymbol{D}_1$ 和背景模板 $\boldsymbol{D}_2$ 的子系数，即 $\boldsymbol{A}_{i,j} \approx \boldsymbol{D}\boldsymbol{X}_{i,j} = \boldsymbol{D}_1\boldsymbol{X}_{i,j}^1 + \boldsymbol{D}_2\boldsymbol{X}_{i,j}^2$ $(j=1, 2)$。当 $j=1$ 时，目标样本 $\boldsymbol{A}_{i,1}$ 的绝大部分应该由目标模板 $\boldsymbol{D}_1$ 重构，即子系数 $\boldsymbol{X}_{i,1}^1$ 很大，子系数 $\boldsymbol{X}_{i,1}^2$ 很小。当 $j=2$ 时，背景样本 $\boldsymbol{A}_{i,2}$ 的绝大部分应该由背景模板 $\boldsymbol{D}_2$ 重构，即子系数 $\boldsymbol{X}_{i,1}^1$ 很小，子系数 $\boldsymbol{X}_{i,1}^2$ 很大。据此，定义判别保证项 $\boldsymbol{r}(\boldsymbol{A}_{i,j}, \boldsymbol{D}, \boldsymbol{X}_{i,j})$ 如下式：

$$\boldsymbol{r}(\boldsymbol{A}_{i,j}, \boldsymbol{D}, \boldsymbol{X}_{i,j}) = \|\boldsymbol{A}_{i,j} - \boldsymbol{D}_j\boldsymbol{X}_{i,j}^j\|_F^2 + \|\boldsymbol{D}_k\boldsymbol{X}_{i,j}^k\|_F^2 \quad (k=1,2; k \neq j) \tag{5-11}$$

判别保证项 $r(\boldsymbol{A}_{i,j}, \boldsymbol{D}, \boldsymbol{X}_{i,j})$ 使目标/背景模板对目标/背景样本具有较好的表示能力，目标/背景样本的重构误差越小越好，即 $\min \|\boldsymbol{A}_{i,j} - \boldsymbol{D}_j\boldsymbol{X}_{i,j}^j\|_F^2$；同时，判别保证项 $r(\boldsymbol{A}_{i,j}, \boldsymbol{D}, \boldsymbol{X}_{i,j})$ 使目标/背景样本在背景/目标模板上的投影越小越好，即 $\min \|\boldsymbol{D}_k\boldsymbol{X}_{i,j}^k\|_F^2$；该项保证了模板字典 D 对训练样本的判别能力。

5.4.1.2 判别系数项

在信号处理应用中，一再遇到的问题之一就是维数问题。有些问题在低维空间可以简单地进行分析和理解，但在高维空间不可以。因此，降维是处理实际问题的重要问题，也是 Fisher 判别准则[35]所要解决的基本问题。除了解决降维问题以外，Fisher 判别准则还广泛应用于子空间学习中，通过最小化 Fisher 准则函数的两种变换形式（迹比或迹差）学习一个具有判别力的子空间。

首先，定义如下三个基本参量：

（1）编码系数 $\boldsymbol{X}_i$、$\boldsymbol{X}_{i,1}$、$\boldsymbol{X}_{i,2}$ 均值向量 $\boldsymbol{m}_i$、$\boldsymbol{m}_{i,1}$、$\boldsymbol{m}_{i,2}$：

$$\boldsymbol{m}_i = \frac{1}{N}\sum_{\boldsymbol{x}\in\boldsymbol{X}_i}\boldsymbol{x} \tag{5-12}$$

$$\boldsymbol{m}_{i,j} = \frac{1}{N_j}\sum_{\boldsymbol{x}\in\boldsymbol{X}_{i,j}}\boldsymbol{x} \quad (j=1,2) \tag{5-13}$$

式中：N、N_j 分别为$\boldsymbol{A}_i$、$\boldsymbol{A}_{i,j}$的样本个数。

（2）类内离散度矩阵 $\boldsymbol{S}_W(\boldsymbol{X}_i)$：

$$\boldsymbol{S}_W(\boldsymbol{X}_i)=\sum_{j=1}^{2}\sum_{x\in \boldsymbol{X}_{i,j}}(\boldsymbol{x}-\boldsymbol{m}_{i,j})(\boldsymbol{x}-\boldsymbol{m}_{i,j})^{\mathrm{T}} \tag{5-14}$$

类内离散度矩阵 $\boldsymbol{S}_W(\boldsymbol{X}_i)$ 表示编码系数$\boldsymbol{X}_i$ 中两类系数$\boldsymbol{X}_{i,1}$和$\boldsymbol{X}_{i,2}$的类内样本点的离散程度。

（3）类间离散度矩阵$\boldsymbol{S}_B(\boldsymbol{X}_i)$：

$$\boldsymbol{S}_B(\boldsymbol{X}_i)=\sum_{j=1}^{2}N_j(\boldsymbol{m}_{i,j}-\boldsymbol{m}_i)(\boldsymbol{m}_{i,j}-\boldsymbol{m}_i)^{\mathrm{T}} \tag{5-15}$$

类间离散度矩阵$\boldsymbol{S}_B(\boldsymbol{X}_i)$ 表示编码系数$\boldsymbol{X}_i$ 中两类系数$\boldsymbol{X}_{i,1}$和$\boldsymbol{X}_{i,2}$之间的离散程度。

为了进一步增强模板字典 $\boldsymbol{D}$ 的判别力，本节方法使编码系数$\boldsymbol{X}_i$ 也具有判别性，即使两类系数之间尽量分开，类间离散度$\boldsymbol{S}_B(\boldsymbol{X}_i)$ 越大越好；同时，使两类系数内部样本点尽量密集，类内离散度 $\boldsymbol{S}_W(\boldsymbol{X}_i)$ 越小越好。通常会利用最小化迹比 $\{\mathrm{tr}[\boldsymbol{S}_W(\boldsymbol{X}_i)/\mathrm{tr}(\boldsymbol{S}_B(\boldsymbol{X}_i)]\}$ 或迹差 $\{\mathrm{tr}[\boldsymbol{S}_W(\boldsymbol{X}_i)]-\mathrm{tr}[\boldsymbol{S}_B(\boldsymbol{X}_i)]\}$ 实现，本节选取迹差使模型更加简化。因此，定义判别系数项 $f(\boldsymbol{X}_i)$ 如下式所示：

$$f(\boldsymbol{X}_i)=\mathrm{tr}[\boldsymbol{S}_W(\boldsymbol{X}_i)]-\mathrm{tr}[\boldsymbol{S}_B(\boldsymbol{X}_i)]+\boldsymbol{\eta}\parallel\boldsymbol{X}_i\parallel_F^2 \tag{5-16}$$

式中：正则化项 $\parallel\boldsymbol{X}_i\parallel_F^2$ 使 $f(\boldsymbol{X}_i)$ 更稳定；$\boldsymbol{\eta}$ 为正则化系数。

5.4.1.3 简化模型

通过上述分析可知，Fisher 在线判别式字典学习模型不仅使模板字典能够很好地识别目标和背景，而且编码系数也具有强判别力。求解模型式（5-10）的优化过程比较复杂，不利于实时目标跟踪。由文献［35］可知，利用假设条件 $\boldsymbol{X}_{i,1}^2$，$\boldsymbol{X}_{i,2}^1=\mathbf{0}$ 可以得到简化模型并保留原模型的物理含义。据此，简化 Fisher 在线判别式字典学习模型如下式所示：

$$\begin{gathered}\min_{(\boldsymbol{D},\boldsymbol{X}_i)}\frac{1}{nN}\sum_{i=1}^{n}\sum_{j=1}^{2}(\parallel\boldsymbol{A}_{i,j}-\boldsymbol{D}_j\boldsymbol{X}_{i,j}^j\parallel_F^2+\lambda_1'\parallel\boldsymbol{X}_{i,j}^j\parallel_1+\\ \lambda_2'\parallel\boldsymbol{X}_{i,j}^j-\boldsymbol{M}_{i,j}^j\parallel_F^2+\lambda_3'\parallel\boldsymbol{X}_{i,j}^j\parallel_F^2)\\ \mathrm{s.t.}\ \parallel\boldsymbol{d}\parallel_2=1,\forall\boldsymbol{d}\end{gathered} \tag{5-17}$$

式中：$\lambda_1'=\lambda_1/2, \lambda_2'=\lambda_2(1+K_j)/2, \lambda_3'=\lambda_2(\eta-K_j)/2$

$$K_j=1-N_j/N,\boldsymbol{M}_{i,j}^j=\boldsymbol{X}_{i,j}^j\boldsymbol{E}_j/N_j,\boldsymbol{E}_j=\boldsymbol{I}_{N_j\times N_j}$$

5.4.2 Fisher 在线判别式字典学习算法

Fisher 在线判别式字典学习算法包括在线数据采集、目标和背景模板更新三个部分。假设每隔 h 帧图像进行一次模板更新，t 时刻第 T 次更新时，$n=T$，采集在线数据方面，取 $t-h+1$，…，t 时刻跟踪结果作为目标样本 $\boldsymbol{A}_{T,1}$；根据 t 时刻跟踪结果中心点位置 $\boldsymbol{l}=(x,\ y)$，在环形区域 $\{\boldsymbol{l}_B \mid \gamma < \|\boldsymbol{l}_B-\boldsymbol{l}\| < \delta\}$ 内随机采样样本作为背景样本 $\boldsymbol{A}_{T,2}$。背景模板更新方面，结合 L_1 跟踪特点可知，无须通过字典学习更新模板，利用背景样本 $\boldsymbol{A}_{T,2}$ 直接替代即可。目标模板更新方面，通过求解式（5-17）所示模型更新模板，式（5-17）的求解包括稀疏编码和字典更新两个阶段。稀疏编码阶段，确定 $t-h$ 时刻目标模板 $\boldsymbol{D}_{t-h,1}$ 求解编码系数 $\boldsymbol{X}^1_{T,1}$，如下式所示：

$$\begin{aligned}\boldsymbol{X}^1_{T,1} &= \arg\min_{(\boldsymbol{X})} \|\boldsymbol{A}_{T,1}-\boldsymbol{D}_{t-h,1}\boldsymbol{X}\|_F^2+\lambda_1'\|\boldsymbol{X}\|_1+\lambda_2'\|\boldsymbol{X}-\boldsymbol{M}^1_{T,1}\|_F^2+\lambda_3'\|\boldsymbol{X}\|_F^2 \\ &= \arg\min_{(\boldsymbol{X})}\boldsymbol{Q}(\boldsymbol{X})+2\tau\|\boldsymbol{X}\|_1 \end{aligned} \tag{5-18}$$

式中

$$Q(\boldsymbol{X}) = \|\boldsymbol{A}_{T,1}-\boldsymbol{D}_{t-h,1}\boldsymbol{X}\|_F^2+\lambda_2'\|\boldsymbol{X}-\boldsymbol{M}^1_{T,1}\|_F^2+\lambda_3'\|\boldsymbol{X}\|_F^2,\tau=\lambda_1'/2$$

由于 $Q(\boldsymbol{X})$ 是关于 X 的严格凸和可微函数，可用迭代投影法（iterative projection method，IPM）求解 $\boldsymbol{X}^1_{T,1}$。字典更新阶段，确定编码系数 $\boldsymbol{X}^1_{T,1}$ 更新字典 $\boldsymbol{D}_{t,1}$，如下式所示：

$$\begin{aligned}\boldsymbol{D}_{t,1} &= \arg\min_{(\boldsymbol{D})}\frac{1}{TN}\sum_{i=1}^{T}\|\boldsymbol{A}_{i,1}-\boldsymbol{D}\boldsymbol{X}^1_{i,1}\|_F^2 \\ &= \arg\min_{(\boldsymbol{D})}\frac{1}{TN}\|\boldsymbol{A}-\boldsymbol{D}\boldsymbol{X}\|_F^2 \\ &= \arg\min_{(\boldsymbol{D})}\frac{1}{TN}\mathrm{tr}[(\boldsymbol{A}-\boldsymbol{D}\boldsymbol{X})^{\mathrm{T}}(\boldsymbol{A}-\boldsymbol{D}\boldsymbol{X})] \\ &= \arg\min_{(\boldsymbol{D})}\frac{1}{TN}\left[\frac{1}{2}\mathrm{tr}(\boldsymbol{D}^{\mathrm{T}}\boldsymbol{D}\boldsymbol{B}_T)-\mathrm{tr}(\boldsymbol{D}^{\mathrm{T}}\boldsymbol{C}_T)\right]\end{aligned} \tag{5-19}$$

式中

$$\boldsymbol{A}=[\boldsymbol{A}_{1,1},\cdots,\boldsymbol{A}_{T,1}],\boldsymbol{X}=[\boldsymbol{X}^1_{1,1},\cdots,\boldsymbol{X}^1_{T,1}],\boldsymbol{B}_T=\boldsymbol{B}_{T-1}+\boldsymbol{X}^1_{T,1}(\boldsymbol{X}^1_{T,1})^{\mathrm{T}}$$

$$\boldsymbol{C}_T=\boldsymbol{C}_{T-1}+\boldsymbol{A}_{T,1}(\boldsymbol{X}^1_{T,1})^{\mathrm{T}}\quad(\boldsymbol{B}_0=\boldsymbol{0},\boldsymbol{C}_0=\boldsymbol{0})$$

鉴于对跟踪效率的考虑，可用块坐标下降法逐列求解式（5-19）得到 $\boldsymbol{D}_{t,1}$，该方法收敛速度快，计算效率高。

在上述研究分析下，提出的用于视觉跟踪的 Fisher 在线判别式字典学习算法如表 5-12 所列，其中，表 5-13 为在线更新目标模板算法。

表 5-12　Fisher 在线判别式字典学习算法

输入：$t-h$ 时刻，第 $T-1$ 次更新，$n=T-1$：模板字典$\boldsymbol{D}_{t-h}=[\boldsymbol{D}_{t-h,1},\ \boldsymbol{D}_{t-h,2}]$，数据记录 $\boldsymbol{B}_{T-1}$，$\boldsymbol{C}_{T-1}$；

输出：$\boldsymbol{D}_t$，$\boldsymbol{B}_T$，$\boldsymbol{C}_T$，$\boldsymbol{m}_t$（用于观测似然）。

步骤 1. t 时刻，第 T 次更新，$n=T$；

步骤 2. 采集在线数据：目标样本$\boldsymbol{A}_{T,1}$和背景样本$\boldsymbol{A}_{T,2}$；

步骤 3. 背景模板更新：$\boldsymbol{D}_{t,2}\leftarrow\boldsymbol{A}_{T,2}$，归一化 $\boldsymbol{D}_{t,2}$；

步骤 4. 稀疏编码：利用 IPM 求解式（5-18）得到$\boldsymbol{X}_{T,1}^1$；

步骤 5. 计算$\boldsymbol{B}_T=\boldsymbol{B}_{T-1}+\boldsymbol{X}_{T,1}^1(\boldsymbol{X}_{T,1}^1)^{\mathrm{T}}$，$\boldsymbol{C}_T=\boldsymbol{C}_{T-1}+\boldsymbol{A}_{T,1}(\boldsymbol{X}_{T,1}^1)^{\mathrm{T}}$；

步骤 6. 字典更新：利用表 5-13 所示算法求解式（5-19）得到$\boldsymbol{D}_{t,1}$；

步骤 7. $\boldsymbol{D}_t=[\boldsymbol{D}_{t,1},\boldsymbol{D}_{t,2}]$，$\boldsymbol{m}_t=\dfrac{1}{N_1}\sum\limits_{x\in\boldsymbol{X}_{T,1}}\boldsymbol{x}$，其中$\boldsymbol{X}_{T,1}=[\boldsymbol{X}_{T,1}^1;\boldsymbol{0}]$。

表 5-13　在线更新目标模板

输入：$\boldsymbol{D}_1=[\boldsymbol{d}_1,\cdots,\boldsymbol{d}_k]=\boldsymbol{D}_{t-h,1},\boldsymbol{B}_T=[\boldsymbol{b}_1,\cdots,\boldsymbol{b}_k],\boldsymbol{C}_T=[\boldsymbol{c}_1,\cdots,\boldsymbol{c}_k]$；

输出：$\boldsymbol{D}_{t,1}$。

repeat

for $j=1$ to k do

步骤 1. 优化式(5-19)，更新第 j 列：$\boldsymbol{d}_j=\dfrac{1}{\boldsymbol{B}_T[j,\ j]}(\boldsymbol{c}_j-\boldsymbol{D}_1\boldsymbol{b}_j)+\boldsymbol{d}_j$，$\boldsymbol{d}_j=\dfrac{1}{\|\boldsymbol{d}_j\|_2}\boldsymbol{d}_j$；

end for

until 收敛或中断

步骤 2. $\boldsymbol{D}_{t,1}=\boldsymbol{D}_1$。

5.4.3　目标跟踪方法

本节方法是以 L_1 跟踪为基础的视觉跟踪，在粒子滤波框架下，将状态转移模型、观测似然模型和模板更新方法相结合建立目标跟踪。下面对这三个方面进行重点说明。

1. 状态转移模型

详见 1.3.3.3 节。

2. 观测似然模型

建立观测似然模型步骤如下：

(1) 求解任意图像观测$\boldsymbol{y}_t^i$ 的最小 L_1 正则化编码系数，如下式所示：

$$\hat{\boldsymbol{\alpha}}^i = \arg\min_{\alpha} \| \boldsymbol{y}_t^i - \boldsymbol{D}_t\boldsymbol{\alpha} \|_2^2 + \lambda \| \boldsymbol{\alpha} \|_1 \tag{5-20}$$

式中：$\boldsymbol{D}_t=[\boldsymbol{D}_{t,1}, \boldsymbol{D}_{t,2}]$ 为 t 时刻的模板，包括目标模板和背景模板两个部分；编码系数$\hat{\boldsymbol{\alpha}}^i=[\hat{\boldsymbol{\alpha}}_1^i; \hat{\boldsymbol{\alpha}}_2^i]$，$\hat{\boldsymbol{\alpha}}_j^i$（$j=1, 2$）为编码系数$\hat{\boldsymbol{\alpha}}^i$ 关于模板$\boldsymbol{D}_{t,j}$的子系数；λ 为正则化系数。

（2）已知编码系数$\hat{\boldsymbol{\alpha}}^i$，定义 $\| \hat{\boldsymbol{\alpha}}^i - \boldsymbol{m}_t \|_2^2$ 为系数误差，表示$\hat{\boldsymbol{\alpha}}^i$ 与 $\boldsymbol{m}_t$ 之间的距离，其中，$\boldsymbol{m}_t$ 为模板更新时由 Fisher 在线判别式字典学习算法在线学习所得目标样本编码系数的均值，具有强判别力。

（3）定义观测似然模型如下：

$$p(\boldsymbol{y}_t^i \mid \boldsymbol{x}_t^i) \propto g(\boldsymbol{y}_t^i \mid \boldsymbol{x}_t^i) m(\boldsymbol{y}_t^i \mid \boldsymbol{x}_t^i) \tag{5-21}$$

$$g(\boldsymbol{y}_t^i \mid \boldsymbol{x}_t^i) = \frac{1}{\Gamma_1}\exp(-\alpha \| \boldsymbol{y}_t^i - \boldsymbol{D}_{t,1}\hat{\boldsymbol{\alpha}}_1^i \|_2^2) \tag{5-22}$$

$$m(\boldsymbol{y}_t^i \mid \boldsymbol{x}_t^i) = \frac{1}{\Gamma_2}\exp(-\beta \| \hat{\boldsymbol{\alpha}}^i - \boldsymbol{m}_t \|_2^2) \tag{5-23}$$

观测似然模型 $p(\boldsymbol{y}_t^i \mid \boldsymbol{x}_t^i)$ 由两个部分组成。其中，重构误差 $\| \boldsymbol{y}_t^i - \boldsymbol{D}_{t,1}\hat{\boldsymbol{\alpha}}_1^i \|_2^2$ 构成重构误差观测似然模型，记为 $g(\boldsymbol{y}_t^i \mid \boldsymbol{x}_t^i)$，表示图像观测 $\boldsymbol{y}_t^i$ 与目标模板的相似程度；系数误差 $\| \hat{\boldsymbol{\alpha}}^i - \boldsymbol{m}_t \|_2^2$ 构成系数误差观测似然模型，记为 $\boldsymbol{m}(\boldsymbol{y}_t^i \mid \boldsymbol{x}_t^i)$，进一步增强鲁棒性；$\Gamma_1$、$\Gamma_2$ 为归一化常量；α、β 为高斯核尺度参数。显然，对于一个好的候选目标，重构误差 $\| \boldsymbol{y}_t^i - \boldsymbol{D}_{t,1}\hat{\boldsymbol{\alpha}}_1^i \|_2^2$ 越小越好，同时，$\hat{\boldsymbol{\alpha}}^i$ 越接近 $\boldsymbol{m}_t$ 越好。

3. 模板更新方法

本节跟踪方法以 Fisher 在线判别式字典学习算法在线更新目标和背景模板。

综上所述，将状态转移模型、稀疏编码模型（式（5-20））、观测似然模型（式（5-21）～式（5-23））和模板更新方法（表 5-13）代入 L_1 算法中便得到了基于 Fisher 准则的在线判别式字典学习视觉跟踪的具体流程。图 5-8 给出了本节跟踪方法的主要步骤。

5.4.4 实验结果与分析

算法实现和实验环境同 5.2.5 节。实验中的视频图像序列是从视觉跟踪领域公认的数据库中选取的。采用 Faceocc1、Singer1、Car4、Cardark、Doll、Dudek 六组序列对提出的跟踪方法进行了实验验证，并与 IVT、L_1APG、ODDLC[36]、MTT 四种跟踪方法进行了定性和定量比较。为了保证

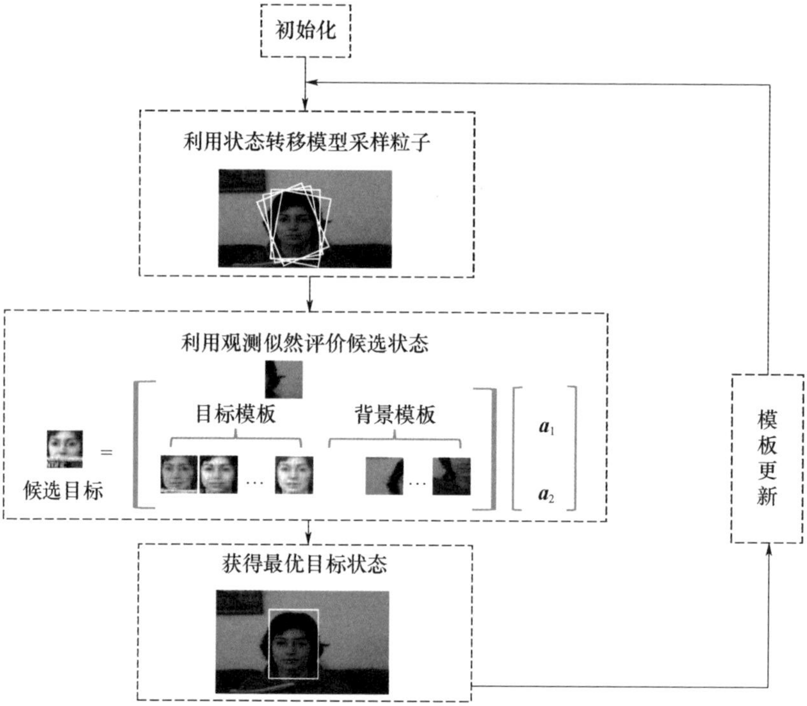

图 5-8 基于 Fisher 准则的在线判别式字典学习视觉跟踪

比较的合理性和公平性，实验中，5 种跟踪方法的粒子数均为 600，模板（特征基）的大小均为 32×32，状态转移模型参数均为（4，4，0.01，0.01，0.002）。

本节跟踪方法的参数设置说明：Fisher 在线判别式字典学习算法中，参数 λ_1 为正则化系数，用于平衡重构误差与稀疏度，参数 λ_2 用于平衡稀疏表示项、判别保证项与判别系数项，参数 η 为正则化系数，用于平衡迹差与正则化项，为了保证目标表示的精准度，本节设置 λ_1、λ_2、η 为较小的正数，通过实验发现当 $\lambda_1=0.005$，$\lambda_2=0.05$，$\eta=1$ 时跟踪性能最好；模板更新步长 h 取决于目标表观变化频率，本节设置 $h=5$，即每隔 5 帧图像序列进行一次模板更新；采集在线数据时，取前 5 帧跟踪结果为目标样本（$N_1=5$），取当前帧环形区域内随机值为背景样本（$N_2=200$）；参数 γ、δ 为环形区域的两个半径，其值的选取应使背景样本包含大量背景信息和少量目标信息，本节设置参数 γ、δ，$\gamma=\max(W/2, H/2)$，$\delta=2\gamma$，其中 W 和 H 分别为目标的宽和高。

5.4.4.1 定性分析

图 5-9 给出了对 IVT、L_1APG、ODDLC、MTT 及本节跟踪方法的定性比较。对于目标遮挡问题，本节方法鲁棒性能较好，跟踪精度较高，如图 5-9（a）所示；对于目标表观变化，本节跟踪方法优于其他跟踪方法，其模板适应性良好，如图 5-9（b）、（c）所示；对于复杂和低对比度背景，背景环境在很大程度上影响着跟踪结果，为目标跟踪带来了一定干扰，由图 5-9（d）、（e）、（f）可知，本节方法具有较强的判别能力，跟踪性能更好。

531号 658号 706号

(a)

122号 217号 351号

(b)

212号 329号 659号

(c)

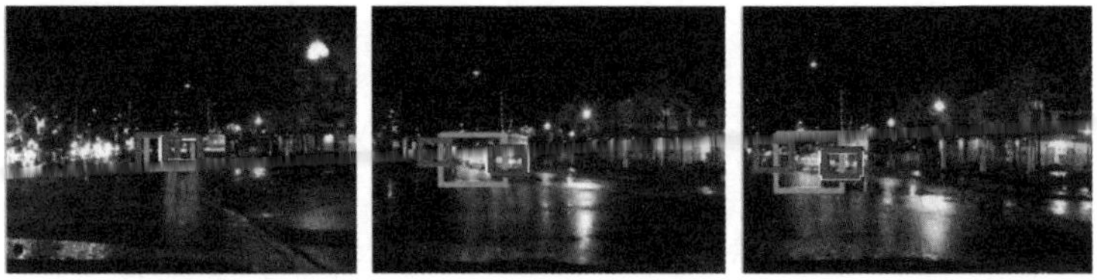

294号 367号 393号

(d)

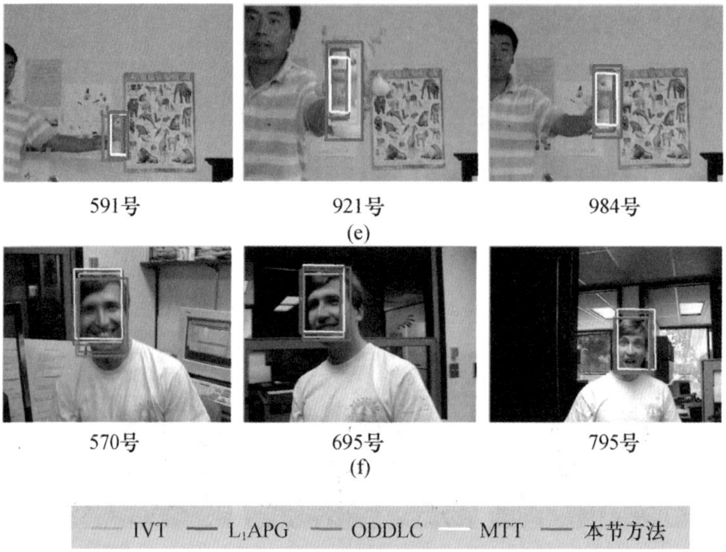

图 5-9　5 种方法的跟踪结果比较

(a) Faceocc1，目标遮挡；(b) Singer1，光照和视角变化；(c) Car4，光照和姿态变化；(d) Cardark，复杂背景和光照变化；(e) Doll，复杂背景和尺度变化；(f) Dudek，低对比度和姿态变化。

5.4.4.2　定量分析

本节采用成功率和精度两个指标进行定量实验分析。给定一帧图像，已知某种跟踪方法的跟踪窗区域 $\boldsymbol{r}_t$ 和实际跟踪窗区域 $\boldsymbol{r}_a$，定义重叠率为 $S=|\boldsymbol{r}_t\cap\boldsymbol{r}_a|/|\boldsymbol{r}_t\cup\boldsymbol{r}_a|$，其中，$|.|$ 表示区域内像素个数；定义中心位置误差为 $\boldsymbol{r}_t$ 与 $\boldsymbol{r}_a$ 中心点之间的欧几里得距离（像素）。据此，两个实验指标的定义及参数设置说明：成功率为重叠率大于给定重叠阈值的图像帧数比率，实验中设定重叠阈值为 0～1。精度为中心位置误差小于给定中心位置误差阈值的图像帧数比率，实验中设定中心位置误差阈值为 0～50 像素。

图 5-10 给出了 5 种跟踪方法对 6 组图像序列的成功率和精度曲线比较。由图 5-10 可知，本节跟踪方法在跟踪成功率和精度上均优于其他跟踪方法。

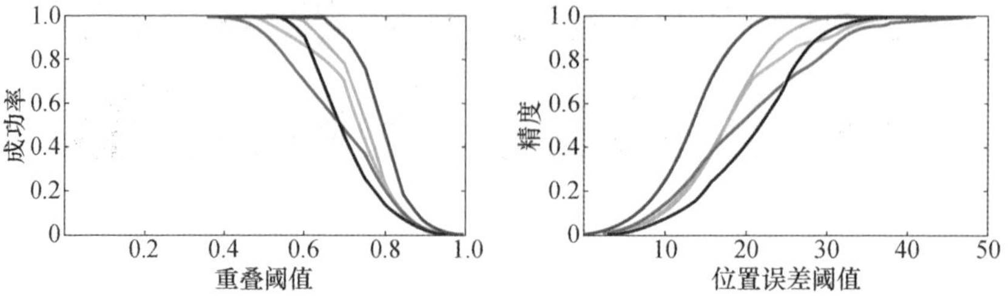

(a)

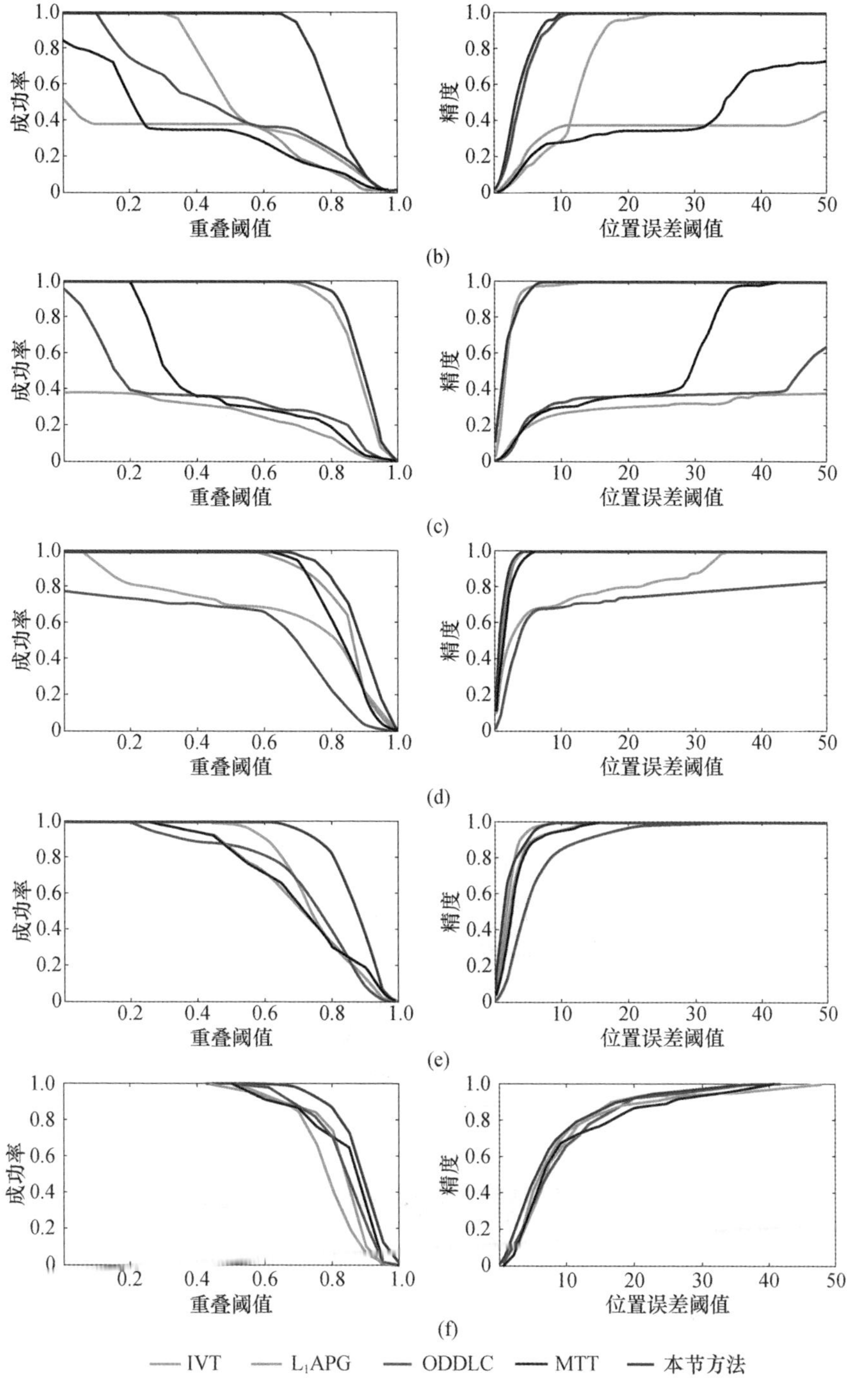

图 5-10　5 种跟踪方法的成功率曲线和精度曲线比较

(a) Faceocc1；(b) Singer1；(c) Car4；(d) Cardark；(e) Doll；(f) Dudek。

5.4.4.3 计算时间分析

实验中进行比较的 IVT、L_1APG、ODDLC、MTT 及本节方法等 5 种跟踪方法均是基于粒子滤波的视觉跟踪。假设 $\boldsymbol{U}\in\mathbb{R}^{p\times q}$ 为 IVT 的特征基，$\boldsymbol{T}\in\mathbb{R}^{p\times q}$ 为 L_1APG、ODDLC、MTT 及本节跟踪方法的目标模板，N' 为粒子数。在相同软、硬件环境下，$p=32\times32$，$q=16$，$N'=600$ 时，5 种跟踪方法进行一帧跟踪的平均计算时间如表 5-14 所列。可以看出，本节跟踪方法的速度比 IVT 跟踪慢，但比 L_1APG 跟踪、ODDLC 跟踪和 MTT 跟踪快。

表 5-14　5 种跟踪方法的计算时间比较

跟踪方法	IVT	L_1APG	ODDLC	MTT	本节方法
计算时间/s	0.038	0.678	0.975	1.443	0.105

5.4.4.4 鲁棒性分析

本节提出的观测似然模型是由重构误差观测似然模型 $g(\boldsymbol{y}_t \mid \boldsymbol{x}_t)$ 与系数误差观测似然模型 $m(\boldsymbol{y}_t \mid \boldsymbol{x}_t)$ 两部分组成。一般情况下，观测似然模型表示与目标模板的相似程度。本节添加的 $m(\boldsymbol{y}_t \mid \boldsymbol{x}_t)$ 使观测似然模型具备对目标和背景的判别力，对复杂背景下的目标跟踪更加有效。本节对重构误差观测似然模型 $g(\boldsymbol{y}_t \mid \boldsymbol{x}_t)$ 和本节模型 $p(\boldsymbol{y}_t \mid \boldsymbol{x}_t)$ 进行实验对比分析。

Dudek 序列在第 54 帧时 322 号候选目标（好候选目标）、434 号候选目标（差候选目标）和目标模板字典如图 5-11 所示。

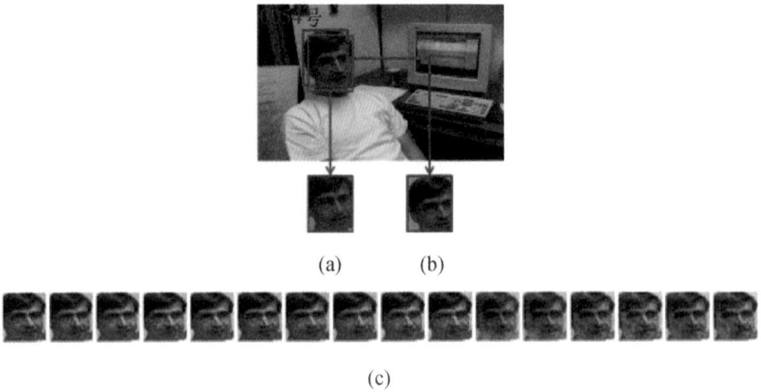

图 5-11　Dudek 序列在第 54 帧时 322 号、434 号候选目标和目标模板字典

(a) 322 号候选目标；(b) 434 号候选目标；(c) 目标模板字典。

表 5-15 分别给出了图 5-11 所示候选目标的 $g(\boldsymbol{y}_t \mid \boldsymbol{x}_t)$ 与 $p(\boldsymbol{y}_t \mid \boldsymbol{x}_t)$。$g(\boldsymbol{y}_t^{322} \mid \boldsymbol{x}_t^{322})$、$g(\boldsymbol{y}_t^{434} \mid \boldsymbol{x}_t^{434})$ 分别表示 322 号、434 号候选目标的重构误差观

测似然概率；$p(\boldsymbol{y}_t^{322} \mid \boldsymbol{x}_t^{322})$、$p(\boldsymbol{y}_t^{434} \mid \boldsymbol{x}_t^{434})$ 分别表示 322 号、434 号候选目标的本节观测似然概率。由表 5.15 可知，$g(\boldsymbol{y}_t^{322} \mid \boldsymbol{x}_t^{322}) < g(\boldsymbol{y}_t^{434} \mid \boldsymbol{x}_t^{434})$，即当观测似然模型为 $g(\boldsymbol{y}_t \mid \boldsymbol{x}_t)$ 时，会选取 434 号候选目标（差候选目标）为跟踪结果；另外，$p(\boldsymbol{y}_t^{322} \mid \boldsymbol{x}_t^{322}) > p(\boldsymbol{y}_t^{434} \mid \boldsymbol{x}_t^{434})$，即当观测似然模型为 $p(\boldsymbol{y}_t \mid \boldsymbol{x}_t)$ 时，跟踪结果为 322 号候选目标（好候选目标）。据此，可以验证，本节模型优于重构误差观测似然模型。

表 5-15　两个候选目标的 $g(\boldsymbol{y}_t \mid \boldsymbol{x}_t)$ 与 $p(\boldsymbol{y}_t \mid \boldsymbol{x}_t)$

候选目标	$g(\boldsymbol{y}_t \mid \boldsymbol{x}_t)$	$p(\boldsymbol{y}_t \mid \boldsymbol{x}_t)$
322 号候选目标（好候选目标）	0.0026	0.6919
434 号候选目标（差候选目标）	0.8837	0.0152

5.5　在线鲁棒判别式字典学习的目标跟踪

从视觉跟踪整体分析可以看出，无论是在线的产生式模型还是在线的判别式模型，均存在模型漂移问题，即由于目标遮挡和目标观测误差等原因，使得表观模型中逐渐引入非目标信息（离群数据），从而导致跟踪失败。为了解决模型漂移问题，同时满足视觉跟踪的鲁棒性和判别性要求，本节首先提出了一种在线鲁棒判别式字典学习模型。一方面，该模型使用 l_1 范数作为损失函数降低了模板对离群数据的敏感度；另一方面，通过增大模板重构背景样本的误差提高了模板对目标和背景的判别能力。然后，求解该模型设计了在线学习算法用于视觉跟踪模板更新。在上述两个方面的基础上，以粒子滤波为框架完成了在线鲁棒判别式字典学习视觉跟踪。利用多个具有挑战性的图像序列对提出的跟踪方法进行了实验验证并与现有跟踪方法进行了比较，实验结果表明，与现有跟踪方法相比，本节方法跟踪性能更好。

5.5.1　在线鲁棒判别式字典学习模型

视觉跟踪模板更新可以看作在线的字典学习问题。与一般在线字典学习不同，本节结合视觉跟踪中对模板的鲁棒性和判别性要求，提出了在线鲁棒判别式字典学习模型。

为了抑制模型漂移同时使模板包含判别式信息，本节提出如下式所示的在线鲁棒判别式字典学习模型：

$$\min_{(D_i X_i)} \frac{1}{nN} \sum_{i=1}^{n} (\| A_i^+ - D X_i^+ \|_1^1 - \lambda_1 \| A_i^- - D X_i^- \|_1^1 + \lambda_2 \| X_i \|_F^2)$$

$$\text{s.t.} \quad \| d \|_2 = 1, \forall d \tag{5-24}$$

式中：训练样本集 $\{A, \cdots, A_n\}$ 由 n 个样本子集组成，每个样本子集 $A_i(i=1, \cdots, n)$ 包含目标样本 A_i^+ 和背景样本 A_i^- 两部分，共 N 个训练样本；D 为目标模板字典；$X=[X_i^+, X_i^-]$，X_i^+、X_i^- 分别为 A_i^+、A_i^- 在 D 上的编码系数，$i=1, \cdots, n$；d 为 D 上任意原子，符合归一化条件；λ_1、λ_2 为调节常数。

“离群数据”是指非目标数据信息，如背景信息和遮挡信息等。为了适应目标表观的变化，在视觉跟踪中需要利用跟踪结果更新目标模板。因此，错误的跟踪结果或者跟踪结果中包含的遮挡信息会使学习所得的目标模板不准确而导致模型漂移。本节提出的在线鲁棒判别式字典学习模型式（5-24）包含损失函数和正则化项两个部分。在字典学习中，普遍采用的损失函数有 L_1 损失函数和 L_2 损失函数。与 L_2 损失函数相比，L_1 损失函数具有对离群数据鲁棒的优点，即利用 L_1 损失函数学到的字典原子受离群数据的影响较小。其原因在于，离群数据的重构误差满足拉普拉斯分布，这正好与 L_1 损失相符。L_1 损失函数对离群数据的鲁棒性，已在人脸识别和背景估计等计算机视觉中得到证实。

因此，为了降低离群数据对目标模板的影响，从而抑制模型漂移，模型式（5-24）采用 l_1 范数作为损失函数。为了适应目标的变化，模板字典 D 对目标样本应具有较好的重构能力，目标样本的重构误差越小越好，即 $\min \| A_i^+ - DX_i^+ \|_i^1$。为了增强模板字典 D 对目标和背景的判别能力，背景样本的重构误差越大越好，即 $\max \| A_i^- - DX_i^- \|_i^1$。综合以上三个方面，损失函数应为 $\min(\| A_i^+ - DX_i^+ \|_1^1 - \lambda_1 \| A_i^- - DX_i^- \|_i^1)$，其中，$\lambda_1$ 用于平衡两个重构误差。$\lambda_2 \| X_i \|_F^2$ 为正则化项，使目标函数的解更稳定。

5.5.2 在线鲁棒判别式字典学习算法

视觉跟踪中是以跟踪结果来适应目标表观变化的，因此在线字典学习为视觉跟踪中的模板更新提供了一种自然的机制。求解如式（5-24）所示模型的在线鲁棒判别式字典学习算法分为采集在线数据、求解编码系数和在线字典更新三个阶段。假设每隔 h 帧图像序列进行一次模板更新，t 时刻第 T 次更新时，$n=T$，采集在线数据阶段，取 $t-h+1, \cdots, t$ 时刻的跟踪结果作为目标样本 A_T^+，取以 t 时刻跟踪结果中心位置 l 为圆心的环形区域 $\{l' \mid \gamma < \| l' - l \| < \delta\}$ 内

随机值作为背景样本 $\boldsymbol{A}_T^-$。求解编码系数阶段，已知 $t-h$ 时刻模板字典 $\boldsymbol{D}_{t-h}$ 以及训练样本 $\boldsymbol{A}_T^+$、$\boldsymbol{A}_T^-$，采用迭代重加权最小平方（iterative reweighted least squares，IRLS）法分别求解式（5-25）、式（5-26）得到 $\boldsymbol{X}_T^+$、$\boldsymbol{X}_T^-$：

$$\boldsymbol{X}_T^+ = \arg\min_{\boldsymbol{X}_T^+} \| \boldsymbol{A}_T^+ - \boldsymbol{D}_{t-h} \boldsymbol{X}_T^+ \|_1^1 + \lambda_2 \| \boldsymbol{X}_T^+ \|_F^2 \tag{5-25}$$

$$\boldsymbol{X}_T^+ = \arg\max_{\boldsymbol{X}_i^-} \lambda_1 \| \boldsymbol{A}_T^- - \boldsymbol{D}_{t-h} \boldsymbol{X}_T^- \|_1^1 - \lambda_2 \| \boldsymbol{X}_T^- \|_F^2 \tag{5-26}$$

在线字典更新阶段，已知编码系数 $\boldsymbol{X}_T^+$、$\boldsymbol{X}_T^-$ 求解模板字典 $\boldsymbol{D}$，如下式所示：

$$\begin{aligned} \boldsymbol{D}_t &= \arg\min_{\boldsymbol{D}} \frac{1}{TN} \sum_{i=1}^{T} (\| \boldsymbol{A}_i^+ - \boldsymbol{D}\boldsymbol{X}_i^+ \|_1^1 - \lambda_1 \| \boldsymbol{A}_i^- - \boldsymbol{D}\boldsymbol{X}_i^- \|_1^1) \\ &= \arg\min_{\boldsymbol{D}} \frac{1}{TN} (\| \boldsymbol{A}^+ - \boldsymbol{D}\boldsymbol{X}^+ \|_1^1 - \lambda_1 \| \boldsymbol{A}^- - \boldsymbol{D}\boldsymbol{X}^- \|_1^1) \end{aligned} \tag{5-27}$$

式中

$$\boldsymbol{A}^+ = [\boldsymbol{A}_1^+, \cdots, \boldsymbol{A}_T^+], \boldsymbol{A}^- = [\boldsymbol{A}_1^-, \cdots, \boldsymbol{A}_T^-], \boldsymbol{X}^+ = [\boldsymbol{X}_1^+, \cdots, \boldsymbol{X}_T^-], \boldsymbol{X}^- = [\boldsymbol{X}_1^-, \cdots, \boldsymbol{X}_T^-]$$

鉴于对跟踪效率的考虑，采用块坐标下降法逐行迭代求解式（5-27）。将式（5-27）转化为行优化函数，如下式所示：

$$\boldsymbol{D}_t(j,:) = \arg\min_{\boldsymbol{d}} \frac{1}{TN} \left[\sum_{i=1}^{N^+T} |(\boldsymbol{A}^+)_{ji} - \boldsymbol{d}(\boldsymbol{X}^+)_i| - \lambda_1 \sum_{i=1}^{N^-T} |(\boldsymbol{A}^-)_{ji} - \boldsymbol{d}(\boldsymbol{X}^-)_i| \right] \tag{5-28}$$

式中：$\boldsymbol{d}$ 为 D 的第 j 行向量（$j=1$，…，k）；$(\boldsymbol{A}^+)_{ji}$、$(\boldsymbol{A}^-)_{ji}$ 分别为 $\boldsymbol{A}^+$、$\boldsymbol{A}^-$ 的第 j 行第 i 列元素；$(\boldsymbol{X}^+)_i$、$(\boldsymbol{X}^-)_i$ 分别为 $\boldsymbol{X}^+$、$\boldsymbol{X}^-$ 的第 i 列向量；$\boldsymbol{N}^+$、$\boldsymbol{N}^-$ 分别为目标样本数和背景样本数。受 IRLS 启发，求解式（5-28）可以通过式（5-29）、式（5-30）不断迭代逼近其解直至收敛：

$$\boldsymbol{D}_t(j,:) = \arg\min_{\boldsymbol{d}} \frac{1}{TN} \left\{ \sum_{i=1}^{N^+T} w_{ji}^+ [(\boldsymbol{A}^+)_{ji} - \boldsymbol{d}(\boldsymbol{X}^+)_i]^2 - \lambda_1 \sum_{i=1}^{N^-T} w_{ji}^- [(\boldsymbol{A}^-)_{ji} - \boldsymbol{d}(\boldsymbol{X}^-)_i]^2 \right\} \tag{5-29}$$

式中

$$\begin{cases} w_{ij}^+ = \dfrac{1}{\sqrt{[(\boldsymbol{A}^+)_{ji} - \boldsymbol{D}_t(j,:)(\boldsymbol{X}^+)_i]^2 + \delta^+}} \\ w_{ij}^- = \dfrac{1}{\sqrt{[(\boldsymbol{A}^-)_{ji} - \boldsymbol{D}_t(j,:)(\boldsymbol{X}^-)_i]^2 + \delta^-}} \end{cases} \tag{5-30}$$

其中：δ^+，δ^- 为很小的正数。

显然，每次迭代求解式（5-29）即是最优化一个二次函数，易于解决。

由于式（5-29）是可微凸优化，采用梯度下降（gradient descent，GD）使其目标函数的梯度为零，见式（5-31）；将式（5-31）简化为如式（5-32）和式（5-33）所示的线性系统，求解该线性系统得到 $\boldsymbol{D}_t(j,:)$。

$$\frac{1}{TN}\left\{\sum_{i=1}^{N^+T}2w_{ji}^+[(\boldsymbol{A}^+)_{ji}-\boldsymbol{D}_t(j,:)(\boldsymbol{X}^+)_i][-(\boldsymbol{X}^+)_i]^{\mathrm{T}}-\right.$$

$$\left.\lambda_1\sum_{i=1}^{N^-T}2w_{ji}^-[(\boldsymbol{A}^-)_{ji}-\boldsymbol{D}_t(j,:)(\boldsymbol{X}^-)_i][-(\boldsymbol{X})_i]^{\mathrm{T}}\right\}=\boldsymbol{0} \tag{5-31}$$

$$\boldsymbol{B}_T^j=\boldsymbol{D}_t(j,\therefore)\boldsymbol{C}_T^j \tag{5-32}$$

式中

$$\begin{cases}\boldsymbol{B}_T^j=\boldsymbol{B}_{T-1}^j+\sum\limits_{i=1}^{N^+}w_{ji}^+(\boldsymbol{A}_T^+)_{ji}(\boldsymbol{X}_T^+)_i^{\mathrm{T}}-\sum\limits_{i=1}^{N^-}\lambda_1w_{ji}^-(\boldsymbol{A}_T^-)_{ji}(\boldsymbol{X}_T^-)_i^{\mathrm{T}}\\ \boldsymbol{C}_T^j=\boldsymbol{C}_{T-1}^j+\sum\limits_{i=1}^{N^+}w_{ji}^+(\boldsymbol{X}_T^+)_i(\boldsymbol{X}_T^+)_i^{\mathrm{T}}-\sum\limits_{i=1}^{N^-}\lambda_1w_{ji}^-(\boldsymbol{X}_T^-)_i(\boldsymbol{X}_T^-)_i^{\mathrm{T}}\end{cases} \tag{5-33}$$

其中：$\boldsymbol{B}_j=\boldsymbol{0}$；$\boldsymbol{C}_j=\boldsymbol{0}$；$j=1,\cdots,k$。

通过上述研究分析，本节提出的基于在线鲁棒判别式字典学习的模板更新方法总结如表 5-16 所列。

表 5-16　在线鲁棒判别式字典学习算法

输入：$t-h$ 时刻，$n=T-1$：模板字典 $\boldsymbol{D}_{t-h}$，数据记录 $\boldsymbol{B}_{T-1}^j$、$\boldsymbol{C}_{T-1}^j$，$j=1,\cdots,k$；
输出：$\boldsymbol{D}_t$，$\boldsymbol{B}_T^j$、$\boldsymbol{C}_T^j$，$j=1,\cdots,k$。
步骤 1. t 时刻，$n=T$；
步骤 2. 采集在线数据：目标样本 $\boldsymbol{A}_T^+$ 和背景样本 $\boldsymbol{A}_T^-$；
步骤 3. 求解编码系数：采用 IRLS 分别求解式（5-25）、式（5-26）得到$\boldsymbol{X}_T^+$、$\boldsymbol{X}_T^-$；
步骤 4. 在线字典更新：
步骤 5. 初始化：$\begin{cases}w_{ji}^+=1,\ (j=1,\cdots k;\ i=1,\cdots,N^+)\\ w_{ji}^-=1,\ (j=1,\cdots,k;\ i=1,\cdots,N^-)\end{cases}$
repeat
for $j=1$ to k do
步骤 6. 利用式（5-33）计算 $\boldsymbol{B}_T^j$、$\boldsymbol{C}_T^j$；
步骤 7. 求解线性系统：$\boldsymbol{B}_T^j=\boldsymbol{D}_t(j;)\boldsymbol{C}_T^j$；
步骤 8. 计算权值：$\begin{cases}w_{ji}^+=\dfrac{1}{\sqrt{[(\boldsymbol{A}_T^+)_{ji}-\boldsymbol{D}_t(j,:)(\boldsymbol{X}_T^+)_i]^2+\delta^+}}\ (i=1,\cdots,N^+)\\ w_{ji}^-=\dfrac{1}{\sqrt{[(\boldsymbol{A}_T^-)_{ji}-\boldsymbol{D}_t(j,:)(\boldsymbol{X}_T^-)_i]^2+\delta^-}}\ (i=1,\cdots,N^-)\end{cases}$

续表

end for
步骤 9. 归一化处理。
直到收敛

5.5.3 目标跟踪方法

本节方法以粒子滤波为框架，将状态转移模型、观测似然模型和模板更新方法相结合建立了目标跟踪。其中，状态转移模型和观测似然模型与 L_1 跟踪方法所述一致，这里不再详细说明；模板更新方法为提出的在线鲁棒判别式字典学习算法。将以上三个方面代入 L_1 算法便是在线鲁棒判别式字典学习视觉跟踪的具体流程。图 5-12 给出了本节方法的主要步骤。

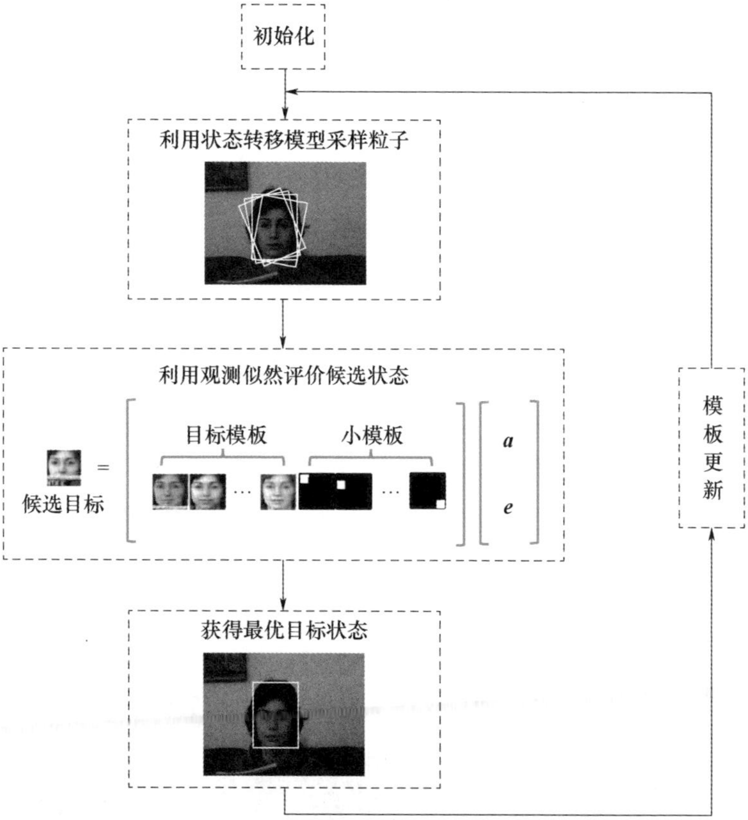

图 5-12 在线鲁棒判别式字典学习视觉跟踪

5.5.4 实验结果与分析

本节提出的跟踪方法是以 Matlab R2010a 为开发工具实现的，并在 Intel (R) Core (TM) 3.19GHz CPU，3.47GB 内存的台式计算机上调试通过。实验中的视频图像序列是从视觉跟踪领域公认的数据库中选取的。采用 Faceocc1、David3、Walking2、Dog1、Suv、Cardark 序列对提出的跟踪方法进行了实验验证，并与 IVT、L_1APG、ONNDL[19]、PCOM[37]等 4 种跟踪方法进行了比较。为了保证比较的合理性和公平性，实验中，5 种跟踪方法的粒子数均为 600，模板（特征基）的大小均为 32×32、个数均为 16，状态转移模型参数均为（4，4，0.01，0.01，0.002）。

本节跟踪方法的参数设置说明：在线鲁棒判别式字典学习算法中，参数 λ_1 用于平衡目标和背景重构误差，参数 λ_2 为正则化系数，用于平衡损失函数与正则化项，为了保证目标表示的精准度，本节设置 λ_1、λ_2 为较小的正数，通过选取 0～1 之间的正数进行实验发现，当 $\lambda_1=0.25$，$\lambda_2=0.01$ 时，跟踪性能最好；模板更新步长 h 取决于目标表观变化频率，本节设置 $h=5$，即每隔 5 帧图像序列进行一次模板更新；采集在线数据时，取前 5 帧跟踪结果为目标样本（$N^+=5$），取当前帧环形区域内随机值为背景样本（$N^-=200$）。

5.5.4.1 定性分析

图 5-13 给出了 IVT、L_1APG、ONNDL、PCOM 及本节跟踪方法对 6 组图像序列的跟踪结果和定性比较。Faceocc1、David3、Walking2 和 Suv 序列存在大面积目标遮挡，由图 5-13（a）、（b）、（c）、（e）可知，本节跟踪方法成功抑制了模型漂移，明显优于其他跟踪方法。David3 和 Dog1 序列存在大量目标表观变化，由图 5-13（b）、（d）可知，本节跟踪方法优于其他 4 种方法，适应性良好。Dog1、Suv 和 Cardark 序列受到复杂或低对比度背景干扰，由图 5-13（d）、（e）、（f）可知，本节跟踪方法的跟踪结果最优，具有强判别力。

537号　　588号　　833号

(a)

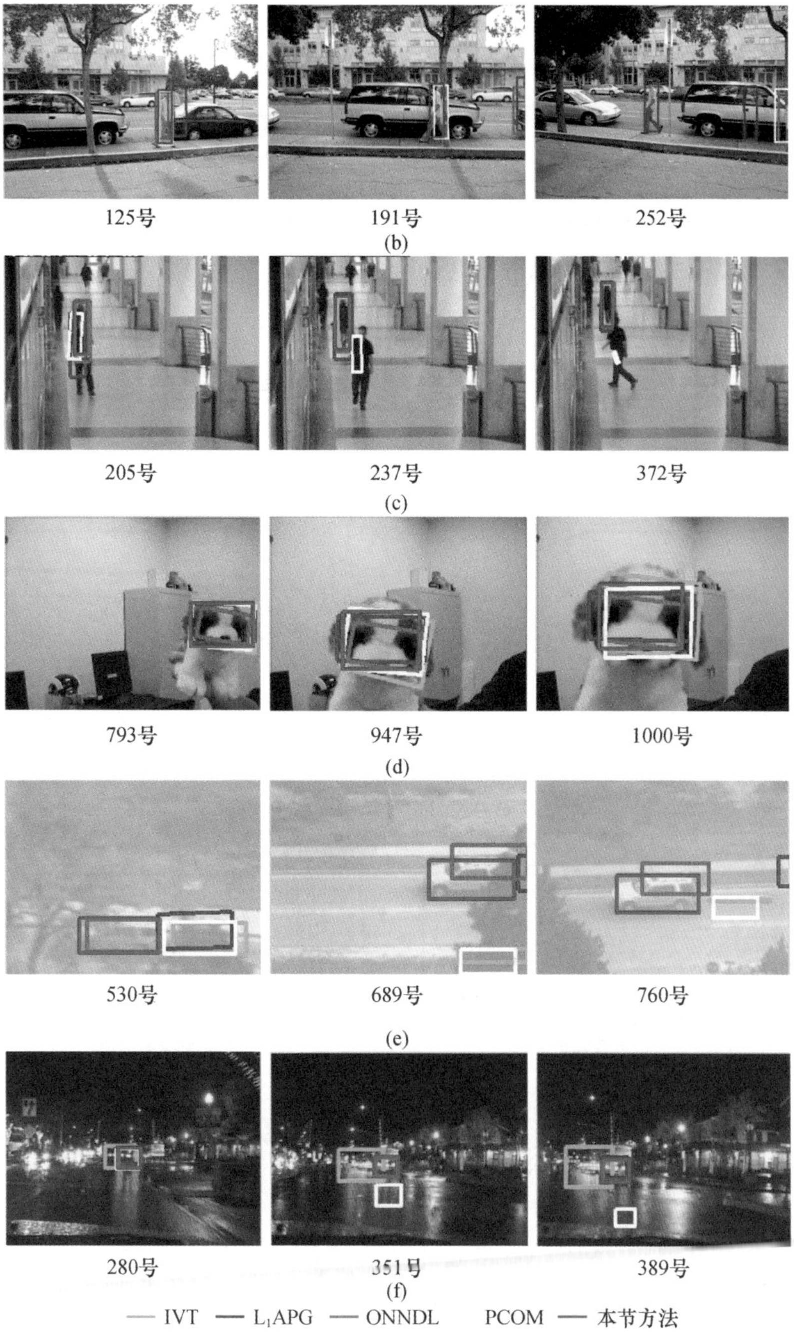

图 5-13 5 种跟踪方法的跟踪结果比较

(a) Faceocc1，目标遮挡；(b) David3，目标遮挡和姿态变化；(c) Walking2，目标遮挡和尺度变化；(d) Dog1，低对比度和姿态变化；(e) Suv，低对比度和目标遮挡；(f) Cardark，复杂背景和光照变化。

5.5.4.2 定量分析

本节采用成功率和精度指标进行定量实验分析，参数设置与 5.3.4.2 节一致。图 5-14 给出了 5 种跟踪方法对 6 组图像序列的成功率和精度曲线比较。由图 5-14 可知，本节方法在跟踪成功率和精度上均优于其他方法。

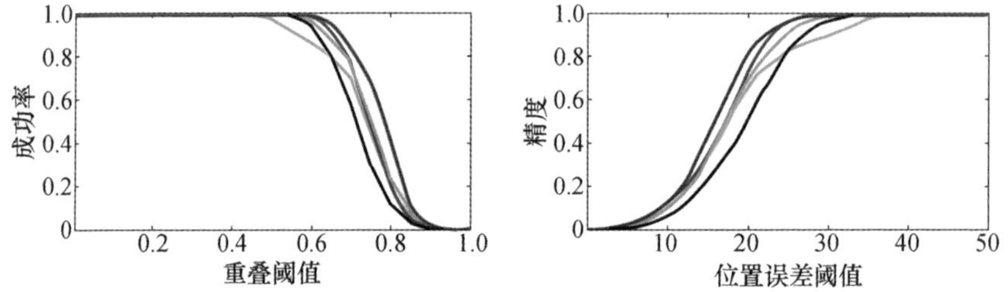

(a)

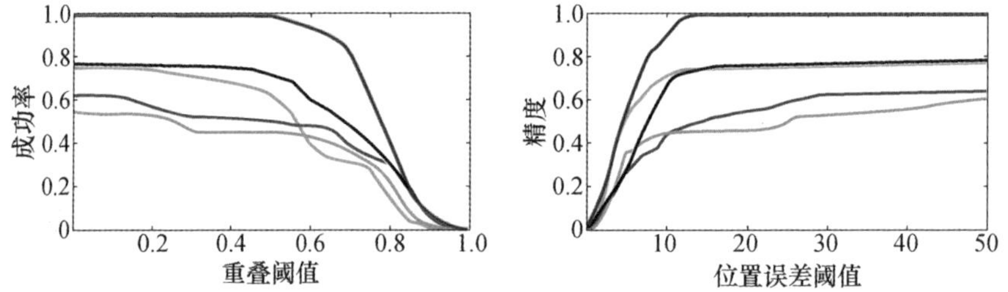

(b)

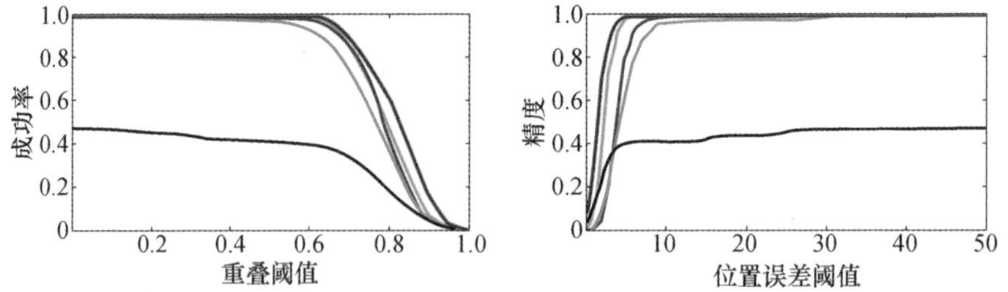

(c)

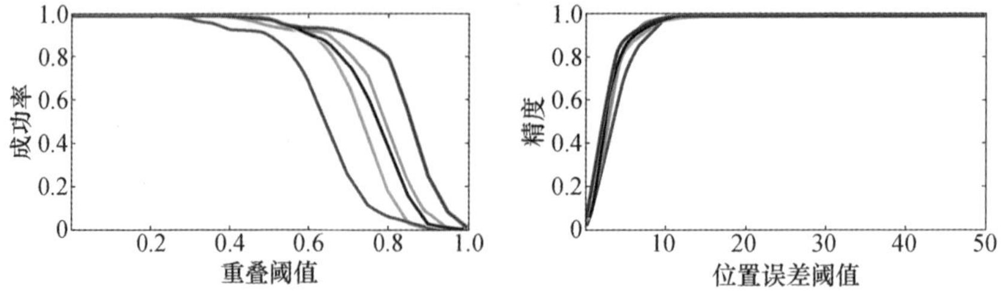

(d)

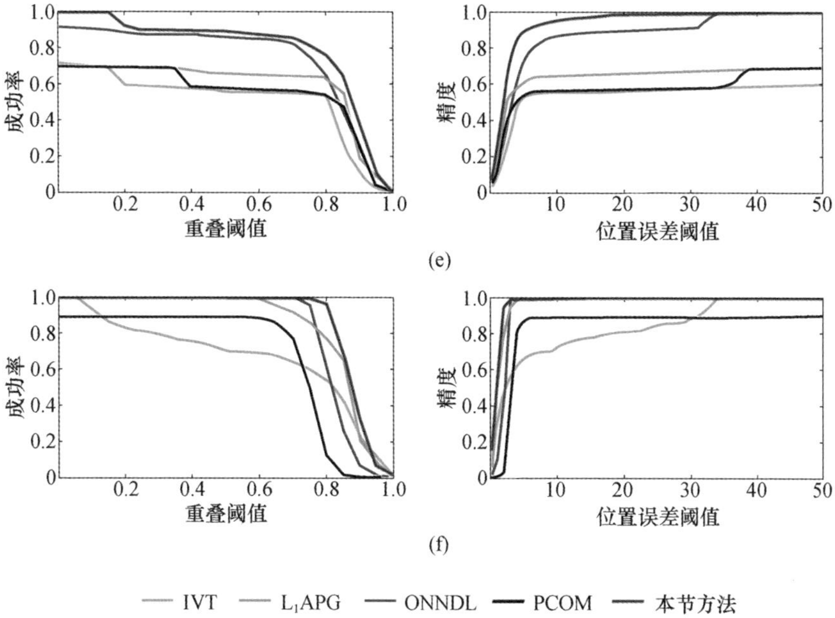

图 5-14　5 种跟踪方法的成功率曲线和精度曲线比较

(a) Faceocc1；(b) David3；(c) Walking2；(d) Dog1；(e) Suv；(f) Cardark。

5.5.4.3　计算时间分析

实验中进行比较的 5 种跟踪方法（IVT、L_1APG、ONNDL、PCOM 及本节方法）均是以粒子滤波为框架的子空间跟踪。假设 $\boldsymbol{U}\in\mathbb{R}^{p\times q}$ 为 IVT 和 PCOM 的特征基，$\boldsymbol{T}\in\mathbb{R}^{p\times q}$ 为 L_1APG、ONNDL 和本节方法的模板，N' 为粒子数。在相同软、硬件环境下，$p=32\times32$，$q=16$，$N'=600$ 时，5 种跟踪方法进行一帧跟踪的平均计算时间如表 5-17 所列。可以看出，本节跟踪方法的速度比 IVT、PCOM 跟踪慢，但比 L_1APG、ONNDL 跟踪快。

表 5-17　5 种跟踪方法的计算时间比较

跟踪方法	IVT	L_1APG	ONNDL	PCOM	本节方法
计算时间/s	0.038	0.678	2.646	0.072	0.192

5.5.4.4　鲁棒性分析

对比 L_1APG 跟踪方法、ONNDL 跟踪方法与本节跟踪方法相似的跟踪方法，由上述实验可知，本节跟踪方法具有较强的鲁棒性与较高的跟踪精度，其根本原因在于本节跟踪方法与它们使用的模板更新方法不同。本节提出了一种在线鲁棒判别式字典学习算法进行模板更新。一方面，该算法增强模板对目标和背景的辨识度，实现了判别式字典学习，提高了跟踪精度；另一方面，采用 l_1 范数损失函数和在线学习方法，在适应目标变化的同时克服了模型漂移，进一步提高了跟踪鲁棒性。图 5-15 分别给出了 Faceocc1 序列中 L_1APG 跟踪方法、ONNDL 跟踪方法和本节跟踪方法在第 350 帧时模板更新结果。可以看出，本节模板不仅自适应目标变化，而且成功排除了遮挡信息，完好保留了目标信息。

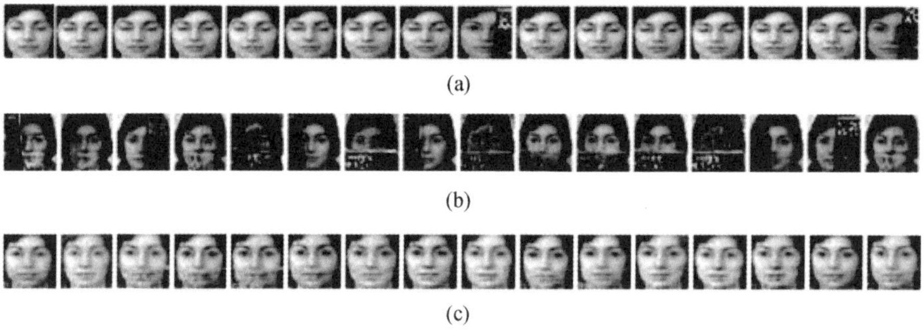

图 5-15　第 350 帧时 L_1APG、ONNDL 和本节方法的模板更新结果

(a) L_1APG；(b) ONNDL；(c) 本节方法。

5.5.4.5　小结

针对由目标遮挡等原因引起的模型漂移问题，本节首先采用 l_1 范数作为损失函数，降低了离群数据对模板的影响，同时，为了增强模板的判别能力，引入背景信息并增大背景样本的重构误差，结合以上两个方面建立了一种在线鲁棒判别式字典学习模型；然后利用块坐标下降设计了该模型的在线学习算法用于视觉跟踪模板更新；最后以粒子滤波为框架，结合提出的模板更新方法实现了鲁棒的视觉跟踪。实验结果表明，与现有跟踪方法相比，本节跟踪方法具有较强的鲁棒性和较高的跟踪精度。

5.6　基于主分量寻踪的鲁棒目标跟踪

受 PCA 在人脸识别中应用的启发，1998 年 Black 和 Jepson 提出了基于 PCA 的子空间跟踪。该方法基于子空间常量假设，以候选目标的重建误差为目标函数，利用梯度下降法跟踪目标。以子空间常量为假设，使其不能适应目标表观变化。为此，Lim 等提出一种增量子空间学习跟踪（IVT 跟踪），该方法利用增量子空间学习更新特征基，适应了目标表观变化。为了克服 IVT 跟踪易于丢失图像结构和邻域信息，从而降低跟踪精度的不足，文献［38］提出一种增量张量子空间跟踪方法。增量子空间跟踪以观测噪声符合高斯分布为假设，导致其对目标遮挡的鲁棒性较差，利用跟踪结果和增量子空间学习更新特征基使得它们易于发生模型漂移。

受稀疏表示在人脸识别中应用的启发，2009 年 Mei 和 Ling 提出了基于稀疏表示的子空间跟踪，即“L_1 跟踪”。L_1 跟踪以观测噪声符合拉普拉斯分布为假设，利用 L_1 正则化最小二乘模型求解候选目标的稀疏表示系数，提高了子空间跟踪对目标遮挡的鲁棒性。但 L_1 跟踪存在两个问题：一是 L_1 跟踪要求解多个 L_1 最小化问题，导致其速度较慢。针对该问题，一些研究者已经提出了一些方法。二是表示系数的稀疏性使得 L_1 跟踪对模板中的离群数据（outliers）更加敏感，一旦模板中引入离群数据会导致跟踪失败。为此，文献［28］提出利用小模板系数检测遮挡并根据检测结果更新目标模板，但是由于小模板也能表示跟踪目标，会导致检测失败。在 L_1 跟踪的启发下，根据粒子在同一模板集上表示系数的低秩与稀疏结构，文献［39］提出一种基于稀疏与低秩学习的视觉跟踪，该方法虽然提高了子空间跟踪的跟踪精度，但是模型漂移问题仍然存在。

总之，传统子空间跟踪对目标遮挡的鲁棒性较差，并且易发生模型漂移。虽然基于稀疏表示的子空间跟踪提高了遮挡目标跟踪的鲁棒性，但是对模板中的离群数据较敏感，更易发生模型漂移。针对子空间跟踪易受到模型漂移的影响而导致跟踪失败的不足，本节提出一种新的基于主分量寻踪的子空间跟踪方法。

为了克服了经典 PCA 易受离群数据干扰的不足，文献［40］提出 RPCA。考虑到噪声对观测矩阵的影响，在 RPCA 的基础上，Zhou 等提出 PCP。PCP 已在序列图像背景估计和序列人脸图像配准等计算机视觉问题中得到较好应用。PCP 的目的是求解已知观测矩阵 $\boldsymbol{M}\in\mathbb{R}^{m\times n}$ 的低秩矩阵 $\boldsymbol{L}$ 与稀疏矩阵 $\boldsymbol{S}$，其产生式模型如下所示：

$$\boldsymbol{M}=\boldsymbol{L}+\boldsymbol{S}+\boldsymbol{Z} \tag{5-34}$$

式中：$\boldsymbol{Z}$ 为噪声项。

利用凸优化可以稳定求解式（5-34）中的低秩矩阵 $\boldsymbol{L}$ 与稀疏矩阵 $\boldsymbol{S}$。

5.6.1 候选目标的分解与相似性度量

5.6.1.1 候选目标的分解

根据不同光照和视角下的目标表观近似处于一个低维子空间这一假设，利用目标模板和 PCP 可以将一个候选目标分解为低秩和误差分量两部分，如图 5-16 所示。

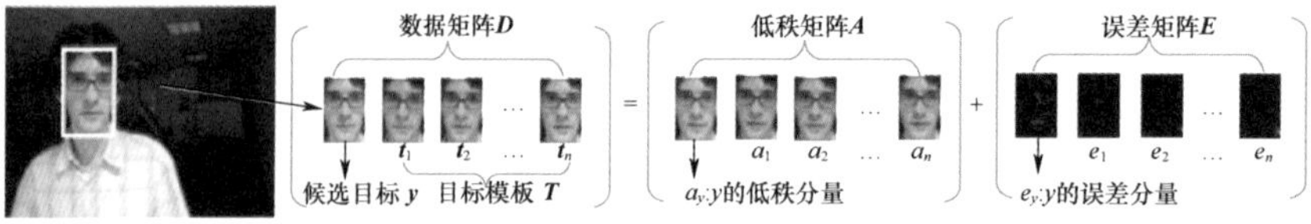

图 5-16 候选目标的误差与低秩分量分解

假设目标模板 $\boldsymbol{T}=[\boldsymbol{t}_1, \boldsymbol{t}_2, \cdots, \boldsymbol{t}_n] \in \mathbb{R}^{m\times n}$，其中 $\boldsymbol{t}_i \in \mathbb{R}^m$ 是目标模板图像按列存储形成的向量。任一跟踪结果或候选目标图像归一化到与目标模板同样大小，并按列存储形成列向量 $\boldsymbol{y}\in \mathbb{R}^m$。若定义矩阵 $\boldsymbol{D}=[\boldsymbol{y}, \boldsymbol{T}]$，则矩阵 $\boldsymbol{D}$ 可按式（5-35）分解为三项：

$$\boldsymbol{D}=\boldsymbol{A}+\boldsymbol{E}+\boldsymbol{N} \tag{5-35}$$

式中：$\boldsymbol{A}=[\boldsymbol{a}_y, \boldsymbol{a}_1, \cdots, \boldsymbol{a}_n]$ 为低秩项，$\boldsymbol{a}_1$、$\boldsymbol{a}_y$ 分别为目标模板 $\boldsymbol{t}_i$ 和跟踪结果 $\boldsymbol{y}$ 的低秩分量；$\boldsymbol{E}=[\boldsymbol{e}_y, \boldsymbol{e}_1, \cdots, \boldsymbol{e}_n]$ 为独立同分布的拉普拉斯误差项，$\boldsymbol{e}_i$、$\boldsymbol{e}_y$ 分别为目标模板 $\boldsymbol{t}_i$ 和跟踪结果 $\boldsymbol{y}$ 的误差分量；$\boldsymbol{N}=[\boldsymbol{n}_y, \boldsymbol{n}_1, \cdots, \boldsymbol{n}_n]$ 为独立同分布的高斯噪声项，$\boldsymbol{n}_i$、$\boldsymbol{n}_y$ 分别为目标模板 $\boldsymbol{t}_i$ 和 $\boldsymbol{n}_y$ 的噪声分量。

在视觉跟踪中，由于目标模板 $\boldsymbol{t}_i$ 具有较强的相关性，因此 $\boldsymbol{A}$ 具有低秩性。虽然较大的目标遮挡会导致误差分量 $\boldsymbol{e}_y$ 的每一项均非零，但是因为目标模板 $\boldsymbol{t}_i$ 具有较强的相关性使得 $\boldsymbol{e}_i$ 的非零项较少，所以误差矩阵 $\boldsymbol{E}$ 具有稀疏性，即矩阵 $\boldsymbol{E}$ 的非零项较少。噪声矩阵 $\boldsymbol{N}$ 对应于观测噪声，不可否认观测噪声是覆盖所有像元的，但观测噪声的能量是有限的。根据上述分析，在已知矩阵 $\boldsymbol{D}$ 时，低秩矩阵 $\boldsymbol{A}$ 和误差矩阵 $\boldsymbol{E}$ 可以通过如下模型求解：

$$\begin{aligned} &\min_{\boldsymbol{E},\boldsymbol{A}} \operatorname{rank}(\boldsymbol{A}) \\ &\text{s.t.} \ \|\boldsymbol{D}-\boldsymbol{A}-\boldsymbol{E}\|_F, \leqslant \delta, \|\boldsymbol{E}\|_0 \leqslant k \end{aligned} \tag{5-36}$$

式中：rank(·) 为矩阵的秩；$\|\cdot\|_F$ 为矩阵的 Frobenius 范数；δ 为大于 0 的常数；$\|\cdot\|_0$ 为矩阵的 l_0 范数（矩阵中非零项的个数）；k 为常量，表示误差矩阵 $\boldsymbol{E}$ 中非零像素的最大数目。

优化问题式（5-36）易于写成如下拉格朗日形式：

$$\min_{A,E} \operatorname{rank}(\boldsymbol{A}) + \lambda \|\boldsymbol{E}\|_0$$
$$\text{s.t.} \ \|\boldsymbol{D}-\boldsymbol{A}-\boldsymbol{E}\|_F \leqslant \delta \tag{5-37}$$

式中：$\lambda>0$ 为加权参数，用于平衡矩阵 $\boldsymbol{A}$ 的秩和矩阵 $\boldsymbol{E}$ 的稀疏性。

利用最小化矩阵核范数与 l_1 范数的组合稳定精确求解式（5-37），其求解模型如下：

$$\min_{A,E} \|\boldsymbol{A}\|_* + \lambda \|\boldsymbol{E}\|_1$$
$$\text{s.t.} \ \|\boldsymbol{D}-\boldsymbol{A}-\boldsymbol{E}\|_F \leqslant \delta \tag{5-38}$$

式中：$\|\cdot\|_*$、$\|\cdot\|_1$ 分别为矩阵的核范数和 l_1 范数；参数 λ 取值为 $1/\sqrt{m}$（m 为矩阵 $\boldsymbol{D}$ 的行数）。

本节利用 ALM 算法求解式（5-38）的解。

5.6.1.2 相似性度量

由于好的候选目标与目标模板相似性强，坏的候选目标与目标模板相似性弱，因此好的候选目标误差分量较小，坏的候选目标误差分量较大。图 5-17 给出一个例子。

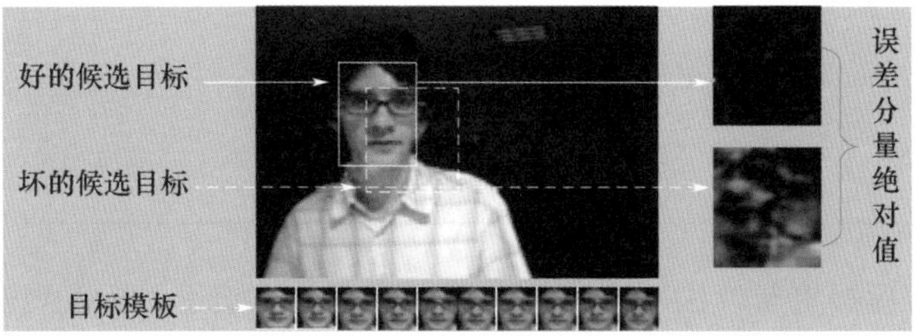

图 5-17 候选目标及其误差分量

由图 5-17 可以看出，与目标模板相似性强的候选目标误差分量较小，与目标模板相似性较弱的候选目标误差分量较大，即利用候选目标的误差分量可以度量候选目标与目标模板的相似性。

5.6.2 模板更新

为了适应目标表观变化需要更新目标模板，而为了限制模型漂移的发生需要使用静态模板，因此本节把目标模板分成静态模板 $\boldsymbol{T}^{\mathrm{s}}=[t_1, \cdots, t_{n/2}]$ 和动态模板 $\boldsymbol{T}^{\mathrm{d}}=[t_{n/2+1}, \cdots, t_n]$ 两部分。在目标跟踪过程中，静态模板保持不变，动态模板进行更新。由于 PCP 能够精确求解存在离群数据的低维子空间，因此自然的想法是利用跟踪结果的低秩分量更新动态模板实现模板更新。但是，跟踪结果与目标模板之间会存在配准误差，从而导致跟踪结果的低秩分量丢失部分目标信息。考虑视觉跟踪中目标表观变化具有平滑性，当跟踪结果与动态模板相似时，本节方法利用跟踪结果更新动态模板，否则利用跟踪结果的低秩分量更新动态模板。

假设当前跟踪结果为 $\boldsymbol{y}$，定义向量的相似性函数 sim（·，·）为两个向量夹角的余弦，则提出的模板更新方法如表 5-18 所列，其中 n 是目标模板的个数，显然使目标模板包含所有可能的目标表观是 n 的最优选择，但视觉跟踪中目标表观的变化是不可预知的。本节采用一个经验值。

表 5-18　模板更新

步骤 1. 构建矩阵 $\boldsymbol{D}=[\boldsymbol{y}, \boldsymbol{T}^{\mathrm{d}}]$；
步骤 2. 求解跟踪结果 $\boldsymbol{y}$ 的低秩分量；
步骤 3. 计算相似性 $S_i = \mathrm{sim}(\boldsymbol{y},\boldsymbol{t}_i), i = n/2+1,\cdots,n$；
步骤 4. 更新模板权重 $\alpha_i = \alpha_i^* \ \mathrm{sim}(\boldsymbol{y},\boldsymbol{t}_i), i = n/2+1,\cdots,n$；
步骤 5. 计算 $S_{\min} = \min(\{s_i\}_{i=n/2+1}^{n})$；
步骤 6. 求解 $i_r = \arg\min_{n/2+1\leqslant i\leqslant n}\alpha_t^i$；
步骤 7. 假如（$S_{\min}<\tau$）则 $\boldsymbol{t}_r=\boldsymbol{y}$，否则 $\boldsymbol{t}_{i_r}=\boldsymbol{a}$；
步骤 8. 令 $\alpha_{i_r}=\mathrm{median}\{\alpha_{n/2+1}, \cdots, \alpha_n\}$；
步骤 9. 权值归一化 $\alpha_i = \alpha_i \Big/ \sum_{i=n/2+1}^{n} \alpha_i$。

与现有模板更新方法不同：一方面，本节方法基于目标表观变化的平滑性，利用当前跟踪结果更新动态模板，适应了目标表观变化；另一方面，本节方法基于主分量寻踪的离群数据检测能力，利用当前跟踪结果的低秩分量更新动态模板，滤除了目标遮挡或者错误跟踪引起的离群数据，降低了模型漂移的发生。

图 5-18 给出了本节模板更新与 L_1APG 跟踪模板更新的实验结果，其中第一行为跟踪结果，第二行为本节方法的模板更新结果，第三行为 L_1APG 跟踪的模板更新结果。由图 5-18 可以看出，L_1APG 跟踪在模板更新时引入了背景信息，而本节方法在适应目标变化的同时保证了模板的正确性。

5.6.3 目标跟踪方法

5.6.3.1 动态模型

详见 1.3.3.3 节。

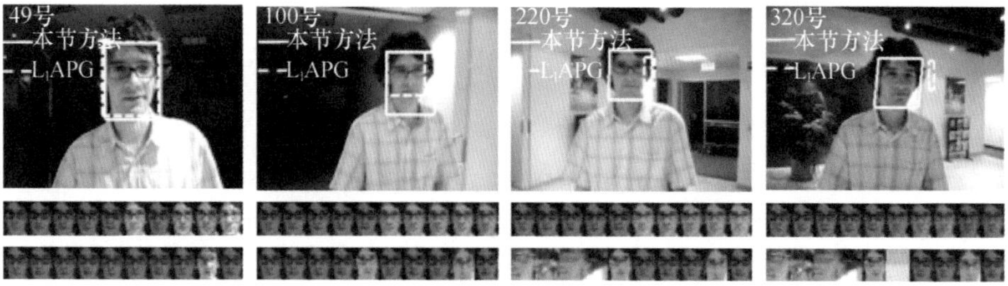

图 5-18　本节模板更新与 L_1 APG 跟踪模板更新比较

5.6.3.2　观测似然模型

假设图像观测 $\boldsymbol{y}_t^i$ 的误差分量和噪声分量分别为 $\boldsymbol{e}_t^i$、$\boldsymbol{n}_t^i$。$\boldsymbol{y}_t^i$ 的观测似然由 $\boldsymbol{e}_t^i$、$\boldsymbol{n}_t^i$ 共同决定，但是因为噪声分量 $\boldsymbol{n}_t^i$ 的能量有限，并且与误差分量 $\boldsymbol{e}_t^i$ 相比其值可以忽略不计，所以观测似然可由 $\boldsymbol{e}_t^i$ 计算。由于误差分量 e_t^i 符合拉普拉斯分布，因此任一图像观测 $\boldsymbol{y}_t^i$ 的观测似然定义如下：

$$p(\boldsymbol{y}_t^i \mid \boldsymbol{x}_t^i) = \frac{1}{\Gamma}\exp(-\alpha \| \boldsymbol{e}_t^i \|_1) \tag{5-39}$$

式中：α 为高斯核尺度参数；Γ 为归一化常量。

本节利用 PCP 求解候选目标的误差分量作为观测似然，对离群模板具有较强的鲁棒性，但是 L_1 跟踪利用稀疏表示求解候选目标的重建误差易于受到离群模板的干扰。图 5-19 给出了使用相同目标模板和参数 $\alpha=0.01$，利用观测似然和 L_1 跟踪观测似然得到的同一帧图像的似然图。由图 5-19 可以看出，在目标模板中有离群模板时，本节似然图中高似然值位于目标区域，但是在 L_1 跟踪似然图中的背景区域有高似然值，即本节方法对群模板具有鲁棒性，而 L_1 跟踪易受离群模板的干扰。

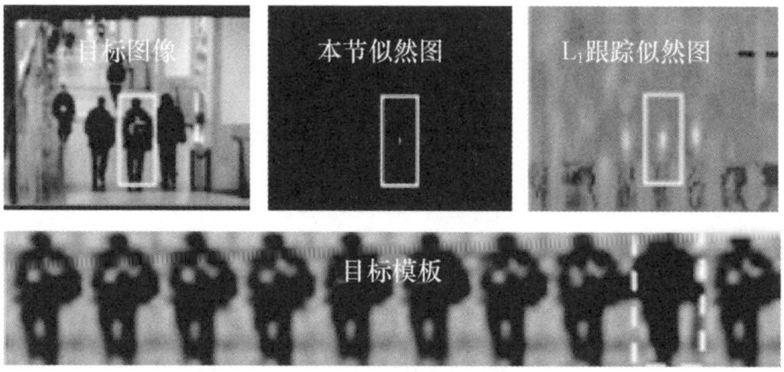

图 5-19　似然图比较（实线矩形为跟踪目标，虚线矩形为离群模板）

5.6.3.3 跟踪方法

以粒子滤波为框架，将动态模型、观测似然模型和模板更新方法相结合建立视觉跟踪方法，如表 5-19 所列。

表 5-19 基于主分量寻踪的鲁棒跟踪方法

步骤 1. 初始化：初始化 $t=1$ 和粒子集合 $\{\boldsymbol{x}_1^i, 1/N\}_{i=1}^N$；
for $t=1$ to T
步骤 2. 状态预测：利用动态模型预测粒子状态 $\boldsymbol{x}_t^i$，并采样粒子 $\boldsymbol{x}_t^i$ 的图像观测 $\boldsymbol{y}_t^i$，$i=1, \cdots, N$；
步骤 3. 权值更新：首先求解粒子 $\boldsymbol{y}_t^i$ 的误差分量 $\boldsymbol{e}_t^i$，然后利用式（5-39）计算观测似然 $p(\boldsymbol{y}_t^i \mid \boldsymbol{x}_t^i)$，最后用 $w_t^i = w_{t-1}^i p(\boldsymbol{y}_t^i \mid \boldsymbol{x}_t^i)$ 更新权值，$i=1, \cdots, N$；
步骤 4. 权值归一化：$w_t^i = w_t^i / \sum_{i=1}^N w_t^i, i = 1, \cdots, N$；
步骤 5. 目标状态估计：$\hat{\boldsymbol{x}}_t = \boldsymbol{x}_t^{\hat{i}}$，其中 $\hat{i} = \max\limits_i (w_t^i)$；
步骤 6. 粒子重采样；
步骤 7. 利用方法 1 更新模板。
end

5.6.4 实验结果与讨论

5.6.4.1 实验说明

算法实现和实验环境同 5.2.5 节。

用“three _ past _ shop”“car _ dark”“david”“sylv”“faceocc _ woman”“david3”“jumping”和“deer”测试序列对 PCP 跟踪方法进行了实验验证，并与 IVT 跟踪方法、MIL 跟踪方法[41]、LRST 跟踪方法[39]和 L_1 APG 跟踪方法进行了比较。为了保证比较的合理性，实验中 5 种跟踪的粒子数均为 600。PCP 跟踪方法、L_1 APG 跟踪方法和 LRST 跟踪方法的模板数量为 10，8 组实验的模板大小分别为 18×10、10×9、22×16、18×15、24×16、18×65、10×15 和 20×17，动态模型参数是为（0.06，0.01，0.01，0.06，5，5）。

5.6.4.2 实验结果

图 5-20 给出了 5 种跟踪方法对 8 组测试序列的跟踪结果。“three _ past _ shop”序列和“car _ dark”序列的背景较复杂，由图 5-20（a）和（b）可以看出：对于“three _ past _ shop”序列，PCP 跟踪方法能稳定跟踪目标，而其他 4 种跟踪方法受到相似目标的干扰；对于“car _ dark”序列，PCP 跟踪

方法、LRST 跟踪方法和 L_1 APG 跟踪方法能稳定跟踪目标，其他 2 种跟踪方法受到了复杂背景的影响。“david”序列和“sylv”序列中目标存在较大的光照和姿态变化，由图 5-20（c）和（d）可以看出：对于“david”序列，PCP 跟踪方法的精度和 IVT 跟踪方法相当，且优于其他 3 种跟踪方法；对于“sylv”序列，PCP 跟踪方法的精度与 LRST 跟踪方法相当，且优于其他 3 种跟踪方法。“faceocc-woman”序列和“david3”序列中存在目标遮挡，尤其是在“david3”序列的第 187 帧和第 188 帧目标几乎被完全遮挡，由图 5-20（e）和（f）可以看出，对于“faceocc-woman”序列和“david3”序列，PCP 跟踪方法的精度优于其他 4 种跟踪方法。图 5-20（g）和（h）给出了对快速运动目标跟踪的结果，由图 5-20（g）和（h）可以看出：对于存在运动模糊的“jumping”序列，PCP 跟踪方法和 MIL 跟踪方法的结果较优；对于“deer”序列，PCP 跟踪方法和 LRST 跟踪方法能够稳定跟踪目标。

30号　82号　150号　230号

(a)

88号　140号　344号　393号

(b)

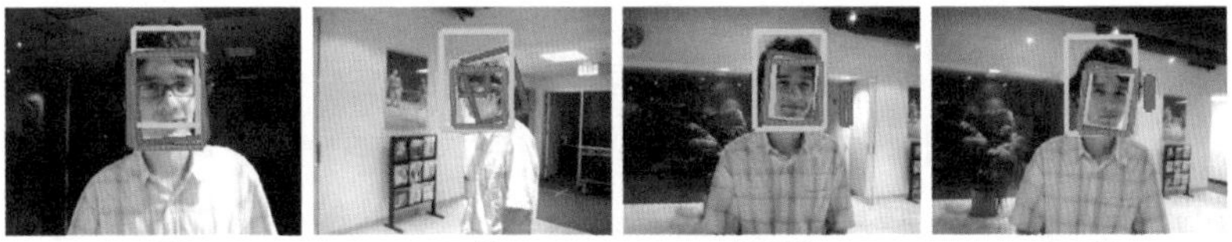

50号　155号　307号　325号

(c)

88号　200号　272号　360号

(d)

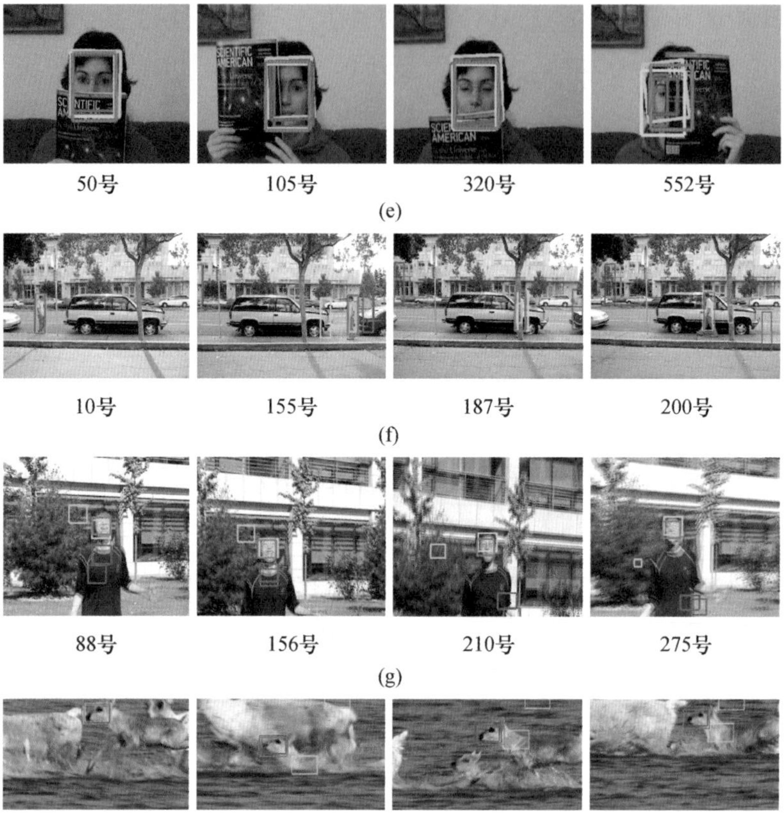

图 5-20　测试序列的跟踪结果

(a)“three _ past _ shop”序列；(b)“car _ dark”序列；(c)“david”序列；
(d)“sylv”序列；(e)“faceocc _ woman”序列；(f)“david3”序列；
(g)“jumping”序列；(h)“deer”序列。

由标准测试库得到目标的真实状态，利用相对位置误差 $e=\varepsilon/d$ 定量评价跟踪方法的性能，其中，ε 为中心位置相对于真实位置的偏移量，d 为目标矩形的对角长度。图 5-21 给出了 5 种跟踪方法对 8 组测试序列的跟踪位置误差曲线。从图 5-21（a）可以看出，对于复杂背景下的“three _ past _ shop”序列，PCP 跟踪方法的跟踪精度优于其他 4 种跟踪方法。从图 5-21（b）可以看出，对于复杂背景下的“car _ dark”序列，LRST 跟踪方法、L_1 APG 跟踪方法和 PCP 跟踪方法的精度优于其他 4 种跟踪方法。从图 5-21（c）可以看出，对于有较大光照和姿态变化的“david”序列，PCP 跟踪方法的精度与 IVT 跟踪方法相当，且优于其他 3 种跟踪方法。从图 5-21（d）可以看出，对于有较大光照和姿态变化的“sylv”序列，PCP 跟踪方法的精度与 LRST 跟踪方法相当，且优于其他 3 种跟踪方法。从图 5-21（e）和（f）可以看出，对于存在目标遮挡的“faceocc-woman”序列和“david3”序列，PCP 跟踪方法的精度优于其他 4 种跟踪方法。从图 5-21（e）和（f）可以看出，对于存在目标快速运动的“jumping”序列和“deer”序列，PCP 跟踪方法的精度优于其他 4 种跟踪方法。

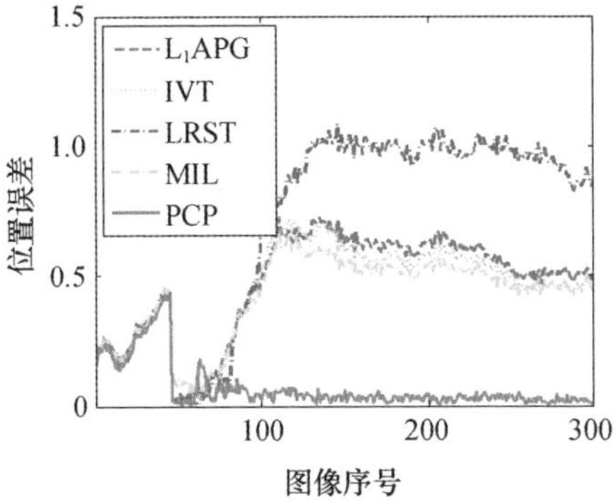

(a)

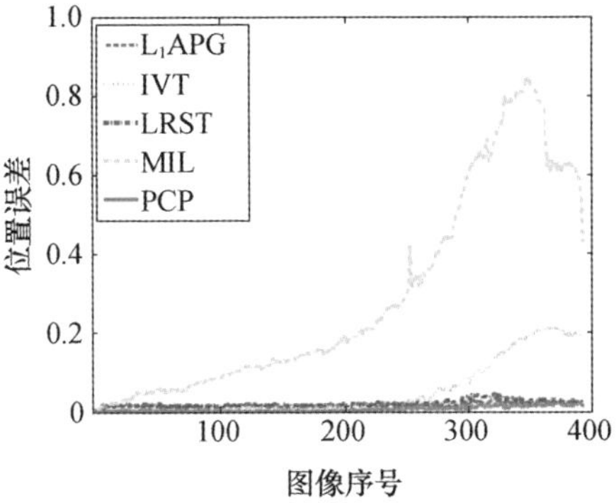

(b)

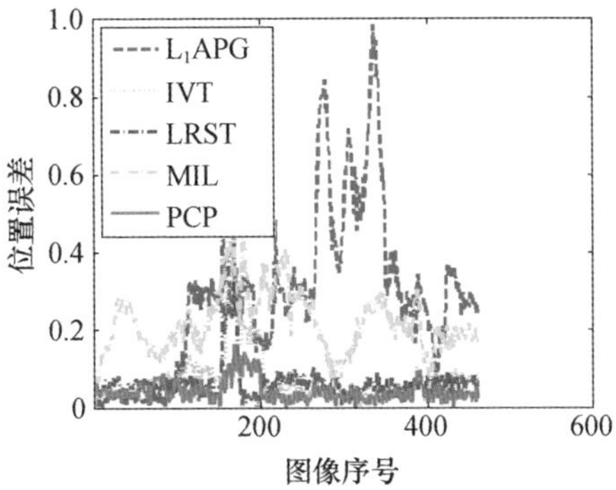

(c)

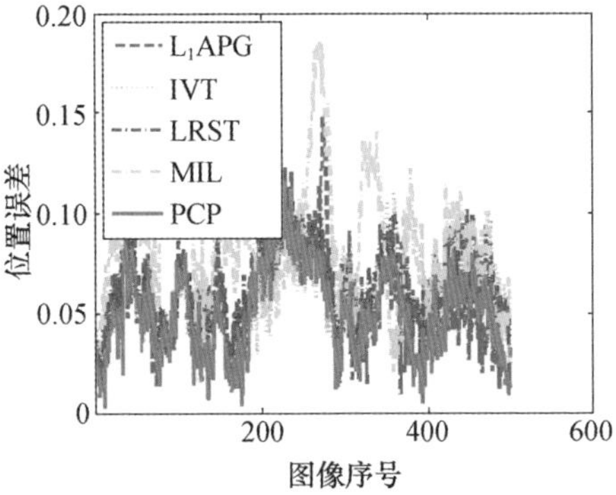

(d)

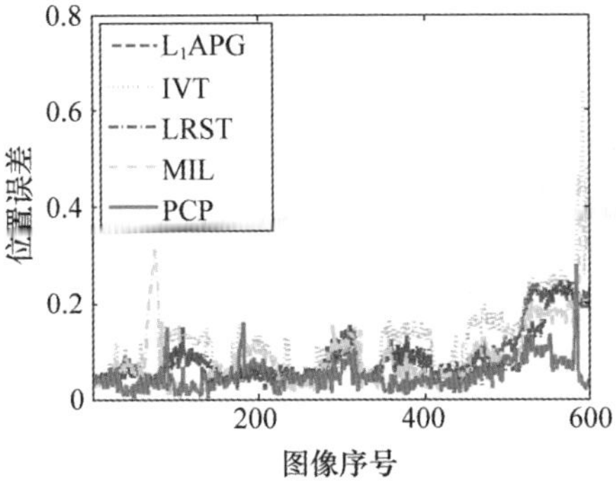

(e)

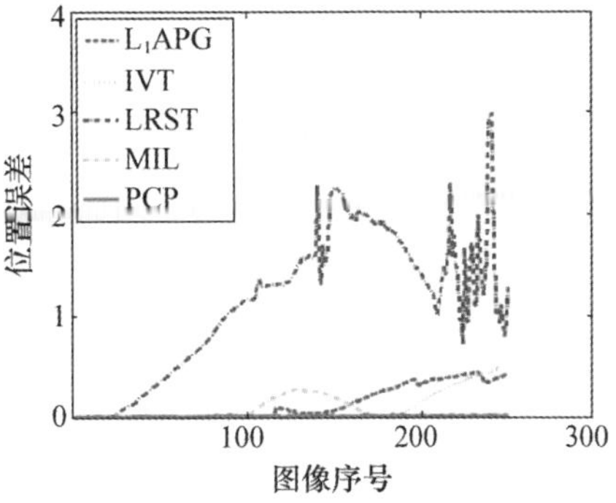

(f)

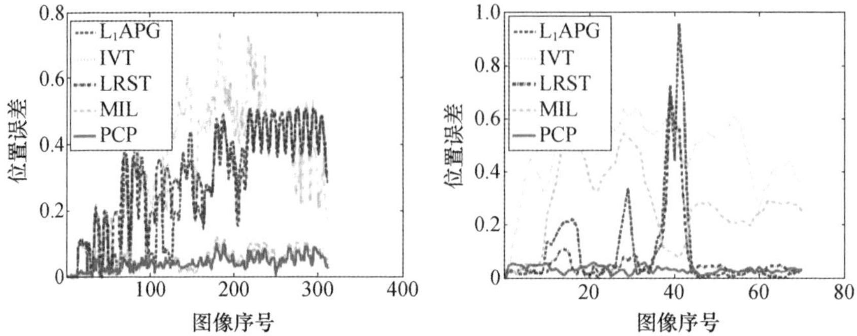

(g) (h)

图 5-21　相对位置误差曲线

(a)“three _ past _ shop”序列；(b)“car _ dark”序列；(c)“david”序列；(d)“sylv”序列；(e)“faceocc-woman”序列；(f)“david3”序列；(g)“jumping”序列；(h)“deer”序列。

5.6.4.3　计算复杂度分析

PCP 跟踪、IVT 跟踪、L_1APG 跟踪和 LRST 跟踪均是粒子滤波框架下的子空间跟踪。假设 $U\in\mathbb{R}^{m\times n}$ 是 IVT 跟踪的特征基，$T\in\mathbb{R}^{m\times n}$ 是 L_1APG 跟踪、LRST 跟踪和 PCP 跟踪的目标模板，k 是 APG 算法的迭代次数，N 是这 4 个跟踪方法使用的粒子数。IVT 跟踪、L_1APG 跟踪和 LRST 跟踪的计算复杂度如表 5-20 所列。求解式（5-50）的计算复杂度是 $O(rmn)$，其中 $r\leqslant\sqrt{\min(m,n)}$ 是矩阵 $\boldsymbol{A}$ 的秩。由于 $n\ll m$，所以 PCP 跟踪的计算复杂度为 $O(Nm)$。由上述分析可知，这 4 个跟踪方法的时间复杂度级别相同，都是变量多项式的复杂度。

表 5-20 中的第 3 列给出了在相同软硬件环境下，$m=32\times32$，$n=10$ 和 $N=600$ 时，进行一帧跟踪的平均时间。由表中数据可以看出，本节跟踪的速度比 IVT 跟踪慢，但是比 L_1APG 跟踪和 LRST 跟踪的速度快。

表 5-20　计算复杂度与计算时间

跟踪方法	计算复杂度	计算时间/s
IVT 跟踪	$O(Nmn)$	0.125
L_1APG 跟踪	$O(Nkmn)$	2.282
LRST 跟踪	$O(Nm)$	2.124
PCP 跟踪	$O(Nm)$	1.978

5.6.4.4 讨论

5.6.4.2 节验证了本节提出的跟踪方法的鲁棒性，但是与现有子空间跟踪方法相同，当目标存在快速的 out-plane 旋转时可能会发生跟踪失败。图 5-22 给出了本节跟踪方法存在跟踪失败的两种情况。图 5-22（a）的跟踪目标为人头，它存在 out-plane 旋转：人头时而处于人脸正面、时而处于人脸侧面、时而处于人脸背面。图 5-22（b）跟踪目标为人体，它存在与图 5-22（a）中类似的情况。在这 2 组实验中，均发现了跟踪失败，这是进一步研究要解决的问题。

(a)

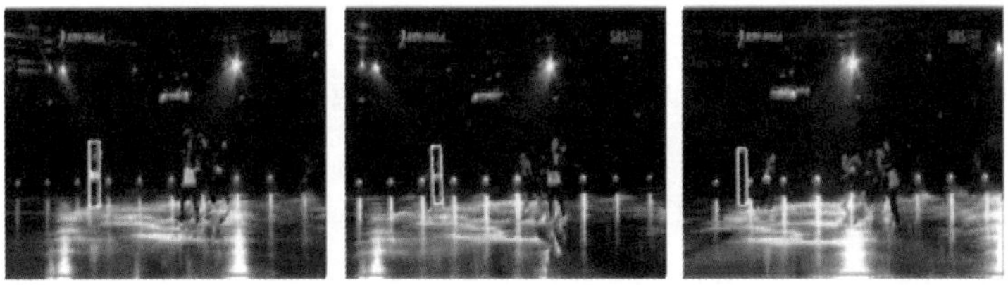

(b)

图 5-22　两种跟踪失败情况

（a）人头序列；（b）人体序列。

参考文献

[1] ROSS D A, LIM J, LIN R S, et al. Incremental Learning for Robust Visual Tracking [J]. IJCV, 2008, 77 (1-3): 125-141.

[2] MEI X, LING H. Robust Visual Tracking using L1 Minimization [C] //Kyoto: ICCV, 2009: 1436-1443.

[3] JEPSON A D, FLEET D J, EL-MARAGHI T R. Robust online appearance models for visual tracking [J]. PAMI, 2003, 25 (10): 1296-1311.

[4] COMANICIU D, RAMESH V, MEER P. Kernel-Based Object Tracking [J]. PAMI, 2003, 25 (5): 564-575.

[5] TAO R, GAVVES E, SMEULDERS A W M. Siamese Instance Search for Tracking [C] //Las Vegas: CVPRW, 2016: 1420-1429.

[6] BERTINETTO L, VALMADRE J, HENRIQUES J F, et al. Fully-Convolutional Siamese Networks for Object Tracking [C] . Amsterdam: ECCV, 2016: 850-865.

[7] GUO Q, FENG W, ZHOU C, et al. Learning Dynamic Siamese Network for Visual Object Tracking [C] . ICCV, 2017: 1781-1789.

[8] HELMUT G. Real-Time Tracking via On-line Boosting [C] //Naijing: BMVC. 2006: 47-56.

[9] HARE S, SAFFARI A, TORR P H S. Struck: Structured output tracking with kernels [C] //Barcelona: ICCV, 2011: 263-270.

[10] WANG N, YEUNG D Y. Learning a deep compact image representation for visual tracking [C] //Lake Tahoe: NIPS, 2013: 809-817.

[11] WANG L, OUYANG W, WANG X, et al. Visual Tracking with Fully Convolutional Networks [C] //Santiago: ICCV, 2015: 3119-3127.

[12] MA C, HUANG J B, YANG X, et al. Hierarchical Convolutional Features for Visual Tracking [C] . Santiago: ICCV, 2015: 3074-3082.

[13] HONG S, YOU T, KWAK S, et al. Online tracking by learning discriminative saliency map with convolutional neural network [C] . Lille: ICML, 2015: 597-606.

[14] RUI C, MARTINS P, BATISTA J. Exploiting the circulant structure of tracking-by-detection with kernels [C] . Florence: ECCV, 2012: 702-715.

[15] HENRIQUES J F, RUI C, MARTINS P, et al. High-Speed Tracking with Kernelized Correlation Filters [J] . PAMI, 2014, 37 (3): 583-596.

[16] JIA X, LU H C, YANG MH. Visual tracking via adaptive structural local sparse appearance model [C] . IEEE Conference on Computer Vision and Pattern Recognition, Providence: IEEE Computer Society Press, 2012: 1822-1929.

[17] ZHONG W, LU H C, YANG MH. Robust object tracking via sparsity-based collaborative model [C] . IEEE Conference on Computer Vision and Pattern Recognition, Providence: IEEE Computer Society Press, 2012: 1838-1845.

[18] ZHANG X Q, LI W, HU W M, et al. Block covariance based L1 tracker with a subtle template dictionary [J] . Pattern Recognition, 2013, 46 (7): 1750-1761.

[19] WANG N Y, WANG J D, YEUNG D. Online robust non-negative dictionary learning for visual tracking [C] . IEEE International Conference on Computer Vision, Sydney: IEEE Computer Society Press, 2013: 657-664.

[20] XING J L, GAO J, LI B, et al. Robust object tracking with online multi-lifespan dictionary learning [C] . IEEE International Conference on Computer Vision. Sydney,

Australia: IEEE Computer Society Press, 2013: 665-672.

[21] BOZORGTABAR B, GOECKE R. Discriminative multi-task sparse learning for robust visual tracking using conditional random field [C] // International Conference on Digital Lmage Computing, Wollongong: IEEE Computer Society Press, 2014: 1-8.

[22] FAN B J, DU Y K, CONG Y. Online learning discriminative dictionary with label information for robust object tracking [J]. Abstract and Applied Analysis, 2014, 2014 (11): 1-12.

[23] MA B, HUANG L H, SHEN J B, et al. Visual tracking under motion blur [J]. IEEE Transactions on Image Processing, 2016, 25 (12): 5867-5876.

[24] YOON H Y, YANG M H, YOON K J. Interacting multi-view tracker [J]. IEEE Transactions on Pattern Analysis and Machine Intelligence, 2016, 38 (5): 903-917.

[25] 薛模根，朱虹，袁广林. 在线鲁棒判别式字典学习视觉跟踪 [J]. 电子学报，2016，44 (4): 838-845.

[26] 吉训生，陈赛，黄越. 判别稀疏表示与在线字典学习的运动目标跟踪 [J]. 计算机工程与应用，2017，53 (3): 211-215.

[27] LIU B Y, LIN Y, HUANG J Z, et al. Robust and fast collaborative tracking with two stage sparse optimization [C] //Europe Conference on Computer Vision, Crete: IEEE Computer Society Press, 2010: 624-637.

[28] MEI X, LING H B, WU Y, et al. Minimum error bounded efficient L1 tracker with occlusion detection [C] //IEEE Conference on Computer Vision and Pattern Recognition, Colorado: IEEE Computer Society Press, 2011: 1257-1264.

[29] BAO C L, WU Y, LING H B, et al. Real time robust L1 tracker using accelerated proximal gradient approach [C] //IEEE Conference on Computer Vision and Pattern Recognition, Providence: IEEE Computer Society Press, 2012: 1830-1837.

[30] ZHANG T Z, GHANEM B, LIU S, et al. Robust visual tracking via multi-task sparse learning [J]. International Journal of Computer Vision, 2013, 101 (2): 367-383.

[31] ZHANG LEI, YANG MENG, FENG XIANG-CHU. Sparse representation or collaborative representation: which helps face recognition? [C] //Proceedings of IEEE International Conference on Computer Vision, Colorado, 2011: 471-487.

[32] KWON J, LEE K M. Visual tracking decomposition [C] //Proceedings of IEEE Conference on Computer Vision and Pattern Recognition, San Francisco, 2010: 1269-1276.

[33] WANG DONG, LU HU-CHUAN, YANG MING-HSUAN. Online object tracking with sparse prototypes [J]. IEEE Transactions on Image Processing, 2013, 22 (1): 314-325.

[34] DONG WANG, HUCHUAN LU, MING-HSUAN YANG. Least soft-thresold squares

tracking [C] //Proceedings of IEEE Conference on Computer Vision and Pattern Recognition. Portland: IEEE Computer Society Press, 2013: 2371- 2378.

[35] YANG MENG, ZHANG LEI, FENG XIANGCHU, et al. Sparse representation based Fisher discrimination dictionary learning for image classification [C] //IEEE International Conference on Computer Vision. Los Alamitos: IEEE Computer Society Press, 2011: 543-550.

[36] YANG FAN, JIANG ZHUOLIN, LARRY S D. Online discriminative dictionary learning for visual tracking [C] //IEEE Workshop on the Applications of Computer Vision. Los Alamitos: IEEE Computer Society Press, 2014.

[37] WANG DONG, LU HUCHUAN. Visual tracking via probability continuous outlier model [C] //IEEE Conference on Computer Vision and Pattern Recognition. Los Alamitos: IEEE Computer Society Press, 2014.

[38] 温静，李洁，高新波．张量子空间学习的自适应目标跟踪 [J]．电子学报，2009，37 (7)：1618-1623.

[39] TIANZHU ZHANG, BERNARD GHANEM, SI LIU, et al. Low-rank sparse learning for robust visual tracking [C] // Proceedings of Conference on European Conference on Computer Vision. Florence: Springer, 2012, 470-484.

[40] JOHN WRIGHT, YIGANG PENG, YI MA. Robust principal component analysis: exact recovery of corrupted low-rank matrices by convex optimization [C] //Advance in Neural Information Processing Systems. Vancouver, B. C.: MIT Press, 2009: 2080-2088.

[41] BABENKO B, YANG M H, BELONGIE S. Robust object tracking with online multiple instance learning [J]. IEEE Transactions on Pattern Analysis and Machine Intelligence, 2011, 33 (8): 1619-1632.

第6章 军事侦察与制导典型应用

6.1 红外图像快速超分辨率重建

6.1.1 红外图像样本特性分析

6.1.1.1 红外成像原理

红外线是指波长在可见光及微波之间、频率为 300GHz～430THz 的电磁波。地球上的物体只要温度高于 0K 就会向外辐射红外线。红外线根据波长分为近红外线、短波/中波/长波长红外线及远红外线。

第二次世界大战前后，由于军方需要，各国研发出了可以克服多种天气环境影响的红外热成像技术。该技术的思路是利用成熟的红外成像系统将接收到的红外线进行光电信息转换，再以图像的形式显示在屏幕上，供人们观测及进行后续处理。

虽然现代的可见光成像分辨率已经大大满足人类的需求，但是可见光成像容易受到环境因素的影响，雨雾、夜晚等都会影响可见光成像的探测距离。而基于物体自发特性的红外成像能够克服上述环境因素的影响，因此有着广泛的应用前景。其在军事目标的探测、24 小时全天候视频监控、监控与检测火灾、考古与地质的探测等多个方面都发挥着十分重要的作用。

红外辐射是地球上广泛存在的一种电磁波辐射，它的基本原理是由于目标自身与背景之间存在温度差或者发射率差，而导致可以通过探测到不同的红外线差来发现和识别目标。红外热像仪系统主要是利用光学系统、扫描机构及红外探测器将接收到的红外辐射能量转换到显示器上，如图 6-1 所示。与可见光成像原理不同，红外线不是人眼可以直接看到的电磁波，红外热像仪系统的目的是将反映物体表面温度的分布情况转换成人眼可以观测的图像。图像的内容实际上是反映了目标与背景温度差异的分布。

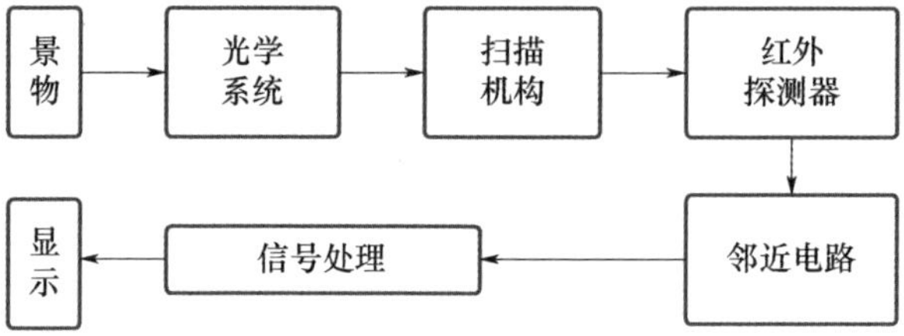

图 6-1　红外热像仪系统组成

在红外探测过程中，目标与背景之间的辐射对比度是基础，它会受天气、季节、时间、距离、方位及地形等环境因素的影响。一般情况下，背景为天空、道路、草地、野外等。针对特定场景的红外目标探测，有时可通过建立相应的背景样本训练，可以更好地实现 SR。此外，目标本身的材料或类别也会影响辐射对比度，因此可以通过建立与目标本身材料或类别相同的红外样本库，然后训练学习其特征，这样能够提供更好的先验信息。

6.1.1.2　建立红外图像样本库

为进一步分析红外图像的特性并给之后的算法研究提供实验数据，本节建立了红外图像的样本库，数据主要来源于公共红外图像数据库、实验室拍摄图像、公开论文使用的数据及网络获取的图像。

1. 公共红外图像数据集

（1）CBSR NIR 数据集：来自中国科学院自动化所生物识别与安全技术研究中心，它是由 197 人的 3940 张图像组成的近红外人脸数据集，尺寸为 640×480。虽然该数据集的建立主要是针对人脸识别，但是可供本节实验作为人脸样本库的建立，以供验证算法是否出现“过拟合”现象。图 6-2 是为几幅来自该数据集的图像展示。

（2）RGB-NIR Scene 数据集：由 9 个类别的 477 幅图像组成，分别以 RGB 和近红外（NIR）的形式采集。这些图像采用改进的单反相机的单独曝光，使用可见光和近红外滤镜拍摄。场景类型包括乡村、田野、森林、室内、山地、古建筑、街道、城市、水等。图 6-3 为几幅来自该数据集的图像展示。

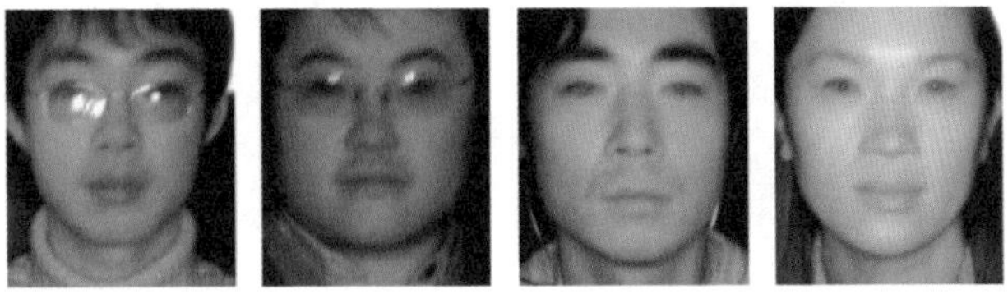

(a) (b) (c) (d)

图 6-2 CASIA NIR 数据集图像展示

(c) (d)

图 6-3 RGB-NIR Scene 数据集图像展示

2. 实验室拍摄的图像

不同于可见光图像数据集的广泛，红外图像数据集较少，而且设备水平方面参差不齐，图像类别比较单一。为了获得更适合本节研究的数据对象，采用本实验室机芯型号为 Flir tau2 640 的红外设备，在室外真实环境、室内模拟环境分别拍摄所需要的目标图像，并建立红外图像数据库。同时，为了研究与减少环境因素对实验结果的影响，在不同的天气条件下（晴天、雨天、阴天、白天、夜晚等）进行拍摄。图 6-4 和图 6-5 展示了本数据集的部分图像。

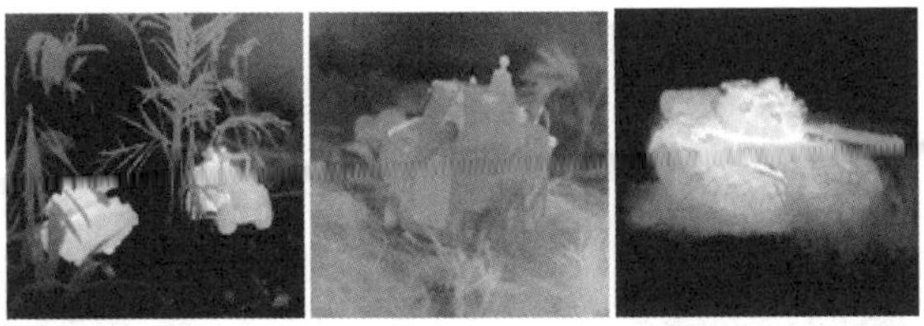

(a) (b) (c)

图 6-4 室内模拟环境拍摄的坦克模型图

(a) (b) (c)

图 6-5　室外环境拍摄的红外图像

3. 公开论文使用的数据

从一些公开发表的关于红外图像处理的论文中获取数据对象，一方面增加了样本库的数据量，另一方面将本节这些数据 SR 后的结果与论文中的结果直观地相比较，验证对方算法的结果，验证本节改进算法的有效性。图 6-6 展示了部分从公开论文中收集的红外图像。

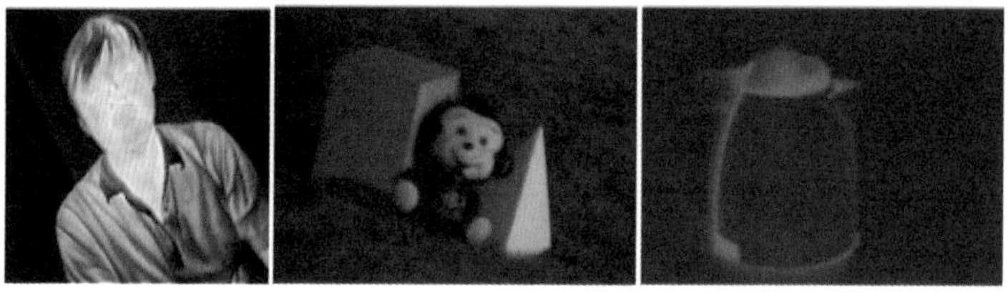

(a) (b) (c)

图 6-6　公开论文使用的红外图像

4. 网络获取的图像

由于信息时代互联网的便捷，通过网络搜索获取图像也是本节收集信息的一个重要途径。本节通过在百度等搜索引擎上输入关键词“红外图像”等，可以获得无版权要求并且符合本书研究内容的样本素材。从网络选取图像的原则是红外设备拍摄的图像、分辨率较高、无压缩编码受损、无版权要求。图 6-7 展示了部分获取的图像。

(a) (b) (c)

图 6-7　网络获取的部分红外图像

本节不是直接将收集获取的红外图像全部归为一个数据集，而是针对不同实验目的有效地将数据集整理、分类及使用。

（1）整理样本。将收集到的红外图像整理，删除重复图像、目标不够明显图像或内容太过杂乱的图像，并对样本来源、样本情况做好记录。

（2）样本分类。为了针对不同类别的样本进行分析，将整理好的样本进行分类。分类方式有依据目标对象、依据天气情况等。依据目标对象分为车辆、人、建筑、道路、植物等。

6.1.1.3 红外图像特性分析

为了之后对红外图像的 SR 重建算法进行研究，基于已经构建的红外图像数据集，本节对红外图像的对比度特性、分辨率特性、噪声特性进行了分析，并且分析了红外图像与可见光图像特性的异同点，为算法样本训练、SR 模型构建提供更坚实的理论基础。

1. 对比度特性

直方图是反映图像对比度情况最直接的方式之一，直方图分布越宽，说明图像对比度越高。例如，针对同一场景昼夜拍摄的 4 幅图像分别进行归一化直方图处理，结果如图 6-8 所示。从各图像直方图的分布可以直观地看出，

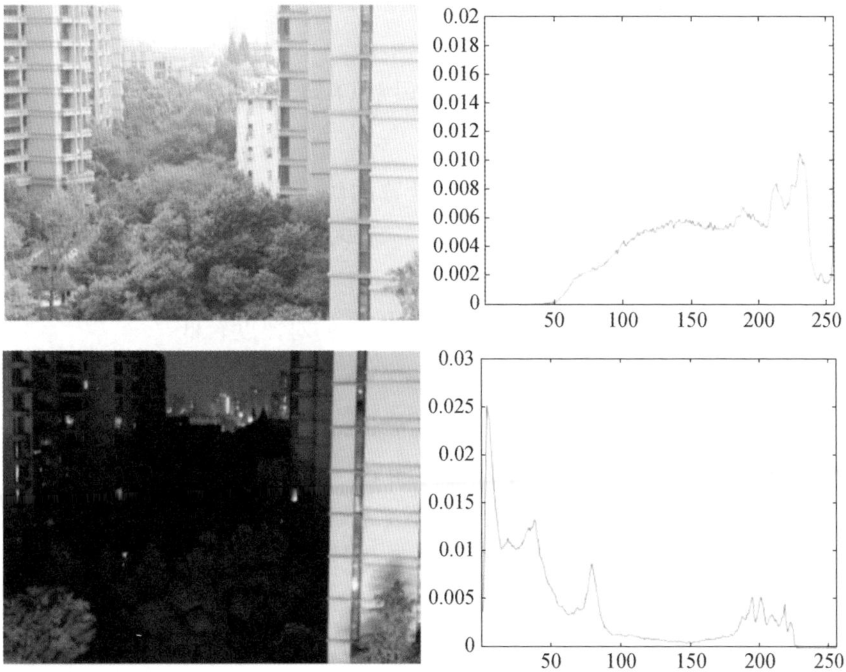

(a)

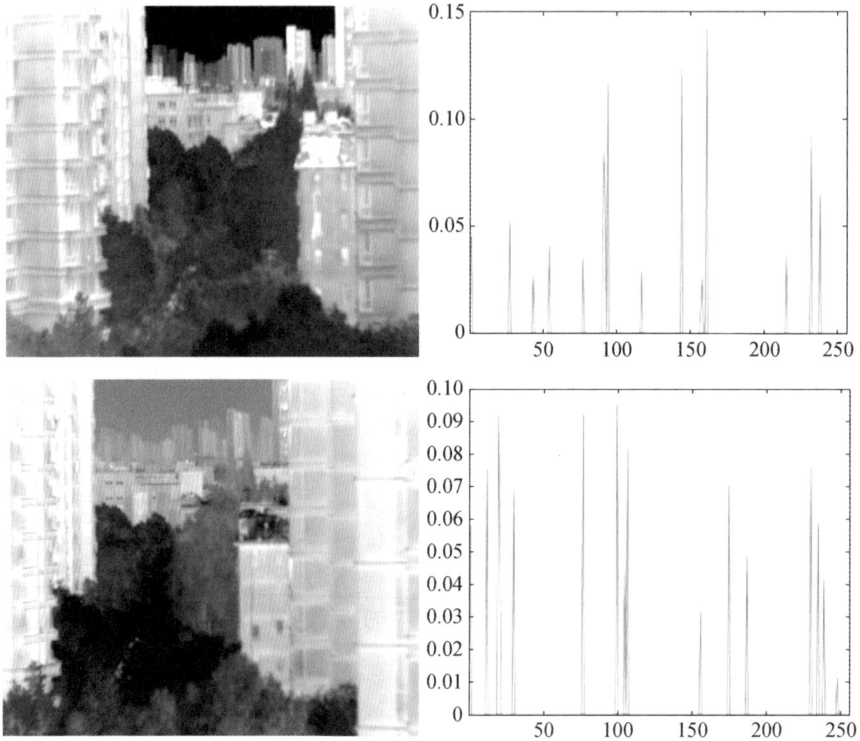

(b)

图 6-8　同一场景的多组图像及其归一化直方图

(a) 可见光系统昼夜拍摄图像及其直方图；(b) 红外系统昼夜拍摄图像及其直方图。

红外图像的直方图是一些类似于冲击函数的集合，反映了它的对比度较低。这是因为自然界的物体无时无刻不在进行着热量的传递，所以相邻物体之间的温度差异不大。而且由于空气也会产生热辐射及吸收，红外成像系统接收到的热辐射已经是衰减过后的，因此红外图像的对比度较低。

2. 分辨率特性

为了满足实际中图像处理与分析的需求，往往需要红外图像的分辨率较高。分辨率是衡量了图像存储信息量的能力，它是指单位英寸包含的像素点数。由图 6-8 可以看出，红外图像的分辨率较可见光图像低，导致图像细节信息丢失较为严重，这显然不能满足应用需求。红外图像分辨率低是由于红外探测器及成像原理造成的，单单通过改进硬件设备条件提高分辨率已经较难实现，因此对红外图像进行超分辨率重建处理，得到高分辨率的图像是一条重要的途径。

3. 噪声特性

在系统成像的过程中，噪声广泛地存在。噪声源来自器件造成的噪声、电流引起的噪声、光子噪声及固定噪声等。图 6-9 是采用实验室设备初次采集图像，由于受到器件本体条带噪声的影响，导致获取的红外图像画面不清晰。对这种图像直接进行超分辨率重建处理，图中大量存在的条纹噪声会影响 SR 重建结果，需要对红外图像的噪声进行预处理。

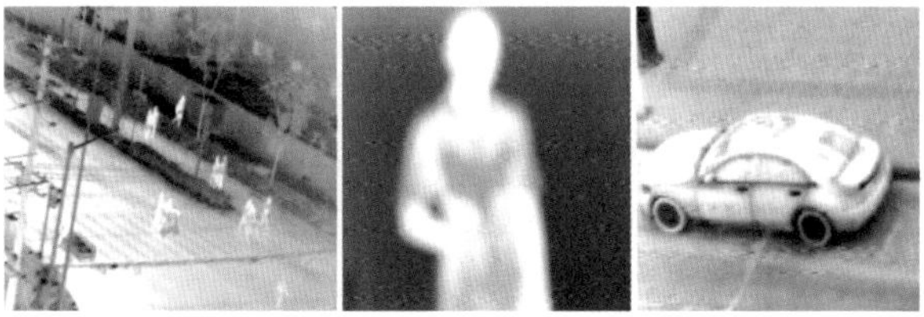

(a) (b) (c)

图 6-9 初次获取的红外噪声图像

4. 分析红外图像与可见光图像特性异同

已知红外成像系统是一种能够将自然界中各个物体的各部分温度差异和发射率转化为电信号，再将电信号转换为人眼可见图像的装置。红外探测器的原理是把从拍摄对象接收到的红外辐射转换成灰度值，然后转化为显示出来的红外图像。其中，灰度值的大小受到红外辐射强度的影响，辐射强度越大的对象，其反映在红外图像中对应部分的灰度值会越大。可见光的成像原理是直接由探测器接收拍摄对象的反射率。虽然二者成像原理不同，但是可见光成像的灰度图与红外图像在显示上有所相似。对于可见光图像的灰度图，灰度值的大小反映的是获取物体可见光的强度。虽然二者灰度值的大小代表的意义不同，但是它们都是单通道的数据格式。与可见光成像相比，虽然红外成像对环境要求更低，但是因为红外图像是探测物体自身辐射的热量，所以往往获得的图像对比度低、信噪比低；且由于受到红外成像系统硬件设备的限制，获取的红外图像分辨率低于可见光图像，目前可获得的红外图像尺寸最大为 640×512。

目前，针对红外图像的特定训练样本库较少，大多数红外图像的超分辨率算法使用的样本库均为可见光图像，或者是可见光图像的灰度图。这是基于可见光图像的灰度图与红外图像实际上是十分相似的，且大多数超分辨率算法均是只对图像的亮度通道进行处理。为了提高训练模型的高效表达能力，不仅建立了红外图像样本库，而且针对红外图像进行样本训练。

6.1.2 多尺度卷积稀疏编码

在实际获取红外图像过程中，当被探测目标与背景的温度差异不大，或者真实目标被伪装目标干扰情况下，低分辨率的图像目标会产生细节丢失，这会降低后续的目标探测与识别精度。为此，本节在卷积稀疏编码超分辨率算法基础上，考虑图像平滑区域的残余高频信息对细节信息重建的有利作用，提出一种基于多尺度卷积稀疏编码（convolution sparse coding，CSC）的快速超分辨率算法。本节提出了一种基于多尺度卷积稀疏编码（convolution sparse coding，CSC）的快速超分辨率算法。

考虑到基于CSC的SR算法，在单尺度下将LR图像分成平滑部分和细节部分，这样在重构时会浪费平滑部分内仍残余的高频信息，提出了多尺度CSC模型。首先将LR图像在每个尺度上进行平滑滤波；然后在平滑部分的下一尺度上再次平滑滤波，最终得到的平滑部分经由双三次插值放大，作为HR图像的平滑部分，每个尺度的细节部分再由提出的SR算法得到相应的HR图像的细节部分；最后重构得到估计的HR图像。此外，由于多尺度CSC的计算量明显增加，为了提高处理速度，利用基于任何给定的不可分离的二维滤波器组均可以近似地认为是相对较少的可分离滤波器的组合的思想，训练和使用较稀疏的滤波器对图像进行处理，并且使用两项惩罚函数来获得更高的计算性能、稀疏性能和重构质量。

图像根据频率分为反映图像边缘纹理细节的高频分量以及反映图像概貌的低频分量，即平滑分量：

$$y = Y_s + Y_r \tag{6-1}$$

式中：y 为LR图像；Y_s 为其平滑分量；Y_r 为除去平滑分量的剩余分量。

在第一个尺度上，为了获取LR图像的平滑分量，需要解决优化问题：

$$\min_{Z} \| y - f^s \otimes Z_y^s \|_F^2 + \gamma \| f^{dh} \otimes Z_y^s \|_F^2 + \gamma \| f^{dv} \otimes Z_y^s \|_F^2 \tag{6-2}$$

式中：γ 为平滑正则项参数，也称为平滑因子，决定了平滑的程度；f^s 为所有系数为1/9的低通滤波器；Z_y^s 为LR图像的低频特征映射；f^{dh}、f^{dv}分别为水平梯度算子和垂直梯度算子［1，1］和［1；1］。可以在傅里叶域求得 Z_y^s 的闭合解

$$Z_y^s = \mathbb{F}^{-1}\left(\frac{\hat{\mathcal{F}}^s \circ \mathbb{F}(y)}{\hat{\mathcal{F}}^s \circ \hat{\mathcal{F}}^s + \gamma \hat{\mathcal{F}}^{dh} \circ \hat{\mathcal{F}}^{dh} + \gamma \hat{\mathcal{F}}^{dv} \circ \hat{\mathcal{F}}^{dv}}\right) \tag{6-3}$$

式中：$\mathbb{F}$、$\mathbb{F}^{-1}$为快速傅里叶变换；“∧”表示复共轭；“∘”表示分量相乘。

图 6-10 为多尺度分解图像示意。于是可以利用 $f^s \otimes Z_y^s$ 得到该尺度的平滑分量，同时作为第二个尺度的分解对象。每个尺度的剩余分量，均由该尺度的分解对象减去该尺度的平滑分量。多尺度迭代过程

$$Y_s^{(k)} = Z_y^{s(k-1)} \otimes L_F(\gamma^{(k-1)}) \tag{6-4}$$

式中：$Y_s^{(k)}$ 表示第 k 步的平滑分量图像，且当 $k=1$ 时，$Y_s^{(0)}=y$；L_F 表示低通滤波器。

式（6-4）表明，由第 $k-1$ 步的低频特征映射与低通滤波器卷积得到下一步的分解对象，且第 k 步的剩余分量

$$Y_r^{(k)} = Y_s^{(k-1)} - Y_s^{(k)} \tag{6-5}$$

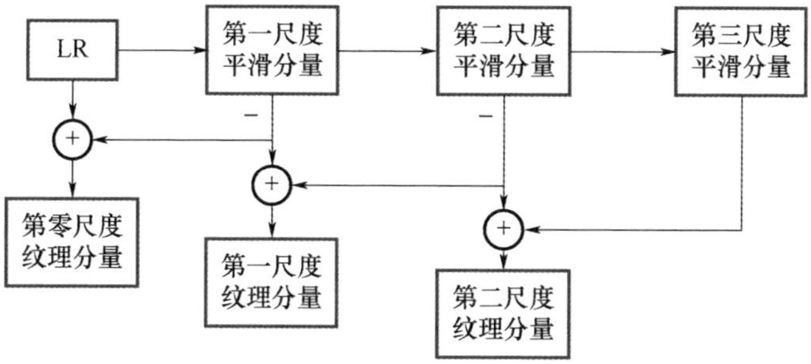

图 6-10　多尺度分解图像示意

重构得到 HR 率图像步骤如下：

（1）双三次插值被用来放大最终尺度的 $Z_y^{s(k)}$，获取 HR 图像低频特征映射 $Z_x^{s(k)}$，则估计的 HR 图像表示为

$$\hat{x} = Z_x^{s(k)} \otimes L_F(\gamma^{(k)}) + Y_r^{(k)} \tag{6-6}$$

（2）对每一尺度的细节纹理分量，均利用学习的一组 LR 滤波器将其分解成 N 个特征映射

$$\min_{Z,f} \| Y_r^{(k)} - \sum_{i=1}^{N} f_i^l \otimes Z_i^{l(q)} \|_F^2 + \lambda \sum_{i=1}^{N} \| Z_i^{l(q)} \|_1$$
$$\text{s.t.} \ \| f_i^l \|_F^2 \leqslant 1 \tag{6-7}$$

式中：$\{f_i^l\}_{i=1,2,\cdots,N}$是 N 个 LR 滤波器；$Z_i^{l(q)}$ 是每一尺度第 i 个滤波器对应的系数特征映射，且 $q\in[1, k]$。对于解决式（5-7）的优化求解过程参见 6.1.3.3 节。

通过 LR 滤波器提取 LR 图像 y 多尺度的细节纹理结构并分解它，得到 LR 特征映射 $\{Z^{l(q)}\}$；然后，HR 特征映射通过 $\{Z^{h(q)}\} = g(Z^{l(q)};W)$ 估计。

HR 输出图像每一尺度的高频纹理结构通过 HR 特征映射和相应的 HR 滤波器卷积求和得到。

（3）重构得到的结果

$$\hat{x} = Z_x^{s(k)} \otimes L_F(\gamma^{(k)}) + \sum_{q=1}^{k}\sum_{j=1}^{M} f_j^h \otimes Z_j^{h(q)} \tag{6-8}$$

6.1.3 平滑约束项与快速可分离滤波器

6.1.3.1 平滑约束项

当满足一定条件时，多尺度 CSC 迭代终止。其中，$\gamma^{(1)}$ 初始值取为 30，设迭代阈值为 ζ，最大迭代次数为 $N_{\max}$。

本节利用平均梯度 G_r 对图像的平滑效果进行评价。平均梯度指的是图像边界的灰度差，可以反映图像相对清晰的程度及对细节的表达能力

$$G_r = \frac{1}{(m-1)(n-1)}\sum_{j=1}^{m-1}\sum_{i=1}^{n-1}\sqrt{\Delta I_x^2 + \Delta I_y^2/2} \tag{6-9}$$

式中：m、n 为图像的尺寸；ΔI_x^2、ΔI_y^2 分别为图像 y 像素的水平及垂直方向的一阶导数。

G_r 值越小，说明平滑越充分。因此，可以计算第 k 步的平均梯度 $G_r^{(k)}$ 与上一步 $G_r^{(k-1)}$ 之差：

$$\Delta G_r = \left| G_r^{(k)} - G_r^{(k-1)} \right| \tag{6-10}$$

当满足条件 $\Delta G_r < \zeta$ 或者 $k > K_{\max}$ 时，迭代终止。

对输入的 LR 红外图像计算不同尺度、不同平滑参数下的 G_r，以验证平滑参数及尺度对图像平滑程度的影响情况。图 6-11 为在尺度 1～尺度 3 下，分别改变平滑参数后 G_r 的变化趋势。可以看出，随着平滑参数的增大，G_r 表现为负指数减少的趋势，也就是平滑效果为对数增加的趋势；同样，在同一平滑参数下，随着尺度的增大，G_r 随之减少，即平滑效果随之增加。

6.1.3.2 滤波器分离

任何一个由大量不可分离的滤波器 $\{f_i\}$ 组成的二维滤波器组 $\{FB\}$，可以近似地认为是一个相对较少数量的可分离滤波器组 $\{S_r\}$ 的线性组合[1-3]，即

$$f_i \approx \sum_{r=1}^{R} \alpha_{tr} S_r \quad (t \in \{1,2,\cdots,T\}) \tag{6-11}$$

式中：$R \ll T$。

假设式（5-11）为等式，则可得

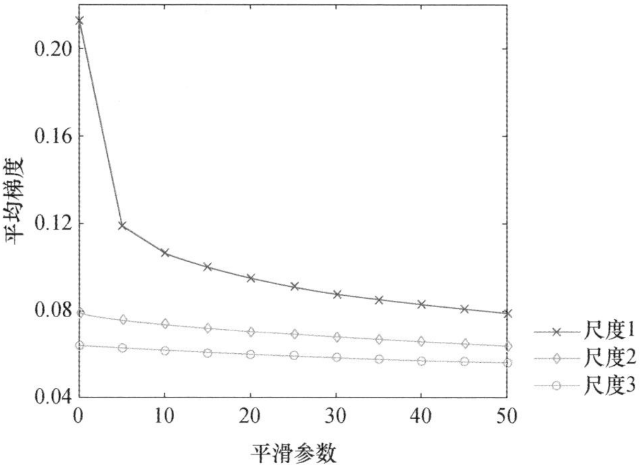

图 6-11 不同尺度与不同平滑参数下的 G_r

$$\sum_{i=1}^{N} f_i \otimes Z_i = \sum_{r=1}^{R} S_r \otimes \left(\sum_{i=1}^{N} \alpha_{ir} Z_i\right) \tag{6-12}$$

式中：等号左边计算量为$O[2\cdot N\cdot(m+n-1)\cdot(m+n-1)\cdot(s\cdot s)]$；等号右边计算量为$O[4\cdot R\cdot(m+n-1)\cdot(m+n-1)\cdot(s\cdot s)+2\cdot N\cdot R(m+n-1)\cdot(m+n-1)]$。

于是，式（6-12）可以写成

$$\underset{\{Z_i\}}{\operatorname{argmin}} \frac{1}{2} \left\| X - \sum_{r=1}^{R} S_r \otimes \left(\sum_{i=1}^{N} \alpha_{ir} Z_i\right) \right\|_F^2 + \lambda \sum_{i=1}^{N} p(Z_i) \tag{6-13}$$

式中：p（•）为二项的惩罚函数，且有

$$p(x) = \alpha \| X \|_1 + \beta\phi_{\text{nng}}(x) \tag{6-14}$$

式中：$\alpha>0$；$\beta>0$；$\phi_{\text{nng}}(x)$ 为与非负代理阈值规则相关的惩罚函数。

为了激励惩罚函数获得更强的稀疏性，对 Z_i 也采用可分离的思想，即

$$\underset{\{v_r\}}{\operatorname{argmin}} \frac{1}{2} \left\| X - \sum_{r=1}^{R} S_r \otimes v_r \right\|_F^2 + \lambda p(v_r) \tag{6-15}$$

式中：$v_r = \sum_{i=1}^{N} \alpha_{ir} Z_i$，可认为是可分离的系数映射；$\{Z_i\}$ 为相对应的不可分离的系数映射。

6.1.3.3 快速卷积迭代求解

CSC 采用滤波器对整幅图像进行特征提取，估计的结果是单值的，而且滤波器全局分解的方式可以实现对整幅图像进行联合优化。虽然这种方法已经应用到信号和图像处理等计算机视觉领域的各类问题，但是相应的最优化

问题的计算量过大，而只能将其限制在较小的信号和图像上。本节采用一种高效的优化计算的方法来提高性能。

在解决式（6-13）时，SA-ADMM 算法的一个子问题在傅里叶域内解决。本章直接利用空间和频域变量的混合来推导出算法，并且使用一个更高效的方法求解线性系统，解决了大部分算法的成本代价。

将式（6-13）与式（6-15）的优化问题写成如下形式：

$$\underset{\{Z_i\}\{v_i\}}{\operatorname{argmin}} \frac{1}{2} \| X - \sum_{r=1}^{R} S_r \otimes v_r \|_F^2 + \lambda \sum_{i=1}^{N} p(Z_i)$$

$$\text{s. t. } v_r - \sum_{i=1}^{N} \alpha_{tr} Z_i = 0 \tag{6-16}$$

SA-ADMM 的子问题

$$\{v_r\}^{a+1} = \underset{\{v_r\}}{\operatorname{argmin}} \frac{1}{2} \| X - \sum_{r=1}^{R} s_r \otimes v_r \|_F^2 + \frac{\rho}{2} \sum_{i=1}^{N} \| v_r - (\sum_{i=1}^{N} \alpha_{tr} Z_i)^{(a)} + b_i^{(a)} \|_F^2 \tag{6-17}$$

$$\{Z_i\}^{a+1} = \underset{\{Z_i\}}{\operatorname{argmin}} \alpha_{tr} \lambda \sum_{i=1}^{N} \| Z_i \| + \frac{\rho}{2} \sum_{i=1}^{N} \| v_r^{(a+1)} - (\sum_{i=1}^{N} \alpha_{tr} Z_i) + b_i^{(a)} \|_F^2 \tag{6-18}$$

$$b_i^{a+1} = b_i^{(a)} + v_r^{(a+1)} - Z_i^{(a+1)} \tag{6-19}$$

式（6-18）可用收缩/软阈值的方法解决：

$$Z_i^{(a+1)} = \mu_{\lambda/\rho}(b_i^{(a)} + v_i^{(a+1)}) \tag{6-20}$$

式中：$\mu_\gamma(u) = \operatorname{sgn}(u) \odot \max(0, |u| - \gamma)$。

这个子问题的计算代价为 $O(N \cdot m \cdot n)$，式（6-17）～式（6-20）计算量最大的是式（6-17）。可以利用 FFT 通过离散傅里叶卷积定理实现卷积。

6.1.4 实验结果与分析

6.1.4.1 算法性能比较

本节所有实验均在操作系统为 Windows 10，CPU 为 3.20GHz 的 Intel Core i5-6500，GPU 大小为 8118MB，内存为 8192MB 的 PC 上运行，编程环境为 Matlab R2014b。

为了验证本节算法的有效性，选取数据集中符合条件的 HR 红外图像通过下采样和高斯模糊仿真 HR 图像退化到 LR 图像的过程，然后对处理后的 LR 红外图像进行超分辨率重建，其中选择双三次插值算法作为对比的基准算法，选择用 PSNR 作为重建图像的质量评价指标。并将本节算法重建结果与 SCSR、

CSCSR、SRCNN 及原始图像进行对比。表 6-1 为 5 组实验的参数设置情况。

表 6-1　5 组实验的参数设置

参数	字典尺寸	放大因子	平滑因子	算法尺度
图像 outside	512	3	30	3
图像 tank	512	3	20	3
图像 street	512	3	30	5
图像 cup	512	2	20	3
图像 person	1024	2	20	3

图 6-12～图 6-15 和表 6-2 为 5 种算法的 SR 重建结果对比。其中，图 6-12 为通用红外图像，为进一步验证本节算法重建效果，图 6-13～图 6-15 为采用本实验室机芯型号为 Flir tau2 640 的红外设备，在室内模拟环境下采集的红外图像数据进行的 SR 重建实验。

从图像直接观察可得，SCSR 重构后图像细节丢失较为严重，比如图 6-13 中坦克的裙带、图 6-14 中树叶的纹理。CSCSR 算法虽然利用了图像一致性约束，使得重建结果在 PSNR 值上较 SCSR 有所提高，但是其重建后的图像边缘出现了振铃效应，如图 6-15 中杯子边缘。SRCNN 超分辨率重建后的结果较 SCSR 及 CSCSR 更优，但是图像对比度有所下降，如图 6-12 所示。相比之下，本节算法重建后的图像不仅对比度较好，而且重构的边缘比其他算法理想、更具有竞争性。

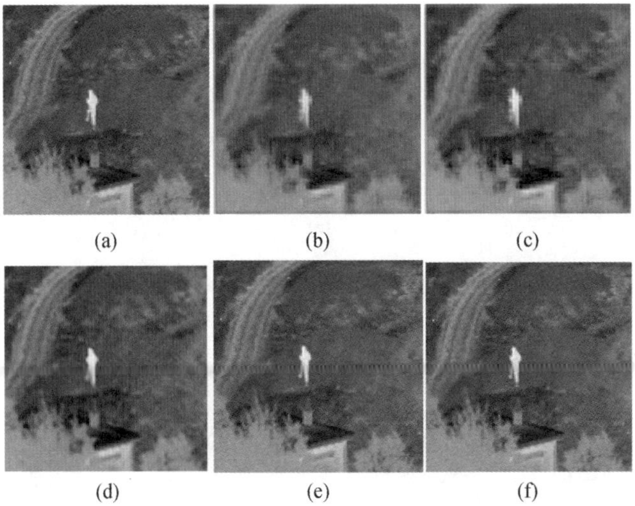

图 6-12　5 种算法对图像 outside 的 SR 重建结果比较

(a) 高分辨率图像；(b) 双三次插值；(c) SCSR；(d) CSCSR；(e) SRCNN；(f) 本节算法。

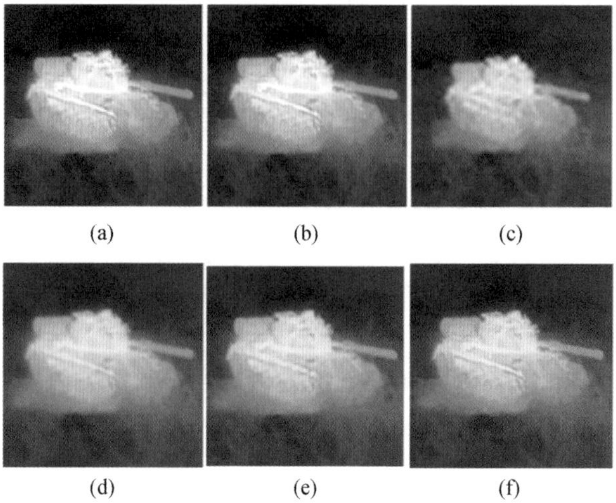

图 6-13　5 种算法对图像 tank 的 SR 重建结果比较

（a）高分辨率图像；（b）双三次插值；（c）SCSR；（d）CSCSR；（e）SRCNN；（f）本节算法。

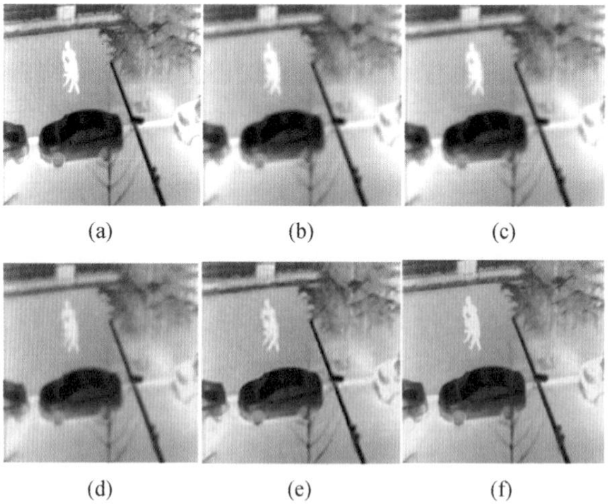

图 6-14　5 种算法对图像 street 的 SR 重建结果比较

（a）高分辨率图像；（b）双三次插值；（c）SCSR；（d）CSCSR；（e）SRCNN；（f）本节算法。

(d) (e) (f)

图 6-15 5 种算法对图像 cup 的 SR 重建结果比较

（a）高分辨率图像；（b）双三次插值；（c）SCSR；（d）CSCSR；（e）SRCNN；（f）本节算法。

表 6-2 5 种算法的 SR 重建 PSNR 结果

图像	双三次插值	SCSR	CSC-SR	SRCNN	本节算法
图像 outside	33.71	35.19	36.82	37.91	38.99
图像 tank	28.91	29.25	29.80	30.12	30.24
图像 street	34.56	36.48	38.17	39.12	39.29
图像 cup	33.92	33.96	33.90	35.46	35.89
图像 person	43.24	43.42	47.97	48.58	49.02

6.1.4.2 图像视觉质量及 SR 运行时间对比

为了更直观地体现多尺度 CSC 快速算法在红外图像的 SR 重建的优异竞争能力，验证本节算法的实用性，选择细节信息丢失比较严重的图像作为测试图像，如第 2、3 组实验中的坦克模拟图，均是采用 6.1.1.2 节中实验室获取数据源的方法。原始获取的低分辨率红外图像不仅对比度低，而且边缘模糊、细节纹理不清楚。而第 1 组实验采用通用性红外图像，用于作为参考实验。除此之外，本节实验还采用时间指标进行各算法效率的衡量。表 6-3 为 3 组实验参数的设置。

表 6-3 3 组实验参数的设置

参数	字典尺寸	放大因子	平滑因子	算法尺度
第 1 组	512	2	30	3
第 2 组	1024	2	20	3
第 3 组	1024	2	30	5

图 6-16 为 5 种算法的 SR 重建结果对比，表 6-4 为各算法时间对比。从图 6-16 可以看出，双三次插值算法得到的图像在放大图像尺寸的同时并没

有改善图像细节，而且重建后的图像轮廓仍然模糊。相比于CSCSR算法，SCSR算法得到的图像重建后图像的噪点比较少，但是边缘不明显，且从表6-4可以看出，该算法时间复杂度更高；CSCSR算法虽然在时间上较SC-SR有所提高，但是其重建后，图像对比度低，边缘存在明显的振铃效应，重构的图像不够理想。SRCNN算法重建效果较好，但是当原始LR图像细节丢失较为严重时，如图6-16（b）、（e）所示坦克模型的边缘、背景的纹理，SRCNN重建后在细节改善方面没有体现太大的优异性能。相比之下，本节算法不仅时间复杂度较低，而且重构得到的图像较其他算法视觉质量更高、效果更好，细节恢复比较理想，如图6-16（b）、（c）所示坦克模型的边缘、植物边缘等。

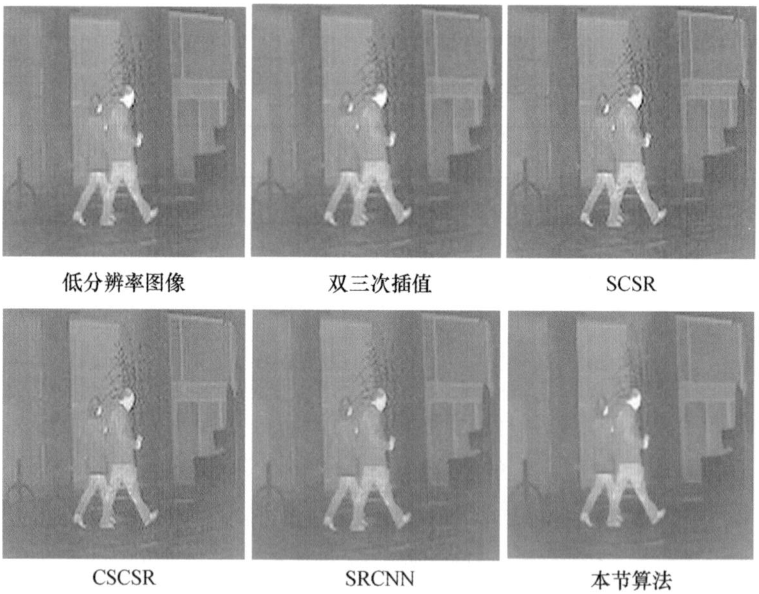

(a)

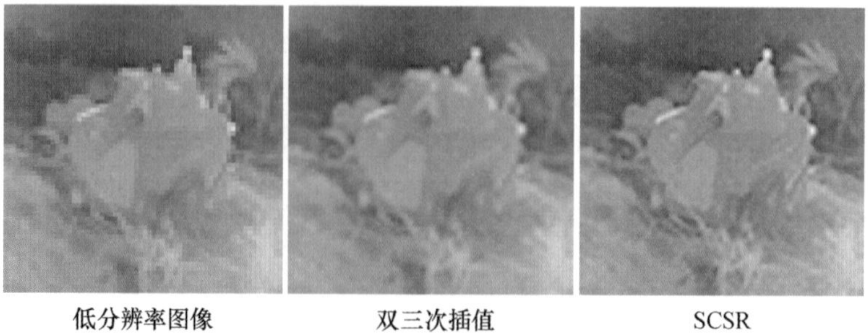

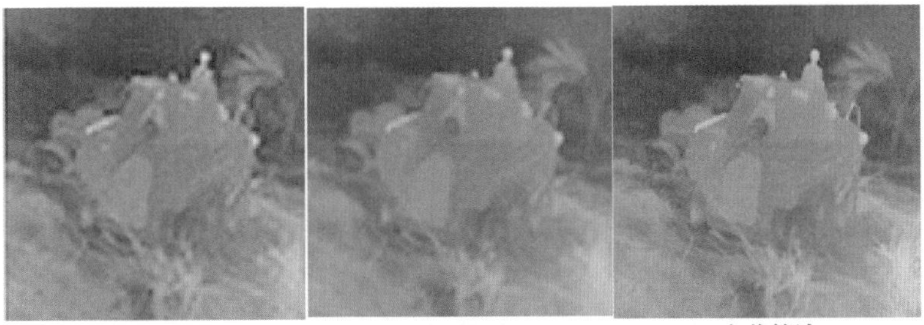

CSCSR　　SRCNN　　本节算法

(b)

CSCSR　　SRCNN　　本节算法

(c)

图 6-16　4 种算法对 LR 图像的 SR 重建结果

表 6-4　组图像不同算法的时间对比　　　单位：s

图像	SCSR	CSC-SR	多尺度卷积	快速多尺度卷积
图 6-16（a）	135.0720	48.0550	131.6660	41.2765
图 6-16（b）	13.6840	8.3418	25.8209	7.1568
图 6-16（c）	14.9563	8.2429	26.6488	7.3125

在对基于卷积稀疏编码的 SR 算法研究的基础上，针对输入的红外图像细节丢失严重，提出了一种基于多尺度 CSC 的快速 SR 算法。

首先提出了多尺度卷 CSC 模型，将输入的低分辨率图像进行多尺度的平滑滤波，得到多个尺度的细节纹理分量及最终的平滑分量。每一尺度的细节纹理分量是由上一尺度的平滑分量减去当前尺度的平滑分量得到的。然后将最终得到的平滑分量经由双三次插值放大作为输出图像的平滑部分。其中，每个尺度的细节部分利用LR和HR特征映射之间的映射函数建立关系，再通过叠加每个尺度的HR滤波器及其对应的HR特征映射卷积后求得输出图像的高频纹理结构。

其次为了降低计算复杂度，采用可分离滤波器的思想。将原本复杂的滤波器利用较少可分离的滤波器线性表示，并且优化SA-ADMM算法迭代过程。

实验结果表明，同双三次插值、SCSR、改进前的CSCSR及SRCNN算法相比，本节算法在重建效果上更优，边缘细节信息保留更充分。从PSNR评价指标上可以看出，本节算法PSNR值更高，说明算法性能更好。最后，输入细节丢失比较严重的低分辨率图像时，本节算法展现出了优秀的恢复细节及边缘的能力。

6.2 炮弹炸点检测应用

毁伤评估是信息化条件下联合火力打击“侦察—决策—打击—评估”链路的基本环节，是科学筹划火力打击力量、决策后续打击行动以及制定火力毁伤补充计划的重要依据，是科学配置火力资源的基础和优化火力打击效能的保证。侦察图像是毁伤评估的主要信息来源，基于侦察图像的毁伤评估是火力毁伤评估的主要手段，具有客观和准确的优点。利用炸点信息进行火力毁伤评估是切实可行的方法，如果能从侦察图像中检测到炸点，则可辅助完成打击目标的火力毁伤评估。因此，如何在视频（图像）中检测炸点是基于图像的火力毁伤评估方法的关键。

考虑到炸点在视频图像中具有连续变化的特性，将炸点检测视为运动目标检测问题，提出了基于主分量寻踪与分析的炮弹炸点检测方法。该方法的基本思路是将炮弹炸点检测分成前景恢复和炸点检测两个阶段，首先利用主成分追踪从序列图像中恢复出前景图像序列，然后利用主成分分析提取前景序列中候选目标的运动特征实现炮弹炸点检测。

6.2.1 检测方法框架

Pearson 于 1901 年提出的主成分分析方法已作为经典的数据处理方法广泛应用于机器学习、计算机视觉、自然语言处理、统计学等领域。虽然获得了广泛的成功，该方法对噪声的鲁棒性不佳一直是该方法的主要缺陷之一：即使是单像素的大噪声，也会引起主成分分析的解离真实的解差距很大。为了解决这个问题，Candes 等于 2009 年提出了鲁棒主成分分析方法。该方法的基本思想是将观测矩阵 $\boldsymbol{B}$ 分解为低秩矩阵 $\boldsymbol{L}$ 与稀疏矩阵 $\boldsymbol{S}$ 和的形式，其中矩阵 $\boldsymbol{S}$ 对应稀疏异常噪声，矩阵 $\boldsymbol{L}$ 包含数据的内蕴信息。该方法的数学模型为

$$\begin{gathered}\arg\min_{\boldsymbol{L},\boldsymbol{S}} \|\boldsymbol{L}\|_* + \lambda \|\boldsymbol{S}\|_1 \\ \text{s. t.}\ \boldsymbol{B} = \boldsymbol{L} + \boldsymbol{S}\end{gathered} \tag{6-21}$$

式中：$\|\cdot\|_*$ 为核范数，即矩阵的奇异值之和；$\|\cdot\|_1$ 为 l_1 范数，即矩阵元素的绝对值之和。

根据视频图像连续帧之间具有的灰度相关性，另外考虑到实际应用中存在测量噪声，利用鲁棒主成分分析方法实现对存在测量噪声的视频图像数据矩阵的低秩与稀疏恢复。其中，低秩部分对应背景信息，稀疏部分包含目标信息。为提高目标检测的准确性，考虑炮弹在爆炸过程中炸点的形态发生连续变化，在序列帧中表现为目标的位置向量形成线性的运动轨迹，由于主成分分析可以提取目标的运动特征，因此基于主分量寻踪与分析的炮弹炸点检测方法分为两步：第一步利用矩阵低秩稀疏分解算法进行前景提取；第二步利用主成分分析从前景图像中检测出炮弹炸点。该方法的流程如图 6-17 所示。

前景恢复阶段任务是检测出候选目标，即所有的运动目标。首先利用 PCP 对炸点图像序列构建的矩阵 $\boldsymbol{D}$ 进行低秩与稀疏恢复，由于运动目标（包括炸点和由于摄像机抖动而导致背景变化的区域）在 $\boldsymbol{D}$ 中具有稀疏性，因此恢复的稀疏矩阵就是包含运动目标的前景图像序列，然后对前景图像序列分别进行自适应阈值分割和膨胀处理即可得到运动目标检测结果，也称为候选目标检测结果。

候选目标可能是炸点目标，也可能是变化的背景区域，因此还需要从候选目标中将炸点检测出来，这也正是炸点检测阶段的任务。因为炮弹炸点在图像序列中的运动具有连续性，而变化的背景区域则没有这一特点，所以可利用目标的运动特征来判定炸点。具体流程是：首先建立候选目标的运动轨迹；其次对每一个候选目标的运动轨迹分别进行 PCA，计算它们的运动特征值；最后根据运动特征值的大小判定候选目标是否为炸点。

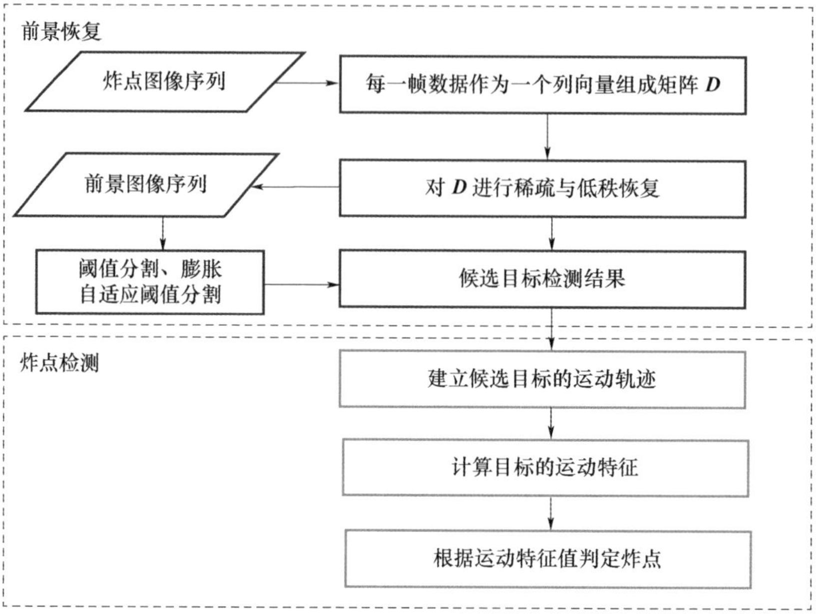

图 6-17　基于主成分分析与寻踪的炮弹炸点检测流程框图

6.2.2　基于 PCP 的前景恢复

定义观测矩阵 $\boldsymbol{D}=[I_1,\cdots,I_k,I_{k+1},\cdots,I_n]\in\mathbb{R}^{m\times n}$，其中，$I_i\in\mathbb{R}^m(i=1,\cdots,n)$ 为一帧图像按列存储。I_1，…，I_k 为炸点爆炸前的背景图像，I_{k+1}，…，I_n 为被检测的连续帧图像。则 $\boldsymbol{D}$ 可以分解成低秩矩阵 $\boldsymbol{A}$ 和稀疏矩阵 $\boldsymbol{E}$，即 $\boldsymbol{D}=\boldsymbol{A}+\boldsymbol{E}$，如图 6-18 所示。$\boldsymbol{A}$ 对应背景图像，由于背景图像之间具有较强的灰度相关性，因此 $\boldsymbol{A}$ 具有低秩性；$\boldsymbol{E}$ 对应前景图像，即序列图像中变化的区域，由于摄像机和炮弹爆炸位置之间有一定的距离，炮弹炸点在图像中的成像只占很小的一部分像素，且炸点在相邻帧中是变化的，因此对于 $\boldsymbol{D}$ 来说，炸点区域具有稀疏性。

在信号采集中，噪声不可避免，因此应考虑噪声的影响。结合式（6-21）对模型进行改进，加入噪声矩阵 $\boldsymbol{Z}$，对应测量噪声，则 $\boldsymbol{D}$ 可以分解成三个部分：

$$\boldsymbol{D}=\boldsymbol{A}+\boldsymbol{E}+\boldsymbol{Z} \tag{6-22}$$

由于成像机制本身的制约，测量噪声分布在每一个像元，但其能量有限。式（6-22）可以看作如下优化问题：

$$\arg\min_{\boldsymbol{A},\boldsymbol{E}} \|\boldsymbol{A}\|_* + \lambda \|\boldsymbol{E}\|_1$$
$$\text{s.t.} \quad \|\boldsymbol{D}-\boldsymbol{A}-\boldsymbol{E}\|_F \leqslant \delta \tag{6-23}$$

式中：$\|\boldsymbol{A}\|_*$、$\|\boldsymbol{E}\|_1$、$\|\boldsymbol{D}-\boldsymbol{A}-\boldsymbol{E}\|_F$ 分别为矩阵的核范数、l_1 范数和 Frobenius 范数；λ 为平衡因子 $\lambda=\max(m, n)^{-1/2}$。利用 APG 算法求解式（6-23）。

利用式（6-23）对炮弹炸点图像序列 $\boldsymbol{D}$ 进行低秩与稀疏恢复，得到的稀疏矩阵 $\boldsymbol{E}$ 就是前景序列图像，其中包含炸点目标，对前景序列图像进行自适应阈值分割、膨胀处理后可得到目标检测结果。

图 6-19 给出了利用上述方法进行前景恢复的实验结果，在该实验中观测矩阵 $\boldsymbol{D}$ 的构造参数 n 和 k 分别为 15、10。图 6-19（a）为待检测图像序列，图 6-19（b）为图 6-19（a）的前景恢复结果，图 6-19（c）为图 6-19（b）进行自适应阈值分割后的候选目标检测结果。从图 6-19（c）以看出，炸点目标区域不完整，存在断裂的情况，这会影响炸点检测的精度，因此需要利用膨胀操作将断裂的目标区域进行连接。图 6-19（d）给出对图 6-19（c）进行膨胀处理后的候选目标图像，可以看出膨胀操作使炸点目标连接成较完整的区域。

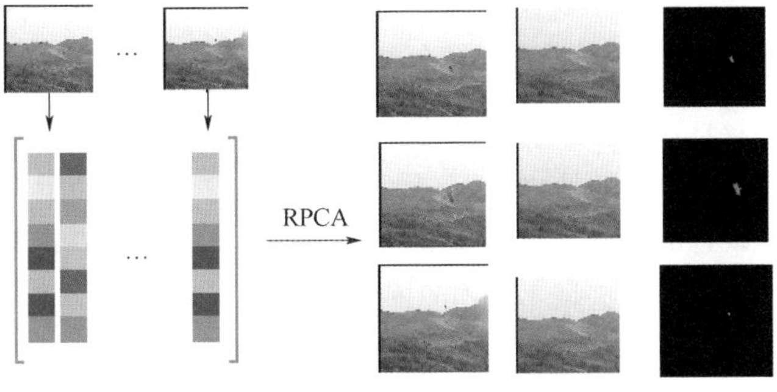

图 6-18　基于低秩与稀疏分解的前景恢复

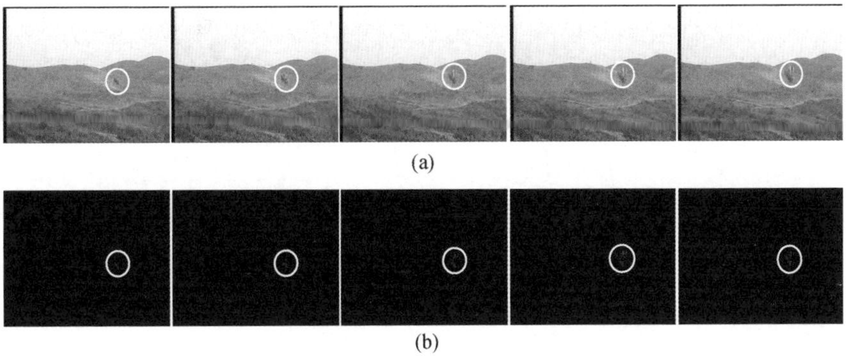

(c)

(d)

图 6-19　候选目标检测结果

(a) 原始图像；(b) 前景图像；(c) 分割结果图像；(d) 膨胀结果图像。

6.2.3　基于 PCA 的目标检测

从如图 6-19（d）所示的运动目标检测结果可看出，通过前景恢复不但分割出了炸点目标，而且分割出了其他变化区域。这是由于变化的背景区域也具有稀疏性，而被作为稀疏误差恢复到稀疏矩阵中所导致的，因此，在前景恢复的基础上还需要做进一步判决来检测炸点目标。炮弹炸点在序列帧中的运动具有连续性，在视频采集频率足够高的条件下，可将炸点在连续 4～5 帧的运动近似为线性模型，所以在时空三维空间中，图像序列中炸点的位置向量会形成近似线性的运动轨迹，如图 6-20（a）所示。但是，由随机噪声或相机的抖动产生背景变化区域不具有这种特性。基于炮弹炸点轨迹的这一性质与其他候选目标轨迹的不同，可以将炮弹炸点与其他候选目标分开，为此，定义运动轨迹的线性度和运动方向两个特征。

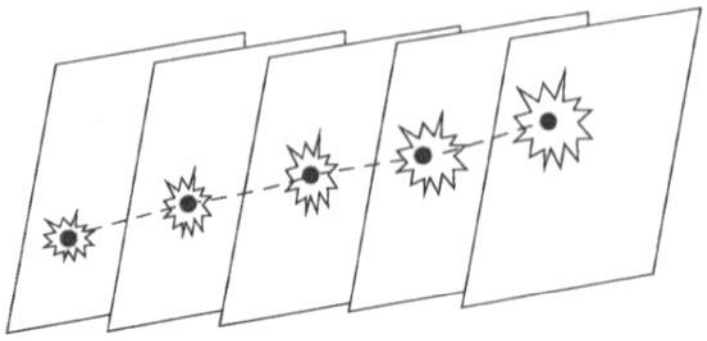

(a)

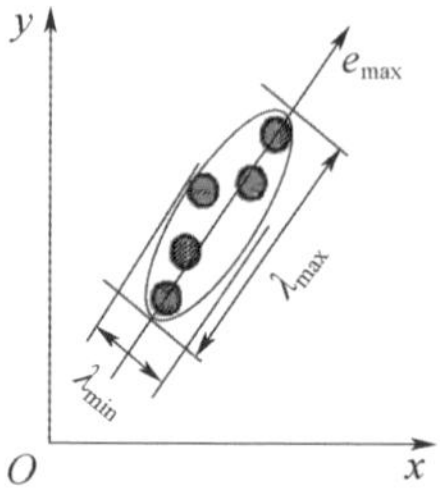

(b)

图 6-20　炸点运动轨迹

(a) 运动轨迹；(b) 运动轨迹主轴。

（1）目标线性度定义为目标运动轨迹短轴与长轴之比。设目标运动轨迹的短轴为 s，长轴为 l，则目标的线性度为

$$\sigma=\frac{s}{l} \tag{6-24}$$

（2）目标的运动方向定义为目标轨迹的长轴方向与 x 轴（横轴）方向的夹角。设长轴方向为向量 $\boldsymbol{v}$，x 轴方向为 $x=[1,\ 0]^{\mathrm{T}}$，则目标的运动方向为

$$d=\operatorname{arcsc}\frac{\boldsymbol{v}^{\mathrm{T}}\times x}{\|\boldsymbol{v}\|\times\|x\|} \tag{6-25}$$

利用 PCA 可以求得目标轨迹的短轴、长轴以及长轴方向，进而计算出目标的线性度和运动方向两个特征值，最后根据特征值的大小判定候选目标是否是炸点。综上所述，可建立基于 PCA 的炸点检测算法，如表 6-5 所列。

表 6-5 基于 PCA 的炸点检测算法

输入：候选目标的运动轨迹；

输出：检测结果。

步骤 1. 读取第 i 个候选目标的运动轨迹 $\boldsymbol{P}_i=[x^{1i},x^{2i},\cdots,x^{ti}]$；

步骤 2. 求解 $\boldsymbol{P}_i$ 的协方差矩阵 $\boldsymbol{C}_i$，并计算 $\boldsymbol{C}_i$ 的两个特征值 $\lambda_{\min}$ 和 $\lambda_{\max}$（$\lambda_{\min}<\lambda_{\max}$）及特征向量 $\boldsymbol{e}_{\min}$ 和 $\boldsymbol{e}_{\max}$（其含义如图 6-20（b）所示），令 $s=\lambda_{\min}$，$l=\lambda_{\max}$，$v=e_{\max}$；

步骤 3. 利用式（6-23）和式（6-24）分别计算目标的线性度 σ 及目标的运动方向 d；

步骤 4. 如果 $\sigma\leqslant\varepsilon$ 且 $t_1<d<t_2$（$\varepsilon=0.45$，$t_1=\pi/6$，$t_2=5\pi/6$），则判断为第 i 个候选目标为炸点。

其中，基于 PCA 的炸点检测算法中候选目标的运动轨迹建立过程如表 6-6 所列。

表 6-6 候选目标的运动轨迹建立过程

输入：候选目标的运动轨迹；

输出：检测结果。

步骤 1. 顺序访问第一帧候选目标检测图像中的候选目标，初始化候选目标的运动轨迹 $\boldsymbol{P}=[\boldsymbol{P}_1,\ \boldsymbol{P}_2,\ \cdots,\ \boldsymbol{P}_n]$，其中 $\boldsymbol{P}_i=[x_i^1](i=1,\cdots,n)$，$x_i^1=[x_i^1,y_i^1]^{\mathrm{T}}$ 为第 i 候选目标在第 帧图像中的位置向量。对第 $k(k=1,\cdots,t)$ 帧候选目标检测图像，执行步骤 1。

步骤 2. 在轨迹 $\boldsymbol{P}$ 的空间邻域 $N=\{x\mid(x-x_i^{k-1})\leqslant r\}$ 中搜索目标，r 为区域 N 的半径。若在 N 中不存在候选目标，则将 $\boldsymbol{P}_i$ 删除；若存在候选目标，则将与 x_i^{k-1} 最近邻的候选目标的位置向量加入到 $\boldsymbol{P}_i$ 中。

表 6-7 给出了图 6-20 中炸点的运动轨迹及其运动特征值，该炸点形成的运动轨迹是一条垂直于横坐标且向上运动的直线，因此其线性度和运动方向两个特征值均满足炸点的判断条件。

表 6-7　炸点的运动轨迹和特征值

炸点属性	炸点目标				
	第 1 帧	第 2 帧	第 3 帧	第 4 帧	第 5 帧
位置	(239，129)	(239，132)	(239，136)	(239，138)	(239，140)
运动轨迹	$\begin{bmatrix} 239 & 239 & 239 & 239 & 239 \\ 129 & 132 & 136 & 138 & 140 \end{bmatrix}$				
线性度	0				
运动方向/(°)	90				

6.2.4 实验与分析

为了验证基于主分量寻踪与分析的炮弹炸点方法的有效性，对 100 组不同背景、不同形状的真实炸点图像序列进行测试。实验数据（大小为 352×288 的 256 级灰度图像序列）是利用可见光摄像机在晴好天气下获取的，采集的帧频为 24 帧/s，水平视场角和垂直视场角分别为 14.5°、10.9°，炮弹爆炸位置（检测目标）距离观察所（摄像机所在位置）为 1.5～2.5km，目标尺度变化范围为 5×5～15×15 像素。

图 6-21 给出了基于主分量寻踪与分析的炮弹炸点方法的结果，无论是在简单背景下还是在复杂背景下的炸点均能准确检测，具有较好的通用性。这是因为该方法充分利用了静态背景下视频序列的低秩性，利用 PCP 将前景图像从序列中恢复出来，并利用 PCA 提取炮弹炸点的运动特征实现检测，从而避免了背景的干扰。

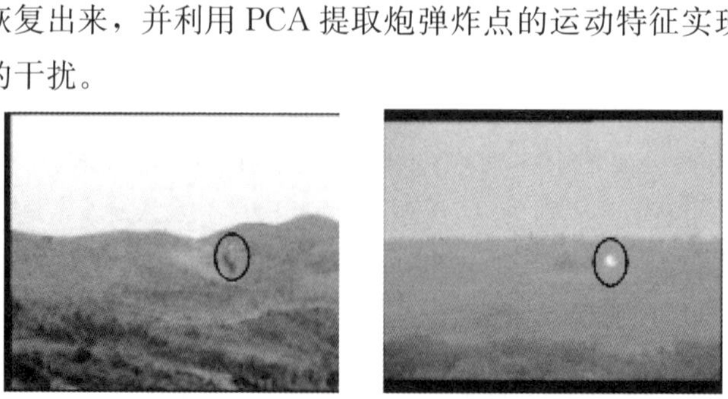

(a)　　　　(b)

(c) (d)

图 6-21 基于主分量寻踪与分析的炮弹炸点方法的结果

基于主分量寻踪和分析的炮弹炸点检测方法根据静态背景序列图像的灰度相关性，利用 PCP 方法恢复前景图像序列，从中检测出候选目标，候选目标除炮弹炸点外，还可能是背景的变化区域，利用经典的 PCA 方法提取目标运动轨迹线性度特征和运动方向特征，由于炸点与背景变化区域的运动特征之间存在较大差异，根据特征值的大小即可实现炮弹炸点检测。实验表明，基于主分量寻踪与分析的炮弹炸点方法在检测准确率、误检率方面均具有较好的性能，为提高检测速度，在运动目标检测阶段可以考虑采用更快速的低秩与稀疏恢复方法或采用并行算法。

6.3 无人机成像对地目标跟踪概述

6.3.1 无人机成像目标跟踪的特点与难点

6.3.1.1 无人机成像目标跟踪的特点

目标跟踪在视觉制导中具有重要应用。视觉制导（主要包括电视制导和红外制导）是精确制导武器中常用的末制导方式，它利用视频相机获取目标的视频信息，并利用视频信息检测、跟踪目标，从而形成控制信号，以控制和导引制导武器飞向目标。在无人机成像平台下的目标跟踪具有以下特点：

（1）成像平台具有运动性；

（2）由于无人机体积较小，机动性强，易受风、气流等天气因素的影响，导致其运动具有强烈的不稳定性；

（3）无人机主要用于地空攻击，攻击目标的背景为地面背景，所以目标的背景较复杂；

（4）跟踪目标为静止目标或运动目标；

（5）由于无人机易受风和气流等天气因素的影响，使得其末端制导时间相对较长，因此其目标跟踪时间较长。

6.3.1.2 无人机成像目标跟踪的难点

由于无人机视觉制导的特殊性与战场环境的复杂变化等因素，使得其视觉目标跟踪难度进一步增大。由上述无人机视觉制导的特点可知，其视觉目标跟踪的难点主要包括复杂的动态背景、目标的非线性运动、目标的畸变、目标的大尺度变化、光照变化和实时性要求等几个方面。

1. 复杂的动态背景

一方面目标背景为地面背景，地面背景的复杂性导致目标图像背景的复杂性，如斑状背景、条纹状背景或者其他多种无规则噪声背景；另一方面成像平台的运动以及目标的运动使得目标背景具有动态性，复杂的运动背景为目标跟踪的鲁棒性和准确性带来了困难。

2. 目标的非线性运动

由于无人机在末制导阶段运动的复杂性以及打击目标的运动，导致目标在图像中表现为强烈的非线性运动，其动力学模型复杂。目标强烈的非线性运动增加了目标搜索的时间（目标状态空间变化较大），导致视觉跟踪实时性较难。

3. 目标的畸变

由于成像平台的机动或者目标的大机动变化，可能会导致目标发生旋转、平移、缩放等几何畸变，使得目标的外形、大小及角度发生一定的变化，从而影响其视觉特征的变化，对目标跟踪算法的鲁棒性和准确性提出了要求。

4. 目标的大尺度变化

虽然无人机与其他制导平台（如视觉制导导弹和视觉制导炮弹）的末制导均具有由远及近的特点，但是与导弹和炮弹不同，由于无人机易受风和气流等因素的影响，其末制导时间更长，甚至要求直至击中目标，这样的特点导致目标的尺度变化更大。目标大尺度的变化，一方面会引起目标原始图像特征的消失和新的图像特征出现，另一方面会给视觉跟踪的实时性带来难度，这些问题均为视觉跟踪算法带来较大困难。

5. 光照变化

由于成像距离与天气的变化，导致光照的变化较大。光照的变化会引起目标的图像特征的变化，从而很难将这些变化与图像中由于新的目标出现引起的变化加以区分，致使算法性能下降。

6. 实时性要求

跟踪系统的输出结果将作为引导参数形成控制信号，控制并导引无人机飞向目标。要求图像跟踪系统必须有较高的实时性，对视觉跟踪算法的实时性要求很高。

6.3.2 自主攻击无人机工作过程

自主攻击无人机工作过程如图 6-22 所示。无人机起飞后，由操控手操控无人机在空中盘旋飞行，当无人机爬升至预定高度时，切换到自航状态；无人机按照预编航线飞往目标区，到达目标区后，开始巡航和搜索目标，在这一阶段，无人机依靠 GPS 和惯性元件进行导航。地面站操作手根据无人机传回的视频图像搜索、判断目标，当确认目标后，发送目标跟踪指令，并通过无线链路上传给无人机视觉导引分系统。当视觉导引分系统锁定后，进入攻击状态，利用视觉导引分系统得到的目标位置偏差引导无人机攻击目标。无人机在触地时解除保险，并触发战斗部。如果在攻击过程中目标消失，或无人机图像引导失锁，则解除攻击状态，重新进入巡航并继续搜索目标。

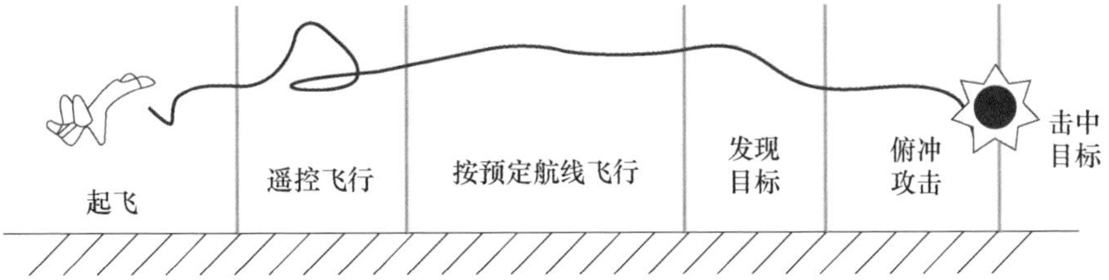

图 6-22 自主攻击无人机工作过程

6.3.3 无人机成像对地目标跟踪系统组成

6.3.3.1 系统硬件组成

自主攻击无人机视觉导引系统主要完成末端精确制导功能。为产生精确制导指令，需要攻击目标的位置偏差信息，该信息由视觉制导系统产生。自主攻击无人机视觉导引系统主要由机载导引分系统、机载无线电设备和地面图像站三部分组成，该系统的硬件组成如图 6-23 所示。机载导引分系统用于视频图像采集和视觉跟踪，给出目标与光轴的偏差数据，供飞行控制系统控制无人机飞行。机载导引分系统的硬件设备主要包括CCD相机、高性能计算单元DSP和机载无线电设备等。无线电设备是无人机与地面图像站通信的关键设备，主要执行视频图像传输、制导控制指令传输、目标图像模板传输等任务。地面部分主要包括图像站和地面天线等。图像站的主要功能是接收视频图像、制导指令的发送、攻击目标模板图像的生成和模板的发送等。

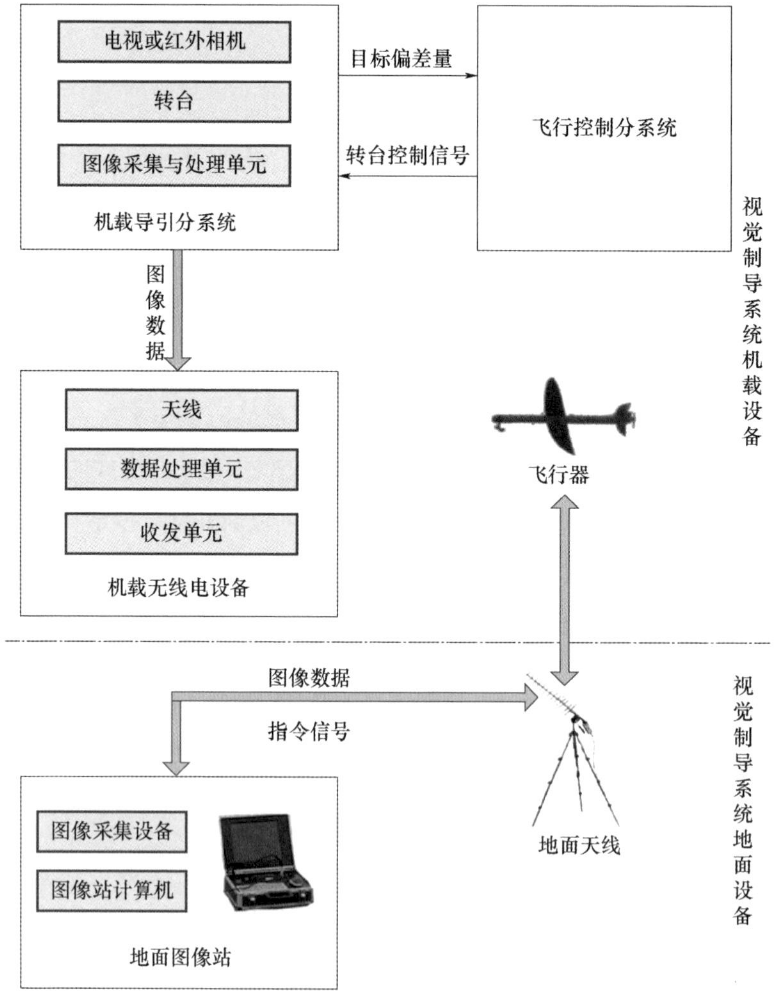

图6-23 自主攻击无人机视觉导引系统硬件组成

6.3.3.2 系统的软件组成

本节建立了自主攻击无人机视觉导引软件系统，该软件系统主要包括图像采集跟踪模块和地面图像站模块两个部分，其软件系统的组成如图6-24所示。

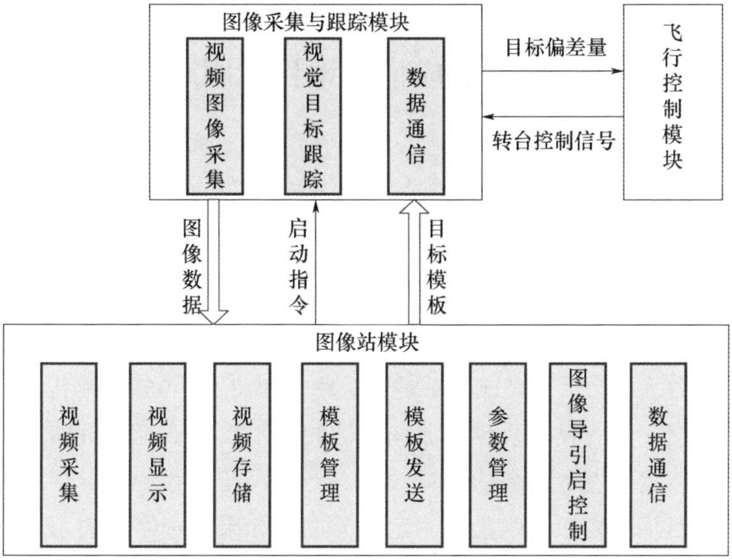

图 6-24　短程攻击无人机视觉导引系统软件组成

图像采集跟踪模块在机载 DSP 中实现，主要有图像的采集、视觉目标跟踪和数据通信三个功能。图像采集跟踪模块的核心是视觉目标的跟踪，该过程的算法原理与流程将在 6.5 节进行详细论述。地面图像站模块主要完成视频数据的采集、显示和存储，以及模板的生成与管理、模板的发送、参数的设置、机载图像导引的启动与关闭功能。这一部分中较为重要的是模板的管理，主要完成打击目标图像模板的产生与存储。为了增加战术应用的灵活性，打击目标图像模板的生成设计有两种方式：一是通过预先侦察获取目标图像，然后选取目标模板进行目标跟踪测试，从中选出质量较好的模板；二是在攻击的过程中，利用人机交互实时选取攻击目标模板。图 6-25 为地面图像站的软件界面。

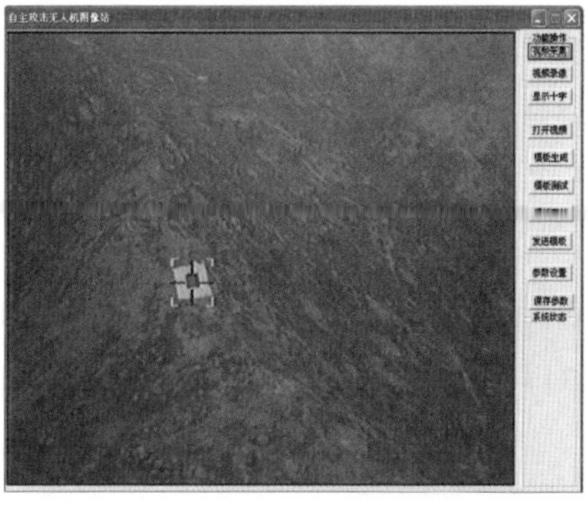

图 6-25　地面图像站的软件界面

6.4 无人机成像对地目标跟踪方法

6.4.1 两阶段稀疏表示模型

在 L_1 跟踪中，目标字典表示系数的稀疏性约束使与候选目标最相似的字典基元起到表示效果，并排除了相似度较低的字典基元的干扰，但其求解过程的计算量较大，会严重影响跟踪速度。由文献［4］可知，相比于稀疏性约束，对非正交字典的表示系数施加稠密性约束不仅能保证良好的人脸识别效果，而且可以提高表示系数的计算效率。但在跟踪过程中目标字典中的各个基元与候选目标的相似程度是有一定差异的，如果目标字典表示系数被施加了稠密性约束，也会引入相似度低的字典基元起到表示作用，造成跟踪精度下降的情况。

基于此，受文献［5］的启发，本节对目标字典表示系数施加局部性约束。局部性约束可以保证与候选目标越相似的字典基元起到的作用越显著，不仅能缓解相似度低的字典基元的表示干扰，而且能提高目标字典表示的灵活性，并且其求解结果为闭合解，这样就兼顾了稀疏性和稠密性的优点，在保证鲁棒性的同时，实现了跟踪速度的提高。稀疏性、稠密性和局部性的对比关系如图 6-26 所示。

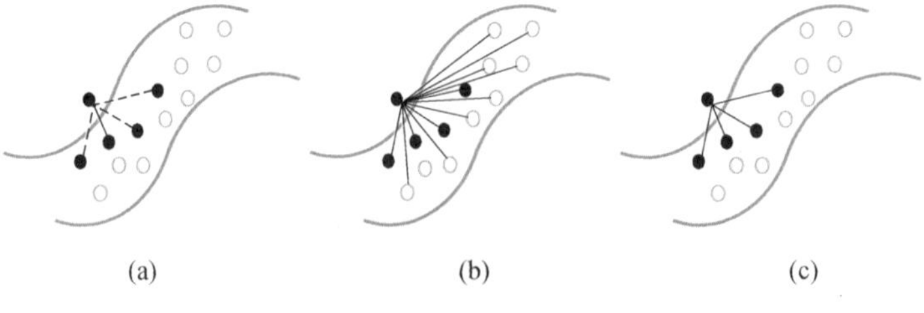

图 6-26　稀疏性、稠密性和局部性的对比关系

(a) 稀疏性；(b) 稠密性；(c) 局部性。

结合以上分析，为了保证目标字典对候选目标表示效果的同时提高跟踪速度，并继承 L1 跟踪对局部遮挡具有鲁棒性的优点，本节建立了一种两阶段稀疏表示模型：

$$\min_{a,e} \frac{1}{2} \| \boldsymbol{y} - \boldsymbol{Ta} - \boldsymbol{Ie} \|_2^2 + \lambda_1 \| \boldsymbol{d} \odot \boldsymbol{a} \|_2^2 + \lambda_2 \| \boldsymbol{e} \|_1$$

$$\text{s. t. } \boldsymbol{l}^T \boldsymbol{a} = 1 \tag{6-26}$$

式中：$\boldsymbol{y} \in \mathbb{R}^D$ 为候选目标；$\boldsymbol{T} = [\boldsymbol{t}_1, \boldsymbol{t}_2, \cdots, \boldsymbol{t}_M] \in \mathbb{R}^{D \times M}$ 为目标字典；单位矩阵 $\boldsymbol{I} \in \mathbb{R}^{D \times D}$ 为小模板；$\boldsymbol{a} \in \mathbb{R}^M$ 为目标字典表示系数；$\boldsymbol{e} \in \mathbb{R}^D$ 为小模板表示系数；局部适配器 $\boldsymbol{d} = \exp[\text{dist}(\boldsymbol{y}, \boldsymbol{T})/\sigma]$ 的作用是计算候选目标 $\boldsymbol{y}$ 与目标字典 $\boldsymbol{T}$ 的相似程度，$\text{dist}(\boldsymbol{y}, \boldsymbol{T}) = [\text{dist}(\boldsymbol{y}, \boldsymbol{t}_1), \text{dist}(\boldsymbol{y}, \boldsymbol{t}_2), \cdots, \text{dist}(\boldsymbol{y}, \boldsymbol{t}_M)]^T$ 中的 $\text{dist}(\boldsymbol{y}, \boldsymbol{t})$ 代表 $\boldsymbol{y}$ 和 $\boldsymbol{t}$ 之间的欧几里得距离，参量 σ 的作用是调整局部适配器的局部衰减；“$\odot$”代表向量之间的元素对应相乘；λ_1、λ_2 为正则化参量。

以上模型表现出两个阶段的稀疏性：一是局部正则化项 $\| \boldsymbol{d} \odot \boldsymbol{a} \|_2^2$ 对目标字典表示系数施加了局部性约束，不仅缓解了相似度低的字典基元对表示候选目标的干扰，提高了目标字典表示候选目标的灵活性，而且解决了目标字典表示系数的稀疏性约束带来的求解速度较慢的问题；二是 L_1 范数约束项 $\| \boldsymbol{e} \|_1$ 对小模板系数施加了稀疏性约束，保证了跟踪方法对局部遮挡的鲁棒性。在以上两个阶段约束的共同作用下，既保证了跟踪鲁棒性，又提高了计算效率。在此基础上，分别采用逻辑链路控制（LLC）和软阈值操作[6]求解目标字典和小模板表示系数，由于两个阶段（求解目标字典和小模板表示系数）的表示结果均为闭合解，因此有效地提高了稀疏表示的计算速度。

6.4.2 两个阶段快速稀疏表示算法

在保证鲁棒性的前提下，为了提高跟踪方法的速度，基于块坐标优化原理，本节结合 LLC 和软阈值操作，设计了一种两阶段快速稀疏表示算法，分别得到 $\boldsymbol{a}$ 和 $\boldsymbol{e}$。

第一阶段，在已知 $\boldsymbol{e}$ 的情况下，式（6-26）写为

$$\min_{a} \frac{1}{2} \| (\boldsymbol{y} - \boldsymbol{Ie}) - \boldsymbol{Ta} \|_2^2 + \lambda_1 \| \boldsymbol{d} \odot \boldsymbol{a} \|_2^2$$

$$\text{s. t. } \boldsymbol{l}^T \boldsymbol{a} = 1 \tag{6-27}$$

为了在式（6-27）的基础上进一步排除重要性较小的目标字典对计算复杂度的影响，在计算表示系数前，首先通过 K 临近（K—Nearest Neighbors，KNN）算法寻找与候选目标最相似的 K 个字典基元构成新的目标字典 $\boldsymbol{T}_K$，式（6-27）可以进一步简化为

$$\min_{\tilde{a}} \frac{1}{2} \| (\boldsymbol{y} - \boldsymbol{Ie}) - \boldsymbol{T}_K \tilde{\boldsymbol{a}} \|_2^2$$

$$\text{s. t. } \boldsymbol{l}^T\tilde{\boldsymbol{a}} = 1 \tag{6-28}$$

然后通过构造候选目标的局部重建权值矩阵，计算得到目标字典表示系数 $\tilde{\boldsymbol{a}}$。

第二阶段，在已知目标字典表示系数 $\tilde{\boldsymbol{a}}$ 的情况下，式（6-26）可以写为

$$\min_{\boldsymbol{e}} \frac{1}{2} \| \boldsymbol{Ie} - (\boldsymbol{y} - \boldsymbol{T}_K\tilde{\boldsymbol{a}}) \|_2^2 + \lambda_2 \| \boldsymbol{e} \|_1 \tag{6-29}$$

式（6-29）为凸优化问题，可以通过软阈值操作对其进行求解[6]，即 $\boldsymbol{e} = S_{\lambda_2}(\boldsymbol{y} - \boldsymbol{T}_K\tilde{\boldsymbol{a}})$。以块坐标优化原理为基础，结合 LLC 和软阈值操作，设计出的两阶段快速稀疏表示算法如表 6-8 所列。

表 6-8　两阶段快速稀疏表示算法

输入：候选目标 $\boldsymbol{y}$，目标字典 $\boldsymbol{T}$，正则化参量 λ_2，字典基元数 K；
输出：$\boldsymbol{a}=\tilde{\boldsymbol{a}}$，$\boldsymbol{e}$。
初始化：$\boldsymbol{e}=0$；
步骤 1. 使用 KNN 算法构造新的目标字典 $\boldsymbol{T}_K$，式（6-27）简化为式（6-28）；
步骤 2. 通过构造局部重建权值矩阵，计算目标字典表示系数 $\tilde{\boldsymbol{a}}$；
步骤 3. 通过软阈值操作 $\boldsymbol{e} = S_{\lambda_2}(\boldsymbol{y} - \boldsymbol{T}_K\tilde{\boldsymbol{a}})$ 对式（6-29）进行求解，计算小模板表示系数 $\boldsymbol{e}$；
步骤 4. 重复步骤 3、4 和 5，直到达到截止条件。

6.4.3　目标跟踪方法

本节使用粒子滤波作为实现目标跟踪的基本框架，该方法由预测和更新两部分组成。已知 $1 \sim t-1$ 时刻的所有图像观测为 $\boldsymbol{y}_{1:t-1} = \{\boldsymbol{y}_1, \boldsymbol{y}_2, \cdots, \boldsymbol{y}_{t-1}\}$，则目标状态的先验概率可以表示为：

$$p(\boldsymbol{x}_t \mid \boldsymbol{y}_{1:t-1}) = \int p(\boldsymbol{x}_t \mid \boldsymbol{x}_{t-1}) p(\boldsymbol{x}_{t-1} \mid \boldsymbol{y}_{1:t-1}) \mathrm{d}\boldsymbol{x}_{t-1} \tag{6-30}$$

式中：$\boldsymbol{x}_t = (x_t, y_t, w_t, h_t, \theta_t)$ 为 t 时刻的目标状态，(x_t, y_t) 为目标中心位置的横纵坐标；(w_t, h_t) 为目标的宽度和高度；θ_t 为目标的倾斜角；$p(\boldsymbol{x}_t \mid \boldsymbol{x}_{t-1})$ 为状态转移模型，且有

$$p(\boldsymbol{x}_t \mid \boldsymbol{x}_{t-1}) = N(\boldsymbol{x}_t; \boldsymbol{x}_{t-1}, \boldsymbol{\psi}) \tag{6-31}$$

其中：$\boldsymbol{\psi}$ 为对角矩阵，其对角线上的元素表示相应状态变量的方差。

在 t 时刻，得到图像观测 $\boldsymbol{y}_t$，则此时后验概率可以表示为

$$p(\boldsymbol{x}_t \mid \boldsymbol{y}_{1:t}) \propto p(\boldsymbol{y}_t \mid \boldsymbol{x}_t) p(\boldsymbol{x}_t \mid \boldsymbol{y}_{1:t-1}) \tag{6-32}$$

式中：$p(\boldsymbol{y}_t \mid \boldsymbol{x}_t)$ 为观测似然模型。

对于任意候选采样 $\boldsymbol{x}_t^i$，其图像观测 $\boldsymbol{y}_t^i$ 的稀疏表示结果可以通过求解下式得到：

$$\min_{\boldsymbol{a}_t^i,\boldsymbol{e}_t^i} \frac{1}{2}\ \|\boldsymbol{y}_t^i - \boldsymbol{T}_t\boldsymbol{a}_t^i - \boldsymbol{I}\boldsymbol{e}_t^i\|_2^2 + \lambda_1\ \|\boldsymbol{d}_t^i \odot \boldsymbol{a}_t^i\|_2^2 + \lambda_2\ \|\boldsymbol{e}_t^i\|_1$$

$$\text{s. t. } \boldsymbol{l}^{\mathrm{T}}\boldsymbol{a}_t^i = 1 \tag{6-33}$$

观测似然模型可以表示为

$$p(\boldsymbol{y}_t^i \mid \boldsymbol{x}_t^i) = \frac{1}{\Gamma}\exp[-\alpha d(\boldsymbol{y}_t^i;\boldsymbol{T}_t)] \tag{6-34}$$

式中：α 为高斯核尺度参量；Γ 为归一化因子；$d(\boldsymbol{y}_t^i;\boldsymbol{T}_t)$ 为图像观测 $\boldsymbol{y}_t^i$ 与目标字典集 $\boldsymbol{T}_t$ 之间的二次距离，且有

$$d(\boldsymbol{y}_t^i;\boldsymbol{T}_t) = \frac{1}{2}\ \|\boldsymbol{y}_t^i - \boldsymbol{T}_t\boldsymbol{a}_t^i - \boldsymbol{I}\boldsymbol{e}_t^i\|_2^2 + \lambda_2\ \|\boldsymbol{e}_t^i\|_1 \tag{6-35}$$

本节以粒子滤波为基础，结合两阶段快速稀疏表示算法的跟踪方法如表 6-9 所列。

表 6-9 基于两阶段快速稀疏表示算法的跟踪方法

输入：初始化的目标状态 $\boldsymbol{x}_1$ 和目标字典 $\boldsymbol{T}_1$； 输出：跟踪结果 $\hat{\boldsymbol{x}}_t$。
步骤 1. 通过状态转移模型 $p(\boldsymbol{x}_t \mid \boldsymbol{x}_{t-1})$ 得到候选目标采样； 步骤 2. 利用表 6-1 算法计算表示系数，并通过式（6-9）和式（6-10）得到每个候选采样的观测似然 $p(\boldsymbol{y}_t^i \mid \boldsymbol{x}_t^i)$，$i=1，2，\cdots，N$； 步骤 3. 通过计算候选采样粒子的观测似然，估计 t 时刻的最优状态 $\hat{\boldsymbol{x}}_t$； 步骤 4. 利用文献［7］中的算法更新目标字典 $\boldsymbol{T}_t$； 步骤 5. 如果未到最后一帧，则转至步骤 2；如果已到最后一帧，则跟踪结束。

6.4.4 实验验证

我们对提出的基于两阶段快速稀疏表示的无人机成像对地目标跟踪方法进行了试验。实验内容包括目标跟踪的稳定性和可靠性，以及目标跟踪性能是否达到要求。实验方法是地面联调实验和外场实际飞行目标攻击实验。通过大量的实际飞行目标攻击实验，验证了目标跟踪的稳定性、可靠性和有效性。实验结果表明，该方法可以满足自主攻击无人机视觉导引系统的应用要求。

6.4.4.1 实验环境与条件

外场飞行攻击实验是模拟实战环境下的攻击无人机系统整体测试，视觉导引系统作为一个子系统安装在攻击无人机上，并通过事先设定的通信协议与其他子系统进行通信，目标坐标偏差量传送给飞行控制分系统，最终引导攻击无人机命中目标。模拟攻击目标是地面铺设的模拟洞口类目标、立起的模拟洞口类目标和房屋等目标。在每次试验中，设计不同的系统启动距离、不同的天气条件（主要包括光照、风速和风向等）和不同的攻击角度等条件。在不同的地点和时间根据上述实验环境，进行了大量的实际飞行攻击实验，本节选取其中具有代表性的几组实验结果进行分析。

6.4.4.2 实验结果与分析

攻击无人机视觉导引系统目标跟踪的主要难点是目标的旋转变化、平移变化、尺度变化、形状畸变、光照变化、复杂的动态背景、目标的非线性运动、攻击角度的变化和实时性要求等几个方面，实验主要是针对这几个问题。下面给出了几组典型实验结果。

1. 目标的平移、旋转和尺度变化攻击实验

该组实验的目的是验证提出的目标跟踪方法对目标的旋转、平移和尺度变化的鲁棒性。攻击目标为山头斜坡上铺设的模拟靶标和竖起的靶标，靶标尺寸为6m×6m。实验中视觉导引系统启动的距离约为2000m，整个跟踪时间约为60s。由于攻击无人机的运动，导致目标在图像序列中存在平移、旋转和尺度变化，而且系统启动距离较远，目标的尺度变化较大。图6-27（a）和（b）为这两组实验结果。可以看出，本节提出的目标跟踪方法在目标的平移、旋转并且尺度变化较大时能够稳定、准确地跟踪目标。

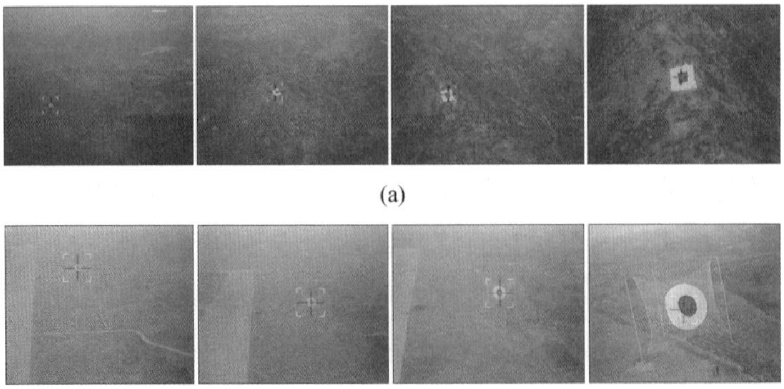

(a)

(b)

图6-27　目标的旋转、平移和尺度变化实验结果

2. 目标非线性运动与形状畸变攻击实验

该组实验的目的是验证提出的目标跟踪方法对目标非线性运动与形状畸变的鲁棒性。攻击目标为地面上铺设的模拟靶标，靶标尺寸为 6m×6m。实验中视觉导引系统启动的距离约为 1000m，整个跟踪时间约为 30s。实验中使用了 2 个视图模型。实验中由于风速较大，使得攻击无人机的运动稳定性较差，导致目标在图像序列中存在强烈的非线性运动，并且发生了形状畸变。图 6-28 为该组实验结果。可以看出，本节设计的视觉导引系统在目标具有强烈的非线性运动与发生形状畸变时，能够稳定、准确地跟踪目标。

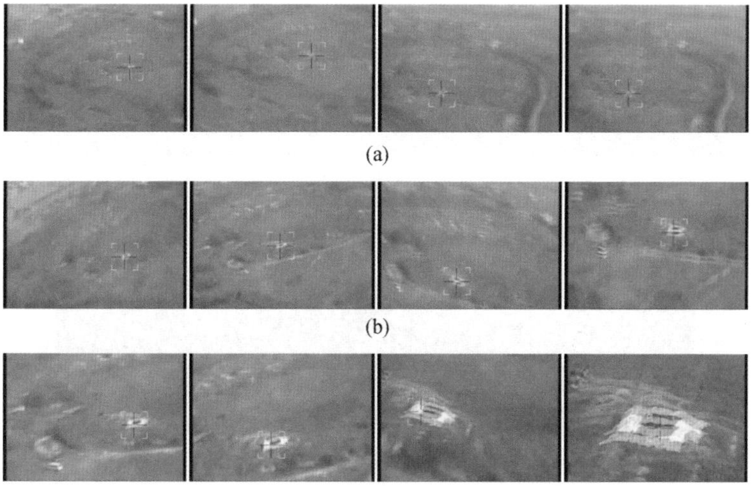

(a)

(b)

(c)

图 6-28　目标非线性运动与形状畸变实验结果

3. 光照变化攻击实验

该组实验的目的是验证提出的目标跟踪方法对光照变化的鲁棒性。跟踪目标为地面上铺设的模拟靶标以与山头斜坡上铺设的模拟靶标，靶标尺寸为 6m×6m。实验中视觉导引系统启动的距离约为 2000m，整个跟踪时间约为 60s。实验中使用了 2 个视图模型。实验中由于成像距离的变化以及云层的运动，导致目标成像时存在光照变化。图 6-29 给出了 2 组实验结果。可以看出，本节提出的目标跟踪方法在目标成像光照变化时能够稳定、准确地跟踪目标。

4. 复杂背景攻击实验

该组实验的目的是验证提出的目标跟踪方法对复杂背景的鲁棒性。跟踪目标为房屋的顶部，其尺寸为 5m×5m。实验中视觉导引系统启动的距离约为

800m，整个跟踪时间约为 20s。实验中使用了一个视图模型。实验中攻击目标的周围存在多座房屋，使得攻击目标的背景较为复杂。图 6-30 为该组实验结果。可以看出，本节提出的目标跟踪方法在复杂背景下能够稳定、准确地跟踪目标。

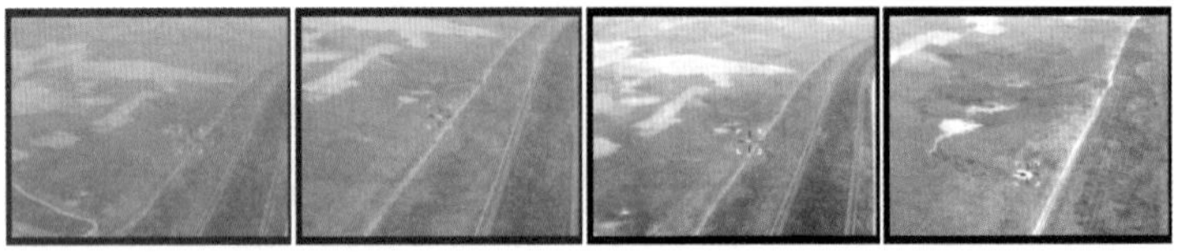

(a)

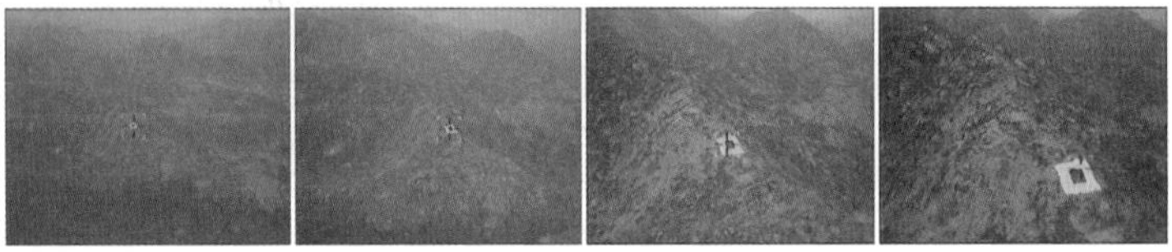

(b)

图 6-29　目标非线性运动与形状畸变实验结果

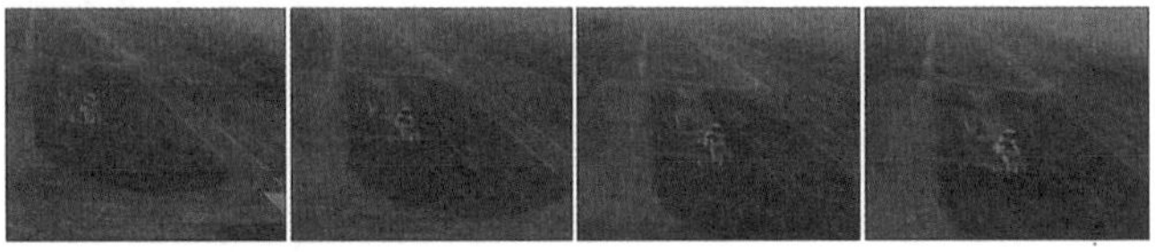

(a)　(b)　(c)　(d)

图 6-30　复杂背景实验结果

5. 攻击角度的变化攻击实验

该组实验的目的是验证提出的目标跟踪方法对攻击角度的鲁棒性。跟踪目标为地面上铺设的模拟靶标，靶标尺寸为 5m×5m。实验中视觉导引系统启动的距离约为 800m，整个跟踪时间约为 20s。实验中同一攻击目标每组实验均使用两视图模型，而且每组实验使用的视图模型相同。实验中对一个攻击目标进行了多个攻击角度的攻击实验，由于攻击角度的变化导致目标的成像角度发生了变化。图 6-31（a）给出了一种攻击角度实验结果，图 6-31（b）给出另一种攻击角度实验结果。可以看出，本节提出的目标跟踪方法在攻击角度变化时能够稳定、准确地跟踪目标。

6. 目标出离视场攻击实验

在实验中发现：由于攻击无人机运动的不稳定性，有时会导致目标在短时间内出离视场，然后又进入视场的情况。在这种情况下，假如目标进入视场时的目标位置在目标离开视场时目标位置附近，导引系统能重新定位到目标。图 6-32 为这种情况时的 2 组实验结果。

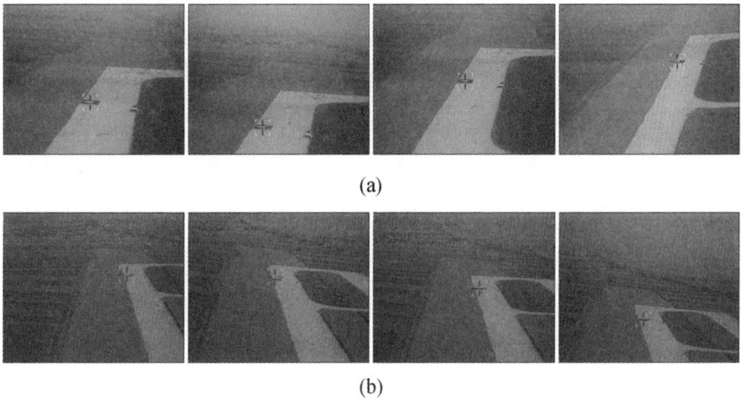

图 6-31　攻击角度变化实验结果

(a) 第 1 个攻击角度实验结果；(b) 第 2 个攻击角度实验结果。

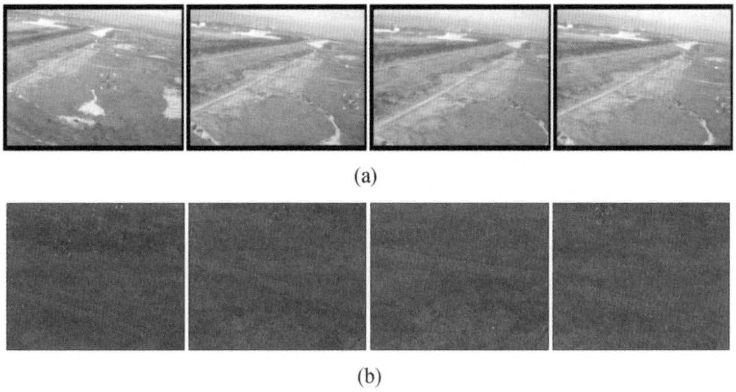

图 6-32　目标出离视场情况下的实验结果

通过上述实验可以看出：提出的目标跟踪方法能够解决自主攻击无人机视觉目标跟踪的难题（主要包括目标的变化、复杂的动态背景、光照变化、目标的非线性运动和攻击角度的变化等），满足自主攻击无人机视觉导引的要求。

参考文献

[1] RIGAMONTI R, SIRONI A, LEPETIT V, et al. Learning separable filters [C] //Pro-

ceedings of IEEE Computer Society Con-ference on IEEE Conference on Computer Vision and Pattern Recognition. Los Alamitos: IEEE Computer Society Press, 2013: 2754-2761.

[2] SIRONI A, TEKIN B, RIGAMONTI R, et al. Learning separable filters [J] . IEEE Transactions on Pattern Analysis & Ma-chine Intelligence, 2015, 37 (1): 94-106.

[3] NAKATSUKASA Y, SOMA T, USCHMAJEW A. Finding a low-rank basis in a matrix subspace [J] . Mathematical Programming, 2017, 162 (1/2): 325-361.

[4] ZHANG L, YANG M, FENG X C. Sparse representation or collaborative representation: which helps face recognition? [C] // IEEE International Conference on Computer Vision, Barcelona: IEEE Computer Society Press, 2011: 471-487.

[5] WANG J, YANG J, YU K, et al. Locality-constrained linear coding for image classification [C] //IEEE Conference on Computer Vision and Pattern Recognition. San Francisco: IEEE Computer Society Press, 2010: 3360-3367.

[6] YANG A Y, GANESH A, ZHOU Z H, et al. A review of fast L1-minimization algorithms for robust face recognition [J] . IEEE Transactions on Image Processing, 2013, 22 (8): 3234-3246.

[7] MEI X, LING H B. Robust visual tracking using L1 minimization [C] // IEEE International Conference on Computer Vision. Los Alamitos: IEEE Computer Society Press, 2009: 1436-1443.